BIMChina 柏慕中国
建 筑 梦 想 现 实

全国高校建筑类专业数字技术系列教材 Autodesk 官方推荐教程系列 ATC 推荐教程系列

BIM 建筑设计 Revit 基础教程

REVIT BASIC COURSE: ARCHITECTURE DESIGN BY BIM

主 编 王津红 崔 凯
副主编 范 炜 沈 纲 万 芸

中国建筑工业出版社

图书在版编目（CIP）数据

BIM建筑设计Revit基础教程／王津红，崔凯主编．北京：中国建筑工业出版社，2019.7（2022.8重印）
全国高校建筑类专业数字技术系列教材　Autodesk官方推荐教程系列　ATC推荐教程系列
ISBN 978-7-112-23919-1

Ⅰ.①B…　Ⅱ.①王…②崔…　Ⅲ.①建筑设计－计算机辅助设计－应用软件－高等学校－教材　Ⅳ.①TU201.4

中国版本图书馆CIP数据核字（2019）第129971号

《BIM建筑设计Revit基础教程》总共分为6个章节，从建筑概论的介绍到具体的建筑设计应用案例演示，从理论概论到实际操作，全流程讲解在BIM结构设计过程中Revit软件以及柏慕2.0产品的运用，不仅有模型创建、荷载载入、还有施工图深化设计与工程量计算，满足读者在设计过程中的基本需求。

责任编辑：陈　桦　王　惠
责任校对：赵　菲

全国高校建筑类专业数字技术系列教材
Autodesk官方推荐教程系列
ATC推荐教程系列
BIM建筑设计Revit基础教程
主　编　王津红　崔　凯
副主编　范　炜　沈　纲　万　芸
*
中国建筑工业出版社出版、发行（北京海淀三里河路9号）
各地新华书店、建筑书店经销
北京雅盈中佳图文设计公司制版
北京云浩印刷有限责任公司印刷
*
开本：787×1092毫米　1/16　印张：$10^3/_4$　字数：234千字
2019年9月第一版　2022年8月第三次印刷
定价：39.00元
ISBN 978-7-112-23919-1
（34198）

本系列丛书编委会

（按姓氏笔画排序）

前　言

随着 BIM 技术的应用推广，高校的 BIM 教育也日渐普及，各类 BIM 教材也陆续出版发行。如何使得我们的高校教育能够和 BIM 技术的发展与时俱进；同时能够学以致用参与到真实项目中，创造更多的社会价值；如何使 BIM 教学与实践及科研密切结合，培养更多符合社会发展需求的 BIM 应用型人才？这三方面都成为高校 BIM 教育急需解决的问题。

北京柏慕进业工程咨询有限公司（以下简称柏慕），作为教育部协同育人项目合作单位，是历年中国 Revit 官方教材编写单位，中国第一家 BIM 咨询培训企业和 BIM 实战应用及创业人才的黄埔军校，针对以上三个高校 BIM 教育需求，组织开展了以下三个方面的工作，寻求推动高校 BIM 教育的可持续发展！

第一方面，在高校教育与 BIM 技术发展的与时俱进上：BIM 技术发展到今天，已经形成了正向设计全专业出图，自动生成国标实物工程量清单，同时可以应用模型信息进行设计分析，施工四控管理及运维管理的建筑全生命周期的应用体系，而不再是简单的 Revit 建模可视化和管线综合应用。

实现 BIM 技术的体系化应用，不仅需要模型的标准化创建，还需要实现模型信息的标准化管理。针对国家 BIM 标准只是指明了模型信息的应用方向，采用例举法说明了信息的各项应用。但是在具体工程应用中信息参数需要逐项枚举，才能保证信息统一。因此柏慕与清华大学的马智亮教授及其博士毕业生联合成立了 BIM 模型 MVD 数据标准的研发团队，建立建筑信息在各阶段应用的数据管理框架结构，并采用枚举法逐项例举信息参数命名。此研究成果对社会完全开放；在模型的标准化上，柏慕历经七年完成的国标建筑材料库及民用建筑全专业通用族库也面向社会开放。

BIM 标准化体系化的应用更需要高校教育的参与！所以柏慕与中国建筑工业出版社携手合作，组织了全国 170 余所高校教师参与了本套教材的编写审稿工作，以柏慕历年的实操经典案例结合教师专家团队的专业知识讲解，在建模规则上采用国内 BIM 应用先进企业普遍认同的三道墙（基墙与内外装饰墙体分别绘制），三道楼板（建筑面层与结构楼板及顶棚做法分别绘制）的建模规则，在建筑材料和构件的选用上调用柏慕族库，保证了 BIM 模型的标准统一及体系化应用的基础！ BIM 模型的出图算量与数据管理的有机统一，保证了高校 BIM 教育的技术先进性！技术应用的先进性也保证了学生学习与就业的质量！

本套教材第一批出版的五本属于基础教材系列，包含建筑、结构、设备、园林景观、装修五大部分，同时配有完整操作的视频教程。视频总计 80 个学时，建议全部学习，可以根据不同学校的情况分别设为必修课、选修课或课后作业等，也可以结合毕业设计开展多专业协同。同时本系列教材包括识图、制图实操及专业基础知识等，可以作为其他专业教材的实操辅助训练。此外，全部学完此系列基础教材，完成作业，即可具备参与柏慕组织的各类有偿社会实践项目的资格。

第二方面，如何能够使高校师生学以致用参与到真实项目中创造更多社会价值?

本系列教材的出版只是实现了技术普及，工科教育的项目实践环节至关重要！在项目实践方面，现代师徒制的传帮带体系很重要。

对高校的 BIM 项目实践，作为使用本系列教材的后续支持，柏慕提供了两种解决方案。对有条件开展项目实训的学校，柏慕派驻项目经理驻校半年到一年，帮助学校建立 BIM 双创中心，柏慕每年提供一定数量的真实项目，带领学生进行真题假做训练及真题真做或者毕业设计协同的项目实训，组织同学进行授课训练，在学校内外开展宣传，组织各类研讨活动，开展 BIM 认证辅导培训，项目接洽及合同谈判，真题真做的项目计划及团队分工协作及管理等各类 BIM 项目经理能力培养；对没有条件开展项目实训的学校，柏慕与高校合作开展各类师生 BIM 培训，发现有志于创业的优秀学员，选送柏慕总部实训基地集中培养半年到一年，学成后派回原学校开展 BIM 创业。每个创业团队都可以带 20~50 名学生参与项目实践，几年下来，以项目实践为基础的现代师徒制传帮带的体系就可以在高校生根发芽，蓬勃发展！

授人鱼不如授人以渔。柏慕提供的 BIM 人才培养模式使得高校的 BIM 教育具备了自我再生造血的机制，从而实现可持续发展！

高校对创新创业团队具备得天独厚的吸引力：上有国家政策支持，下有场地，有设备，更有一大批求知实践欲望强烈的学生和老师。BIM 技术的人才缺口，正好给大家提供了良好的机遇！

第三方面，如何使 BIM 教学与实践及科研密切结合，培养更多符合社会发展需求的 BIM 应用型人才?

通过本系列高校 BIM 教材的推广使用及推进高校 BIM 双创基地建设，我们在全国各地就具备了一大批能够参与 BIM 项目实践的团队。全国大学每年毕业生有七百多万，全国建筑类院校有两千多所每年的毕业生也是近百万，如何加强学校间的内部交流学习，与社会企业的横向课题研究及项目合作包括就业创业也都需要一个项目平台来维系。BIM 作为一个覆盖整个建筑产业的新技术，柏慕工场——BIM 项目外包服务平台应运而生！它包括发布项目、找项目、柏慕课堂、人才招聘及就业、创业工作室等几大版块，通过全国 BIM 项目共享，开展全国大赛、各地研讨会及人才推荐会，为高校 BIM 教育的产学研合作搭建桥梁。

总而言之，我们希望通过本系列 BIM 教材的出版、材料库及构件库及数据标准共享，实现统一的模型及数据标准，从而实现全行业协同及异地协同；通过帮助高校建立 BIM 双创基地，引入项目实践必需的现代师徒制的传帮带体系，使得高校的 BIM 教育具备了自我再生造血的机制，从而实现可持续发展；再通过柏慕工场项目外包平台实现聚集效应，实现品牌、技术、项目资源、就业及创业的资源整合和共享，搭建学校与企业之间的项目及人才就业合作桥梁！

互联网共享经济时代的来临，面对高校 BIM 教育的机遇和挑战，谨希望以此系列教材的出版，以及后续高校 BIM 双创基地建设和柏慕工场的平台支持，推动中国 BIM 事业的共享、共赢、携手同行！

黄亚斌

2019 年 5 月

目 录

第1章 绪论

1.1 BIM概念及简介

1.1.1 BIM概念

BIM（Building Information Modeling）技术就是所谓的“建筑信息模型”，是近年来在建筑领域具有时代意义的计算机辅助技术。它是一种应用于工程项目的整个生命周期中包括设计、建造、管理、运维的数字化工具，通过建筑工程项目的各项相关信息数据基础，建立高度集成的建筑信息化模型，完善地连接每个阶段之间三维信息模型数据的信息传输，使得信息模型能够真正地流动，并始终贯穿于整个项目运行周期中。

1.1.2 BIM简介

在传统的三维模型设计方法中，一根线或者一个面所能代表的意义也正如其本身，仅是一片墙、楼板、柱子、梁、窗等抽象概念或形式，这种设计方法只能凸显建筑造型，或者空间形体之间的逻辑关系，不包括真实建造数据信息。与这种传统的几何形体建筑模型相比，建筑信息模型（BIM）也正如其字面所表达的信息，这种参数化模型包含了丰富的建筑信息，它并非简单的3D可视模型，而是由包含建筑构件属性及关系的数据库生成。

1.2 BIM的源起及发展（重点）

1.2.1 BIM的源起

BIM的源起得益于20世纪60年代计算机图形学的诞生，这种可以依靠计算机辅助设计的优越性深深吸引了当时的建筑界。最早在文献资料中出现BIM的相关概念可以追溯到1975年，由卡耐基麦隆大学（Carnegie-Mellon University）的查理·伊斯特曼（Charles Eastman）发表在《AIA杂志》的“建筑描述系统（Building Description System）”中，他指出如下一些问题：

（1）建筑图纸是高度冗余的，建筑物的同一部分要用几个不同的比例描述。一栋建筑至少由两张图纸来描述，一个尺寸至少被描绘两次。设计变更导致需要花费大量的精力使不同图纸保持一致。

（2）但是即使有这样的努力，在任何时刻，还是会有一些图中所表示的信息不是当前的或者是不一致的。因此，一个团队的设计师可能是根据过时的信息做出决策，这使得他们未来的任务更加复杂化。

（3）大多数分析需要的信息必须由人工从施工图纸上摘录下来。数据准备这最初的一步在任何建筑分析中都是主要的成本。

综合上述三点，他提出依靠数据库技术建立建筑描述系统（BDS）以解决上述问题，简单来说，就是运用计算机辅助技术在建筑设计中所有相互有关联的元素，无论是在剖面图、平面图或者轴测图等上只需修改一次,其他图纸上相对应的元素也会一一自动更新。不难看出，这种建筑描述系统（BDS）就是 BIM 的雏形。

1.2.2 BIM 发展历程

BIM 相关概念在国际上的研究发展已有四十余年的历史。BIM 的发展历程经历了一个不断完善和准确的曲折过程，而且随着该技术的进步发展，未来的 BIM 技术或许会出现现阶段这个概念所不能概括的新思想和技术。任何理论都不是一成不变的，正如 CAD 已经无法全面代表现阶段的计算机辅助设计一样，届时 BIM 或许仅仅是一个代表名词，其原始概念也一直在发生着微妙的变化。

BIM 技术所代表的项目运作理念、实践方法早在 20 世纪 70 年代就已经初具雏形了。总的来说，BIM 概念的形成经历了三个阶段。

1）第一阶段

第一个阶段以上文提到的查理·伊斯特曼教授在 1975 年提出的“建筑描述系统（Building Description System）”为代表，这是 BIM 概念的萌芽时期，这个时期的 BIM 概念虽然还较为模糊和片面，缺乏系统性和整体性，但为后来相关专家、学者和机构不断研究和完善 BIM 理论奠定了原始基础。查理·伊斯特曼教授对“建筑描述系统”这个理论原型做出了详尽的解释，其中很多设想都与今天的 BIM 思想高度吻合。

2）第二阶段

第二个阶段以“产品模型（Product Model）”的概念为代表，时间段在 20 世纪 70 年代末至 80 年代初。随着查理 · 伊斯特曼教授提出“建筑描述系统”，不同国家、不同组织纷纷在此基础之上开始对其进行完善和丰富，美国称之为“建筑产品模型（Building Product Model）”，欧洲称之为“产品信息模型（Product Information Model）”。这个时期虽然已经有了信息模型的概念，由于受到制造业信息模型技术的影响，该系统主要是建立建筑最终产品模型，而非过程模型，这与今天 BIM 技术是不同的。

3）第三阶段

第三个阶段就是我们所说的 BIM（Building Information Modeling）概念的形成时期。1986 年罗伯特·艾什在一篇论文中提到了“Building Modeling”，其中相关理论和技术于今天的 BIM 技术特点已经基本一致，包括：三维建模、参数化、数据库、进度模拟、图纸生成等。直到 2002 年 Autodesk 公司提出 BIM 的概念，经过努力的推广，Bentley 公司、Nemetschek 公司（AllPlan）、VectorworksNA 公司（Vectorworks）、Graphisoft 公司（ArchiCAD）及许多新兴的软件开发商都同意使用“BIM”这一术语进行相关理论和技术的研发推广。自此基本达成了学术界对 BIM 的概念统一认识，即 Building Information Modeling。

尽管今天依然有很多人将 BIM 视为软件，但建筑行业内的领军人通过成功的实践证明 BIM 是一个实践过程，“在项目的生命周期过程中，它保持着多维的、数据丰富的‘视图’；用来支持沟通（数据共享）、协调（运用共享的数据）、模拟（应用数据来预测）和优化（应用反馈来改进设计、文件和成果）”。

1.3 BIM 发展现状

经过对国内外大量文献资料的阅读分析不难发现，在国际上 BIM 应用仍处于一个崭新的学术领域。自 2002 年 BIM 一词由 Autodesk 公司以商业概念首次提出，更是吸引了大批建筑从业者与相关人员的目光，作为建筑行业第二次技术变革的运动便在全球范围内迅速展开。迄今为止，美国、英国、芬兰、新加坡、日本、韩国等国家已经累积了大量依靠 BIM 技术的实体建造。

1.3.1 美国发展现状

美国作为较早研究 BIM 的国家之一，走在技术的最前列。据统计在 2007 年，有 28% 的建设项目应用了 BIM；截止到 2015 年，这个比例已经飙升到了 86%，这表明美国大部分建造企业都应用了 BIM 技术。

BIM 技术在美国的迅猛发展与相关政策文件的支持不可分开，早在 2003 年，美国总务署（General Service Administration，GSA）就提出 3D-4D-BIM 计划，要求至 2007 年所有招标级别的大型项目必须使用 BIM 技术，并且给予建筑行业 BIM 技术应用者以一定的扶持。2007 年美国国家标准与技术研究院（National Industry of Standards and Technology，NIST）制定发布了第一部 BIM 指导与实施标准（National Building Information Model Standards）NBIMS-US Ver.1。

1.3.2 北欧发展现状

北欧国家中挪威、芬兰作为全球较早研究BIM技术的几个国家之一，其BIM技术在国际上的地位也不容小觑。芬兰在2007年制定了BIM指导与实施标准（Senate Properties：BIM Requirements 2007），随后挪威也于2009年出台了第一部BIM指导标准（BIM Manual 1.1）。

此外北欧还拥有Tekla、Solibri等大型建筑信息技术软件开发商，这无疑是北欧各国建筑行业如日中天的BIM技术的高效催化剂。

1.3.3 英国发展现状

众所周知，世界上许多著名的建筑事务所如BDP、WinWin、Foster and Partners等都设立在英国，带动了英国建筑行业BIM技术的推广应用。

但起到决定性作用的还是英国政府颁发的一系列政策文件。在2009年英国建筑业发布了英国建筑业BIM标准“AEC（UK）BIM Standard”。并且在2011年5月份，英国内阁颁发了“Government Contruction Strategy”文件来强制推动本国建筑行业BIM技术的应用与发展，明确指出：“……到2016年实现全面协同发展的3D-BIM……采用信息技术化方式管理全部文件……”。

1.3.4 日韩发展现状

在日本，2008年被称为“BIM元年”，自此，日本的建设工程行业走上了高速发展阶段。日本本土的BIM软件开发极为丰富，并且成立了“国家级BIM软件解决方案软件联盟”。2010年3月，日本国土交通省的官厅营缮部门宣布，将对其管辖区域内的建筑项目推广BIM应用，并依据今后施行对象的设计业务来制定具体推行计划，BIM技术应用迅速推广至全国范围。

韩国的BIM技术在行业内处于领先水平。20世纪90年代起，关于BIM理论的研究就已经开始萌芽，2008年4月，韩国召开了行业级的BIM研究大会，自此BIM开始迅速发展。在2010年，韩国国土交通海洋部颁布《建筑行业BIM应用指导》，其中明确要求在申报公共机构建筑的时候，开发商、建筑工程师等相关人员必须全面考虑并且应用BIM技术。

1.3.5 国内发展现状

我国建筑行业从2003年开始正式引入BIM技术，国家“十五”科技攻关和“十一五”科技支撑计划中均包含了关于BIM的研究内容，在国务院办公厅2017年颁布的《关于促进建筑业持续健康发展的意见》中，明确提出：“加快推进建筑信息模型（BIM）技术在规划、勘察、设计、施工和运营维护全过程的集成应用，实现工程建设项目全生命周期数据共享和信息化管理，为项目方案优化和科学决策提供依据，促进建筑业提质增效”。

经过 15 年业内人士的潜心探索，越来越多的专业人员应运而生，BIM 技术也在被更多的专业领域所认知。有资料显示，据 2010 年《中国商业地产 BIM 应用研究报告》中 BIM 问卷调查结果统计分析，调查的房产商和业主中，大约有六成的受访人员表示有听说过 BIM 技术，但只有两成的人认为同年有可能会使用 BIM。在《2014 年度施工企业 BIM 技术应用现状研究报告》中显示，除去无效问卷，有 99% 以上的来自建设工程企业的受访者都有表示对 BIM 技术有不同程度的了解。在 2017 年《BIM 技术在施工阶段的应用现状调查分析》中显示，已经有 38% 的项目在施工阶段应用到了 BIM 技术，未使用 BIM 技术的受访者表示最大的原因是国内 BIM 技术还有待提升。

不难看出，我国建筑行业对 BIM 技术的认识在 2010 年到 2014 年基本已经普及，并且相关政策文件也在完善中，在许多建设工程项目中都能看到 BIM 的印记。但是，我国建筑行业对 BIM 的使用率仍旧较低，与 BIM 技术相对成熟的国家相比存在一定的差距。

1.4 BIM 应用案例介绍

近年来随着建筑信息技术的不断发展，BIM 技术也被引入到我国许多建设工程项目中来，并且显现出了巨大优势。这对相关企业、建设单位的 BIM 构架搭建、人才储备和技术创新都提出了更高要求，随着新型城镇化建设和超大型城市群的落成，智慧城市以及 GIS 概念下城市级别的信息化应用趋势势不可挡。

1.4.1 古北 SOHO 项目

项目概况：

古北 SOHO 项目位于上海市，用地面积 16558.3m^2，总建筑面积约为 158648m^2。项目由一座 170m 高的办公楼和商业裙房组成，建筑体的朝向与这一地块的城市化环境相呼应，并且公园延伸至其中，为用户带来优美的自然景观和广阔的城市视野，该地块在北面公园的广阔空间和南面城市街区的稠密繁华间形成过渡。宽敞的下沉式庭院，有绝佳水景的地面公共广场，古北 SOHO 将给访客和路过的行人营造出一个充满活力的景象，成为该区域内独具个性的标志性建筑。

古北 SOHO 项目建筑方案由 KPF 设计事务所完成，同济大学建筑设计研究院负责整体施工图设计和设计阶段 BIM 实施，项目荣获 2017 年中勘协“创新杯”BIM 设计大赛 · 最佳科研办公 BIM 应用奖。

在整个设计阶段使用了 Revit 和 Navisworks Manage 软件对建筑、结构、机电、景观、小市政、幕墙、室内等进行协同设计，项目工作涵盖了从方案设计、深化、制造和施工管理到后期施工的整个的生命周期的运营过程。Revit 为不同专业的设计者提供了一个共同的平台，让团队对项目有更准确的描述和更深入的理解。BIM 加速了的整个设计过程，使工程师能够直接从建筑模型中获取设计数据和几何尺寸，并将这些信息用于计算和分析。

（1）建筑、结构专业的三维校对工作

建筑、结构 BIM 模型合模主要梳理的是平面图纸上很难发现的空间问题，一方面梳理建筑自身的设计在空间上是否存在问题，另一方面梳理结构能否满足建筑对造型、空间、功能的要求。当然最重要的还是复核设计是否满足规范以及业主对于建筑使用的相关要求。

（2）机电管线综合

项目根据实际需求，合理选取了楼层进行机电管线综合，并进行了净高分析，确保净高满足业主及设计规范要求。

（3）结构预留洞口、套管的复核优化

结构预留洞口及套管的优化需要基于管线综合验证通过后开展，在原有施工图基础上对相关预留洞口信息进行修改，并尽可能基于管线优化成果对原有施工图的主路由进行优化修改，保证了设计阶段的 BIM 优化成果顺利传递向施工方。

（4）重要设备设施的三维校对

对于设备设施安装可行性同样基于三维模型进行验证，深化设计阶段对所有自动扶梯、机械停车位、电梯进行了三维校对辅助验证出图。

（5）景观、小市政三维校对

景观设计阶段重点梳理结构主体与景观设计关系、树木与结构主体、市政管线关系，小市政管线自身的排布合理性、覆土深度等，确保景观设计的合理性和可行性。

项目的 BIM 实施经过了合理的策划，在项目前期制定 BIM 实施导则和项目标准，搭建了稳定高效的软硬件平台，组建了人员配置得当的项目团队和有效的项目管理体制，保证项目快速、灵活地推进。

1.4.2 武汉光谷综合体项目

武汉光谷综合体项目是在建的全球最大地下综合交通枢纽，项目位于武汉市东湖国家自主示范区东北光谷广场下方。光谷广场现状为内直径 160m，外直径 300m 的环岛路口。本项目包含 3 条地铁线车站、2 条市政隧道工程及综合利用隧道上部空间设计的地下公共空间工程。项目总投资 60 亿元，工程总建筑面积 20 万 m^2，相当于 10 个标准地铁站。项目建成后将大大缓解光谷的交通压力，并串联起周围的商业，打造全球最大地下交通枢纽（图 1-1）。

项目设计难点

需求日客流量将近 40 万人，同时兼有地铁换乘、人行过街、非机动车交通、地面 6 条道

图1-1

路与2条市政隧道车行交通功能，需保证最优地铁和交通功能。

站厅空间复杂，空间效果、采光通风、空调舒适度要求必须得到保证，需结合BIM模型进行复杂空间设计、采光分析以及空调舒适度模拟。

室内综合管线、室外市政管线繁多复杂，需结合BIM冲突检查协调全专业管线布置，优化管线空间。

工程体量大，人流量大，逃生疏散必须简单便捷，需结合BIM模型进行真实的疏散模拟分析。

超大地下空间内紧急情况下的通风排烟效果，需结合设计方案进行深入模拟验证。

设计构造复杂，周边交通、场地限制因素繁多，需结合BIM进行施工场地布置和施工模拟。

BIM应用整体方案：BIM贯穿整个设计和施工过程，前期通过方案设计软件建立基本模型，导入后续设计软件进行深化设计。通过中心模型链接各专业中心模型文件，使得专业之间设计成果可以相互参照。

（1）利用BIM模型进行线路方案比选

从地铁最优功能出发，为解决9号线对站厅的分隔问题，将9号线站台和鲁磨路隧道上抬到地下一层夹层，设置贯通的地下一层作为交通层。2号线南延线与珞喻路隧道位于地下二层，11号线站台布置于地下三层，利用BIM模型进行可视化方案比选，实现了地铁无缝换乘和交通功能的最优化。

（2）BIM车站设计

通过Autodesk Revit建立基础土建模型，按楼层、区域对模型进行拆分，对建筑模型中的候车层、出入口等进行精细化设计，通过链接中心文件的方式形成整体BIM模型。模型建完后对区域内部的复杂空间进行深化设计。

（3）BIM模型辅助交通车流模拟

在设定同样的车流量及延迟限制的情况下，利用Autodesk Infraworks进行交通模拟，对比现状和设计方案完成后的交通情况，通过模拟可以看出在增加两条地下隧道之后，地面拥堵情况大为改善，进一步验证了线路设计的合理性。

（4）BIM 辅助客流分析模拟

光谷综合体高峰小时客流量 88371 人 /h，日均客流量达 40 万人。3 条地铁线的进出站客流、线间换乘客流、过街客流、商业客流，客流动线复杂、规模巨大。将 Autodesk Revit 模型导入 Legion 进行客流仿真模拟，对站点平面布局、紧急疏散等进行评价与优化。

（5）BIM 辅助排烟模拟

根据项目特点，设置 8 个火源位置共 14 个火灾场景研究开窗方式，验证可行性。将模型导入 FDS 中进行自然排烟烟气模拟。排烟效果分析：根据模拟数据可知在 2 分钟内，站内温度、能见度、CO 浓度均满足疏散要求。

（6）BIM 辅助吊顶镂空率研究

根据暖通专业模拟结果提出的吊顶镂空率需满足 33% 以上，建筑专业结合 dynamo 进行吊顶样式的设计。通过输入楼空率驱动样式的调整，最终确定水滴状的吊顶分隔。

（7）BIM 辅助气流组织模拟

将模型导入 Fluent 对 9 号线站台进行风速、温度场模拟，根据分析数据方案一的风速平缓、温度均匀，为设备选定提供了数据支撑。

（8）BIM 辅助施工

光谷综合体项目深处闹市，交通压力大，为保证交通不受影响，项目部结合 BIM 技术进行场布、寻求最优施工方案。结合 BIM 模型分三步完成圆盘部分的施工，并在施工过程中，运用 BIM 模型加时间维度，进行施工进度模拟。

1.4.3 北横通道新建工程项目

1）项目概况

上海市北横通道是中心城区北部东西向小客车专用通道，服务北部重点地区的中长距离到发交通，是三横北线的扩容和补充。北横通道西起北虹路，东至内江路，贯穿上海中心城区北部区域，全长 19.1km，是国内目前规模最大的以地下道路为主体的城市主干路，全线工程涉及盾构法隧道、高架道路、立交改造、明挖基坑、地面道路改扩建等内容，项目为政府投资项目，总投资额近 300 亿。

北横通道新建工程当前北虹路立交、西段隧道、中江路段处于现场施工阶段；天目路立交、东段隧道处于初步设计审批阶段。项目于 2016 年 4 月被上海市列为第三批“上海 BIM 技术试点项目”，在其中开展了 BIM 技术在特大型市政工程设计、施工阶段、试运行全生命期应用。

北横通道新建工程项目荣获 2017 年中勘协举办的“第八届‘创新杯’建筑信息模型（BIM）应用大赛”：最佳综合市政 BIM 应用奖；优秀工程全生命周期 BIM 应用奖；优秀云与移动互

图1-2

联 BIM 应用奖，共三个奖项。（图 1-2）

2）BIM 技术点应用

方案设计阶段

性能模拟分析针对北横通道项目高架段周边敏感点位置，进行日照模拟分析，研究高架不同形式声屏障对沿街居民楼的采光影响情况。按照设计标准：大城市住宅日照标准为大寒日大于等于 2 小时，冬至日大于等于 1 小时，老年人居住建筑不应低于冬至日日照 2 小时的标准；在原设计建筑外增加任何设施不应使相邻住宅原有日照标准降低；旧区改造的项目内新建住宅日照标准可酌情降低，但不应低于大寒日日照 1 小时的标准。通过对全影型声屏障、直立型声屏障及不设声屏障方案下大寒日及冬至日的日照情况分别进行分析，得出以下结论：全影型声屏障和直立型声屏障方案下，沿街最近的楼日照不满足要求，其他楼满足。与设计人员使用 Autodesk Ecotect 软件分析结果一致，区别在于前者为定性分析，后者为定量分析，前者更在表达上更直观。

辅助方案报批由于北横东段原方案实施难度大，于年中启动设计方案调整。从杨浦段 4 个下立交调整为 3+1，再到虹口、杨浦全地下方案，BIM 小组始终跟进设计进度。并参与了周边环境分析，方案快速建立，方案汇报，局部节点深化，设计文本编制等工作。

在东段隧道方案讨论中，设计院尝试了设计与 BIM 的协同工作方式。将设计的地形、控制线结合 GIS，快速形成场地与环境模型。由于是方案调整，沿线的周边环境，地下管线大部分已经收集、创建过，这为协同设计打下了基础。设计在确定平面线路，横断面尺寸后，BIM 团队可以快速将线性生成方案模型，并且在真实环境中整合，快速灵活地提供三维展示手段，及时讨论方案合理性、动拆迁影响，障碍物、避让等关键问题。

沿线先后讨论了多个关键节点，包括避让第一人民医院，虹口港桩基拔除，梧州路井与历史风貌区的关系，两港截留改排，下穿新建路隧道，下穿规划南北通道，下穿规划 19 号线，安国路井匝道设置，风塔选址，杨树浦工作井与匝道设置等。提供了大量的模型与数据支撑，体现了 BIM 与设计的协同性，及时性。

1.5 对 BIM 的展望

由前文对 BIM 技术的概述中可以看出，无论从国际还是国内来看，BIM 技术的发展趋势正在从理论研究转移到应用实践上来。BIM 技术无疑会促进建筑产业化时代的到来，但是一项新技术的发展必然也会面临重重阻隔，相较于欧美等发达国家国家，我国建筑业信息化时代刚刚起步，这既是一个机遇又是一项挑战。借鉴国外 BIM 技术的发展经验，我国的 BIM 发展道路可以从以下几点入手。

第一，政策引导以及相关标准的制定是发展 BIM 技术不可或缺的角色。虽然我国住房和城乡建设部和各地政府相继出台了一系列推进 BIM 技术发展的规划和纲要，但是仍然缺少可以执行的行业规范和制度标准。因此各政府相关部门应尽快建立起适合中国的 BIM 技术指南及规范等相关政策，并且提供相关的科研经费。

第二，加快 BIM 应用人才的培养教育，我国目前仅有较少高校引入 BIM 技术研究相关课程，这严重限制了 BIM 技术在我国的发展。应用型人才的培养势在必行。除此之外，各地方企业也应当邀请专家学者进行定期专题讲座，并且开设一定的 BIM 技术专业课程培训。

第三，目前阶段 BIM 的应用主要集中在设计环节，无论是施工企业还是企业人员都应该重视 BIM 技术，不能对 BIM 技术停留在浅层次上，要深入了解，熟悉掌握相关专业知识、软件操作。同时施工企业应该积极主动地将 BIM 技术高效地运用到自己的项目中，通过与各企业相互交流，积累经验，为企业带来效益，使自己在市场上更具竞争力。

第四，加快 BIM 软件本土化开发。我国自主研发的 BIM 技术相关软件目前有鲁班、探索者、广联达等，数量少并且缺少统一的规范和数据接口，无法实现不同专业、不同软件间的数据信息交互。而国外软件在国内的应用度也并不太高，并且各种软件的使用习惯不同，导致学习周期较长，相应的软件费用也较高。这些因素都制约了我国建筑信息化发展的进程，因此本土化 BIM 软件的研发迫在眉睫。

1.6 BIM 的趋势

随着 Internet 技术和无线网络技术的飞速发展，BIM 技术已经发展了数十个年头，BIM 理论已经得到了来自业内和业外人士的广泛认可，被认为是建设行业信息化的最佳解决方案。在国内 BIM 技术的发展趋势来看，我国建设工程对其的接纳度和融合度也越来越高。目前，信息技术倾向于企业或者项目上的共享，在以后的发展趋势中，与建设工程相关的参与各方，比如投资者、工程师、设计师、承包商、供应商、使用者等都可以加入到信息共享平台中，形成项目协同管理联盟。这也是建筑行业结合 BIM 技术实现可持续性发展的最终目标。

以目前国内建筑信息技术的发展速度来看，BIM 技术取代传统建筑设计的时间指日可待。以 BIM 技术为导向结合 RFID、GIS、云计算和大数据等先进信息技术集成“BIM+”优势。不难预测，BIM 将在我国的建筑领域掀起一场“建筑业的信息技术革命”，更多的新技术将会被推出，推进我国建造市场紧追国际建设信息技术潮流，为行业的可持续性发展做出贡献。

1.7　Autodesk Revit 简介

Autodesk Revit（简称 Revit）是 Autodesk 公司一套系列软件的名称。Revit 系列软件是专为建筑信息模型（BIM）构建的，可帮助建筑设计师设计、建造和维护质量更好、能效更高的建筑。Revit 是我国建筑业 BIM 体系中使用最广泛的软件之一。

1.7.1　Autodesk Revit 软件

Revit 提供支持建筑设计、MEP 工程设计和结构工程的工具。

Revit 软件可以按照建筑师和设计师的思考方式进行设计，因此，可以提供更高质量、更加精确的建筑设计。通过使用专为支持建筑信息模型工作流而构建的工具，可以获取并分析概念，强大的建筑设计工具可帮助使用者捕捉和分析概念，以及保持从设计到建造的各个阶段的一致性。

Revit 向暖通、电气和给排水（MEP）工程师提供工具，可以设计更加复杂的建筑设备系统。Revit 支持建筑信息建模（BIM），可帮助从更复杂的建筑系统导出概念到建造的精确设计、分析和文档等数据。使用信息丰富的模型在整个建筑生命周期中支持建筑系统。为暖通、电气和给排水（MEP）工程师构建的工具可帮助使用者设计和分析高效的建筑设备系统以及为这些系统编档。

Revit 软件为结构工程师提供了工具，可以更加精确地设计和建造高效的建筑结构系统。为支持建筑信息建模（BIM）而构建的 Revit 可帮助使用者使用智能模型，通过模拟和分析深入了解项目，并在施工前预测性能。使用智能模型中固有的坐标和一致信息，提高文档设计的精确度。

1.7.2　Autodesk Revit 样板

项目样板文件在实际设计过程中起到非常重要的作用，它统一的标准设置为设计提供了便利，在满足设计标准的同时大大提高了设计师的效率。

项目样板提供项目的初始状态。 每一个 Revit 软件中都提供几个默认的样板文件，也可以创建自己的样板。基于样板的任意新项目均继承来自样板的所有族、设置（如单位、填充样式、线样式、线宽和视图比例）以及几何图形。样板文件是一个系统性文件，其中的很多内容来源于设计中的日积月累。

Revit 样板文件以 Rte 为扩展名。使用合适的样板，有助于快速开展项目。国内比较通用的 Revit 样板文件，例如 Revit 中国本地化样板，有集合国家规范化标准和常用族等优势。

1.7.3 Autodesk Revit 族库

Revit 族库就是把大量 Revit 族按照特性、参数等属性分类归档而成的数据库。相关行业企业或组织随着项目的开展和深入，最后都会积累到一套自己独有的族库。在以后的工作中，可直接调用族库数据，并根据实际情况修改参数，便可提高工作效率。Revit 族库可以说是一种无形的知识生产力。族库的质量，是相关行业企业或组织的核心竞争力的一种体现。[1]

1.8 柏慕标准化应用体系介绍

1.8.1 柏慕软件产品特点

柏慕软件——BIM 标准化应用系统产品是一款非功能型软件，固化并集成了柏慕 BIM 标准化技术体系，经过数十个项目的测试研究，基本实现了 BIM 材质库、族库、出图规则、建模命名规则、国标清单项目编码以及施工运维的各项信息管理的有机统一，它提供了一系列功能，涵盖了 IDM 过程标准，MVD 数据标准，IFD 编码标准，并且包含了一系列诸如工作流程、建模规则、编码规则、标准库文件等，使得 Revit 支持我国建筑工程设计规范，且可以大幅度提升设计人员工作效率，初步形成 BIM 标准化应用体系，并具备以下五个突出的功能特点：

（1）全专业施工图出图。

（2）国标清单工程量。

（3）导出中国规范的 DWG。

（4）批量添加数据参数。

（5）施工、运维信息标准化管理。

1.8.2 标准化库文件介绍

柏慕标准化库文件共 4 大类，分别为柏慕材质库、柏慕贴图库、柏慕构件族库、柏慕系统族库。

（1）柏慕材质库

柏慕材质库对常用的材质和贴图进行了梳理分类，形成柏慕土建材质库、柏慕设备材质库和柏慕贴图库。柏慕材质库中土建部分所有的材质都添加了物理和热度参数，此参数参考了 AEC 材质《民用建筑热工设计规范》GB 50176-2016[2] 和鸿业负荷软件中材质编辑器中的数据。材质参数中对材质图形和外观进行了设置，同时根据国家节能相关资料中的材料表重点增加物理和热度参数，便于节能和冷热负荷计算，如图 1-3 所示。

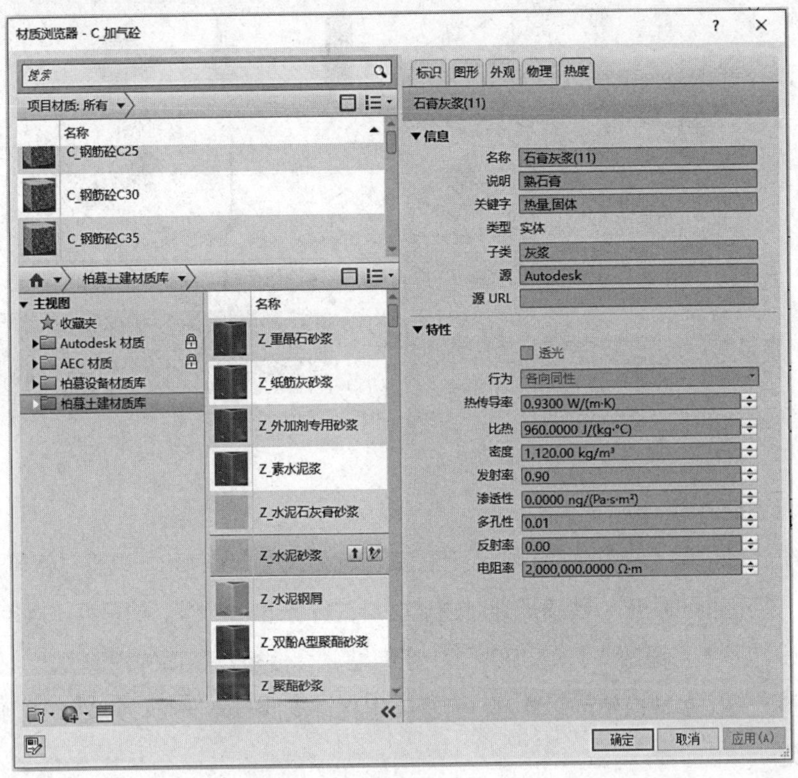

图1-3

（2）柏慕贴图库

柏慕贴图库按照不同的用途划分，为柏慕材质库提供了效果支撑，便于后期渲染及效果表现，如图 1-4 所示。

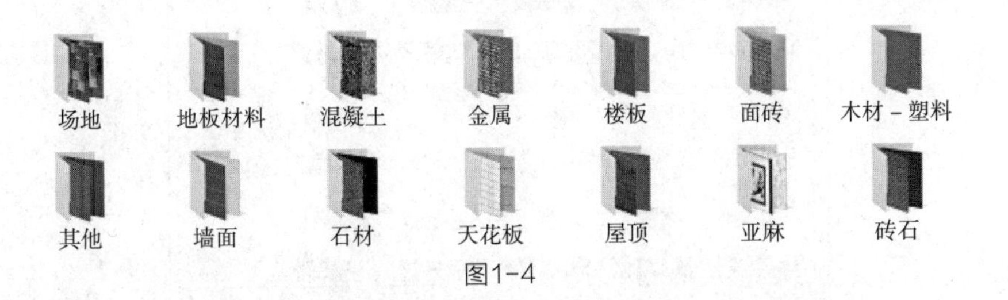

图1-4

（3）柏慕构件族库

柏慕族库依据《建筑工程工程量清单计价规范》GB 50500-2013[3] 对族进行了重新分类，并为族构件添加项目编码，所有族构件依托 MVD 数据标准添加设计、施工、运维阶段标准化共享参数数据，为打通全生命周期提供了有力的数据支撑。

柏慕族库实现云存储，由专业团队定期更新族库，规范族库标准；如图 1-5 所示。

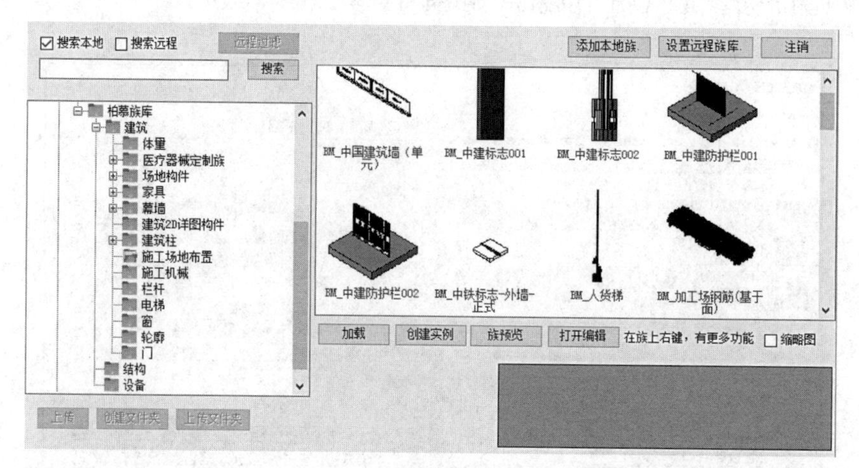

图1-5

（4）柏慕系统族库

柏慕系统族库依据《国家建筑标准设计图集工程做法》05J909[4] 以及“建筑、结构双标高”“三道墙”“三道板”的核心建模规则对建筑材料进行标准化制作。柏慕系统族库涵盖了《国家建筑标准设计图集工程做法》05J909[4] 中所有墙体、楼板、屋顶的构造设置，同时依据图集对所有材料的热阻参数及传热系数进行了重新定义，支持节能计算，如图 1-6 所示。

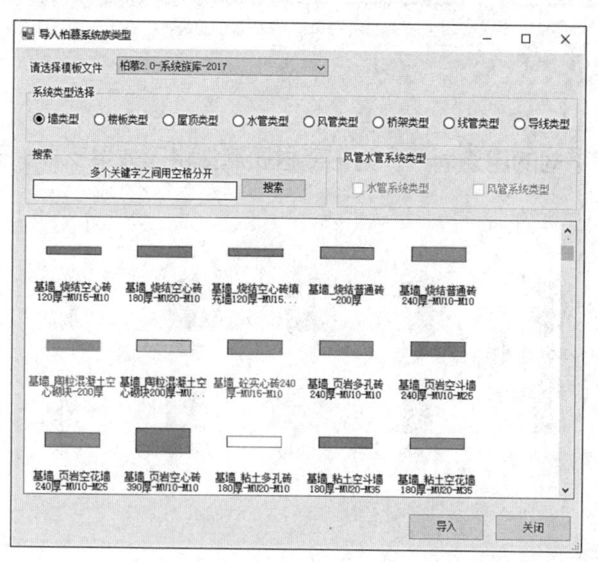

图1-6

柏慕系统族库中包含有标准化【水管类型】【风管类型】【桥架类型】【电气线管类型】以及【导线类型】，并包含相应系统类型，为设备模型搭建提供标准化材料依据，如图 1-7 所示。

图1-7

1.8.3 柏慕软件工具栏介绍

（1）新建项目

柏慕软件中包含三个已制定好的项目样板文件，分别为【全专业样板】【建筑结构样板】【设备综合样板】。在插件命令中可以新建基于此样板为基础的项目文件，样板中包含了一系列统一的标准底层设置为设计提供了便利，在满足设计标准的同时大大提高了设计师的效率，如图 1-8 所示。

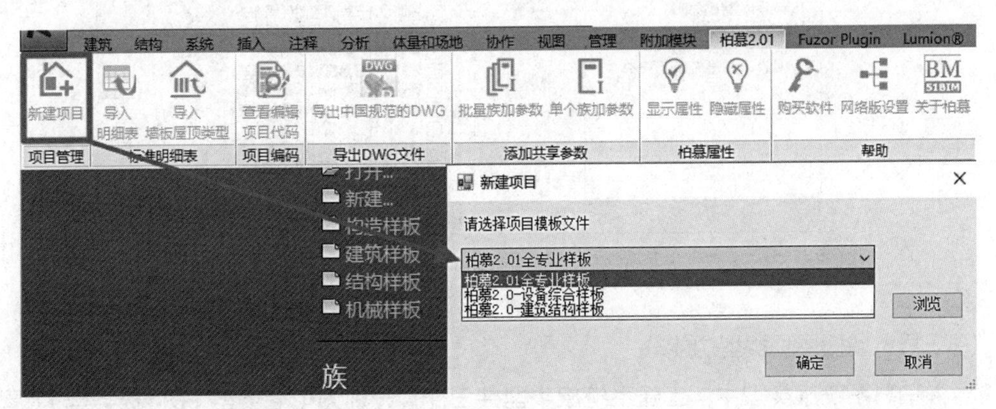

图1-8

（2）导入明细表功能

【导入明细表】功能中，设置四大类明细表，分别为【国标工程量清单明细表】【柏慕土建明细表】【柏慕设备明细表】【施工运维信息应用明细表】，共创建了 165 个明细表，如图 1-9 所示。

明细表应用：

①柏慕土建明细表及柏慕设备明细表应用于设计阶段，主要有【图纸目录】【门窗表】【设备材料表】及【常用构件】等用来辅助设计出图。

②国标工程量清单明细表主要应用于算量。依据【《建筑工程工程量清单计价规范》GB 50500-2013[3]】，优化 Revit 扣减建模规则，规范 Revit 清单格式。

③施工运维信息应用明细表主要是结合【施工】【运维阶段】所需信息，通过添加【共享参数】应用于施工管理及运营维护阶段。

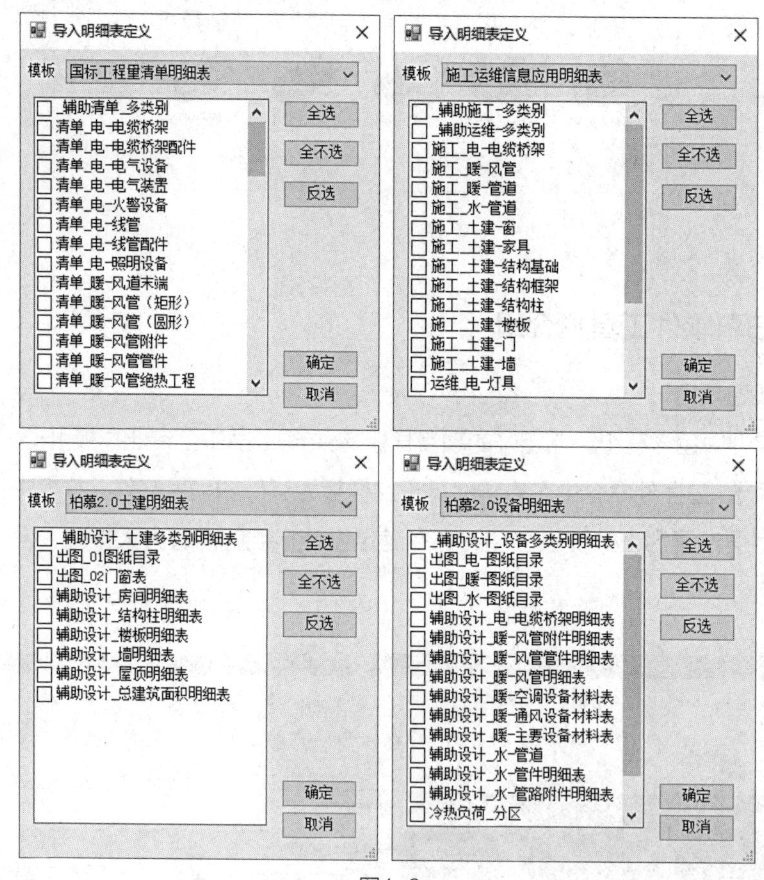

图1-9

（3）导入墙板屋顶类型功能

导入柏慕系统族类型中，土建系统族类型共三种，分别为【墙类型】【楼板类型】【屋顶类型】，设备系统族类型中，共有 5 种，分别为【水管类型】【风管类型】【桥架类型】【线管类型】以及【导线类型】，如图 1-10 所示。

（4）查看编辑项目代码

柏慕构件库中，所有构件均包含 9 位项目编码，但每个项目或多或少都需要制作一些新

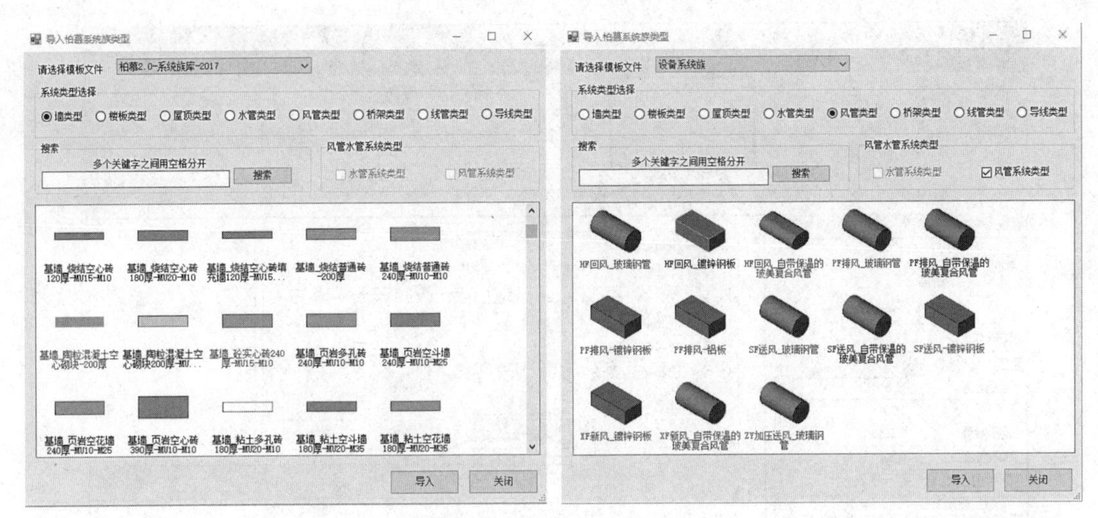

图1-10

的族构件，通过【查看编辑项目代码】这一命令，查看当前构件的项目编码，且可以进行替换和添加新的项目编码，如图 1-11 所示。

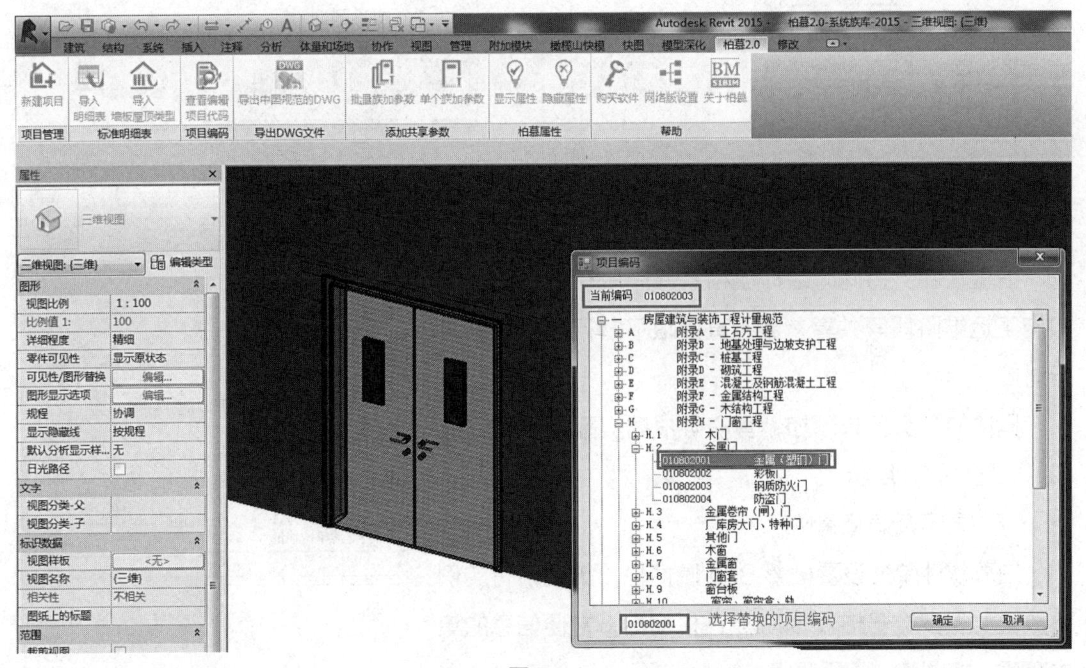

图1-11

（5）导出中国规范的 DWG

柏慕软件参考国家出图标准及天正等其他软件，设置【导出中国规范的 DWG】这一功能，直接导出符合中国制图标准的 DWG 文件，如图 1-12 所示。

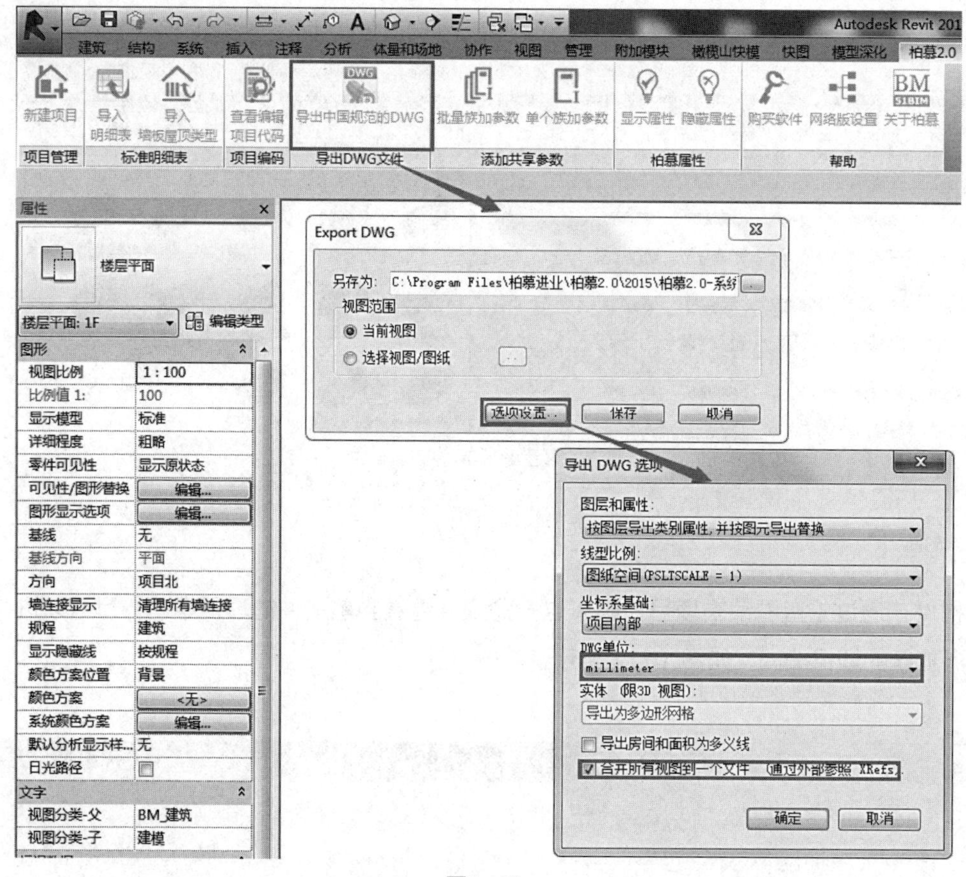

图1-12

（6）批量族加参数

柏慕软件支持同时给样板和族库中所有构件批量添加施工运维阶段等共享参数，直接跟下游行业的数据进行对接。

具体的参数值未添加，客户可根据实际项目自行添加，如图 1-13 所示。

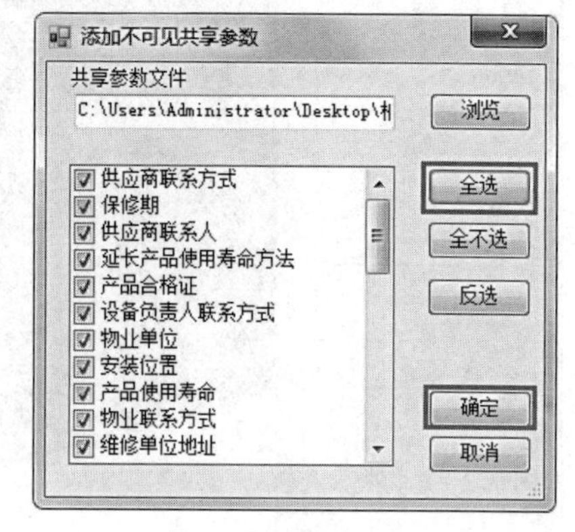

图1-13

（7）显示及隐藏属性

柏慕软件单独设置柏慕 BIM 属性栏，集成所有实例参数及类型参数于柏慕 BIM 属性栏窗口，方便信息的集中管理，如图 1-14 所示。

1.8.4 柏慕 BIM 标准化应用

（1）全专业施工图出图

柏慕标准化技术体系支持 Revit 模型与数据深度达到 LOD500。建筑、结构、设备各系

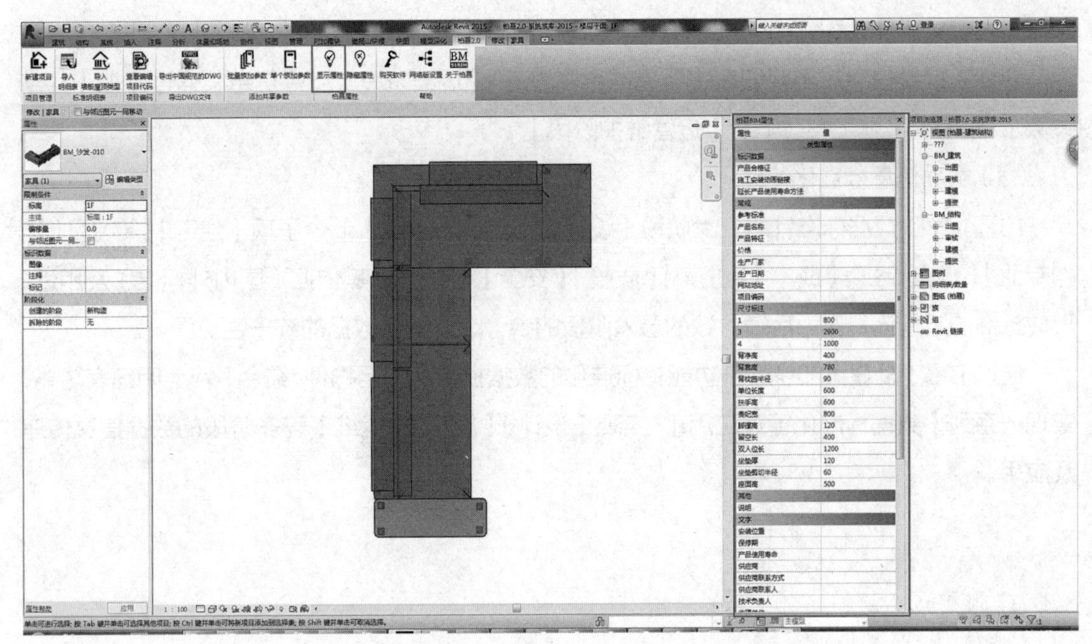

图1-14

统分开，分层搭建的标准化建模规则满足各应用体系对模型和数据的要求。设计模型满足各专业出施工图、管线综合、室内精装修。标准化模型及数据具备可传递性，支持对模型深化应用，包括但不限于幕墙深化设计、钢结构深化设计，机电安装图、施工进度模拟等应用。同时直接对接下游行业（如概预算、施工、运维）模型应用需求。

设计数据：直接出统计报表和计算书。

数据深化应用：模型构件均包含项目编码、产品信息、建造信息、运维信息等，直接对接下游行业（如概预算、施工、运维）信息管理需求。

出图与成果：各专业施工图。

建筑：平、立、剖面，部分详图等。

结构：模板图、梁、板、柱、墙钢筋施工图。

设备（水、暖、电）：平面图、部分详图。

专业综合：优化设计（包括碰撞检查、设计优化、管线综合等）。

（2）国标工程量清单

柏慕明细表分为：【柏慕 2.0 设备明细表】【柏慕 2.0 土建明细表】【国标工程量清单明细表】【施工运维信息应用明细表】四类明细表，共创建了 165 个明细表。

明细表应用：

①柏慕 2.0 设备明细表及柏慕 2.0 土建明细表主要应用于设计阶段，主要有【图纸目录】【门窗表】【设备材料表】及【常用构件】等用来辅助设计出图。

②国标工程量清单明细表主要应用于算量。依据【《建筑工程工程量清单计价规范》GB

50500-2013[2]】，优化 Revit 扣减建模规则，规范 Revit 清单格式。

③施工运维信息应用明细表主要是结合【施工】【运维阶段】所需信息，通过添加【共享参数】，应用于【施工管理】及【运营维护阶段】。

（3）数据信息标准化管理

柏慕 MVD 数据标准针对三大阶段【设计】【施工】【运维】，七个子项【建筑】【专业】【结构专业】【机电专业】【成本】【进度】【质量】【安全】，分别归纳其依据（国内外标准）及用途，形成标准的工作流，作为后续参数的录入阶段的参考，以确保数据的统一性。

通过柏慕【批量添加参数】功能将标准化的数据批量添加至构件，结合 Revit 明细表功能，实现一系列【数据标准化管理应用】，实现【设计】【施工】【运维】等多阶段的数据信息传递及应用。

第 2 章　建筑学概述

2.1　建筑学简介

2.1.1　建筑学概念

建筑学（Architecture）是一种设计与建造的艺术，是研究建筑艺术与建筑技术的学科，又称为建筑科学。通过研究建筑功能、物质技术条件、建筑艺术以及三者间的相互关系，研究建筑设计方法综合运用建筑结构、材料、设备、施工方法，以建造经济、适用、美观的建筑。

2.1.2　学科内涵

建筑学产生于古希腊罗马时期，其发展主要经历了五个阶段：①古典主义时期；②中世纪时期；③文艺复兴时期；④近代建筑时期；⑤现代建筑时期。传统建筑学主要研究建筑设计、室内设计、风景园林以及城市规划设计，现代建筑学则着重研究建筑与其室外环境，偏向于工程技术与建筑艺术两个方向，主要包括建筑设计、建筑历史、建筑构造、建筑物理、建筑施工五大内容，因此建筑学是一门横跨工程技术和人文艺术的学科。

建筑最初出现的目的是为人类遮风挡雨，随着时代与社会科学的发展，建筑学的内涵不仅仅为是满足人类物质生活的基本需求，建筑也常表现为一种精神寄托的载体。社会生产力、生产关系的变化、政治、宗教等的变化都会影响建筑文化的发展，因此不同时代、不同地域的建筑风格各有千秋，它作为一个时代的缩影可以反映出人类生活的物质水平和精神面貌。从建筑类型上来讲，通俗大众认知的建筑包括房屋、宅院、宫殿、办公楼、图书馆、剧院等供人类居住或者工作能够遮风挡雨的构筑物，某些特殊的工程如桥梁、河堤、大坝以及具有纪念意义如纪念碑、凯旋门和具有装饰意义如雕塑、小品等也属于建筑的范畴。

随着现代科学的发展，建筑材料、施工技术、结构技术以及空气调节、人工照明、防火、防水技术等技术的进步，使建筑的发展模式不仅存在于地表而且存在于海洋、高空等区域，现代建筑艺术创作也呈现出多元化表达方式，世界各地地标性建筑不断涌起。无论世界和科技怎样发展变化，对于建筑学而言，建筑设计作为最核心内容永远值得人们学习与探索。

2.2 建筑设计

2.2.1 建筑设计

建筑设计（Architectural Design）是指在建造建筑物之前，设计师依据建筑类型，面积和各项指标，所处基地以及周边环境等设计任务进行研究设计，并且对施工和使用过程可能会遇到的问题拟定好解决方案，并用图纸和三维模型表示出来。建筑设计往往要协同建筑基地、建筑类型、建筑造价加以运筹调整，是建筑师、结构师、造价预算师等多方合作的结果。一般来讲，建筑设计分为建筑方案设计、建筑初步设计、施工图设计等多个阶段。存在特殊属性的工程项目（如剧院、音乐厅等）中经常需要深入的专业技术分析实验（如室内声、光、热、风、节能属性等），以保证满足其服务属性。

2.2.2 设计流程

完整的方案设计工作包括调研分析、设计构思、方案择优、调整细化、成图表达五个阶段，过程中每个步骤、阶段都有承上启下的内在逻辑联系，在设计工作中经常要回过头站在新的高度重新梳理设计思路，以推进深入设计。

设计的首要工作就是要了解掌握相关的基地以及周边环境条件：地形地貌、自然环境、气候特点、人文环境等；相关城市控制详规：建筑红线、建筑物控高、建筑密度、容积率等；服务人群需求：建筑物应具备的性能等；以及其他会影响到工程的各种因素。此阶段一般通过调研、搜集资料、依据实际经验来拟定任务书完成。

设计构思作为建筑方案设计的重要环节，是设计师对设计要求、环境条件以及相关案例有较为全面的认识后进行确立设计理念、方案构思的阶段。设计构思往往要经过多次调整改进、深入细化，以达到较为理想的方案设计。只有将构思落实在施工图这样细致、精确的图中，并且表明相对应的尺寸、轴线，才能使建筑创作得以实施。

2.2.3 设计内容

简单来讲，建筑设计的核心工作就是在考虑外部环境的条件下寻找满足建筑使用功能的最优解，包括建筑与周边环境、各种条件的协调融合，建筑物内部使用功能与使用空间的合理安排，建筑与结构、设备管线、各种技术条件的结合，建筑表现形式的艺术效果，以及如何减少造价预算的情况下满足最好的建筑品质。这些因素作为建筑设计的基本内容是设计师进行建筑创作时必须考虑和遵守的理念。

由于建筑具有一定的复杂性，涉及结构、设备、环境、生态、美学甚至心理学等一系列学科，因此建筑设计是一项复杂的系统性工程，既是工程策划又是艺术创作。建筑师需要与多专业协同配合，要预见到拟建建筑物存在的和可能发生的各种问题，在面对的众多问题和矛盾中，依据长期实践的经验步步深入以设计出一座合格的建筑物。

2.2.4 表达途径

建筑设计的主要表达方式包括三种：图纸、文字、模型。

（1）图纸——即二维平面表达方式，也是建筑设计最主要的表达方式。建筑设计图纸一般包括工程制图和建筑表达绘画。

（2）文字——即建筑设计说明，是用语言文字表达设计构思、工程做法的方式，常配有模型、分析构造图说明。

（3）模型——即三维表达方式，是一种对建筑的空间、形体表达的直观模拟，包括计算机数字模型与实体模型。

2.3 建筑制图与识图

2.3.1 建筑制图

建筑制图（Architectural drawings）即按有关规定将建筑设计的意图绘制成图纸。在建筑设计的不同阶段要绘制不同内容的设计图，下面简单介绍制图种类：

（1）总平面图——通常包括建筑一层平面与周边环境的关系，总图中应表示道路、广场、庭院的形式，相应绿化、小品、水系等的具体形式；图中还包括平面的绝对标高、室外各项工程的标高、地面坡度、排水方向等，用以计算土方工程量，作为施工时定位、放线、土方施工和施工总平面布置的依据等。

（2）平面图——包括家具、陈设造型、铺地形式、柱网排布等，用轴线和尺寸线表示出各部分的尺寸和准确位置，墙体厚度、门窗洞口的做法、标高尺寸，各层地面的标高，其他图纸、配件的位置和编号及其他工种的做法要求。

（3）立面图——包括墙体高度、檐口厚度、墙面形式、门窗洞口位置、材质表达、形体做法、光影关系等。

（4）剖面图——主要用标高表示建筑物的高度及其与结构的关系，一包括梁、柱、墙、楼板、屋顶、楼梯、踏步、栏杆等重要构件的构造形式。

（5）施工图——包括建筑外檐剖面详图、楼梯详图、门窗等所有建筑装修和构造，以及特殊做法的详图。其详尽程度以能满足施工预算、施工准备和施工依据为准。

（6）效果图——建筑效果图是建筑设计方案在二维图纸上比较真实的表现方式，可以手工绘制也可以通过计算机软件进行渲染表示。

2.3.2 建筑识图

建筑识图是从事建筑行业工作者必备的一项技能，由上文可知建筑工程项目图纸包括：总平面图、各层平面图、剖面图、各个立面图，还有大量的详图、大样图以及工程做法表等。在大学的建筑学专业课程设计中所包含的主要图纸是：总平面图、各层平面图，部分剖面图、立面图。本文仅对常用识图技巧进行简要说明。

2.3.3 常用建筑构件

常用建筑构造及配件图例（GB/T50104—2010） 表2-1

名称	图例	名称	图例
墙体		单面开启单扇门（包括平开或单面弹簧）	
隔断		单面开启双扇门（包括平开或单面弹簧）	
玻璃幕墙		固定窗	
栏杆		高窗	h=
楼梯	下 下 上 上	电梯	
		自动扶梯	下 上

续表

名称	图例	名称	图例
台阶	下	坡道	下 下
检查口		孔洞	
烟道		风道	

2.3.4　常用材料标识图案

常用建筑材料图例（GB/T50001—2017）　　表2—2

材料名称	图例	材料名称	图例
自然土壤		夯实土壤	
砂、灰土		砂砾石、碎砖三合土	
普通砖		混凝土	
钢筋混凝土		石材	
木材		金属	
防水材料		粉刷	

第 3 章 体量设计

体量是在建筑模型的初始设计中使用的三维形状。通过体量研究，可以使用造型形成建筑模型概念，从而探究设计的理念。概念设计完成后，可以直接将建筑图元添加到这些形状中。

以下提供了如下两种创建体量的方式：

内建体量：用于表示项目独特的体量形状。

创建体量族：在一个项目中放置体量的多个实例，或者在多个项目中需要使用同一体量族时，通常使用可载入体量族。

3.1 新建项目

启动 Revit2017，默认将打开【最近使用的文件】界面，如图 3-1 所示。

图3-1

单击选项卡“柏慕软件”将显示七大面板，单击【项目管理】面板中的【新建项目】工具，自动弹出【新建项目】对话框，默认选择【柏慕全专业样板】并单击【浏览】选择路径至桌面，命名为【体量 - 练习】，单击【保存】新建项目，单击确定进入 Revit 绘图操作界面，如图 3-2、图 3-3 所示。

注意：项目样板提供项目的初始状态。Revit Architecture 提供几个样板，您也可以创建自己的样板。基于样板的任意新项目均继承来自样板的所有族（如单位、设置填充样式、线样式、线宽和视图比例）以及几何图形。

单击软件界面左上角的【应用程序菜单】按钮，在弹出的下拉菜单中依次单击【保存】→【项目】，如图 3-4 所示，将样板文件存为项目文件，后缀将由 .rte 变更为 .rvt 文件。

注意：单击【文件】菜单栏【另存为】，在【另存为】对话框右下角单击【选项】按钮，【文件保存选项】对话框中的【最大备份数】即为备份文件数量的设置，最低为【3】，不能设置为【0】，如图 3-5 所示。

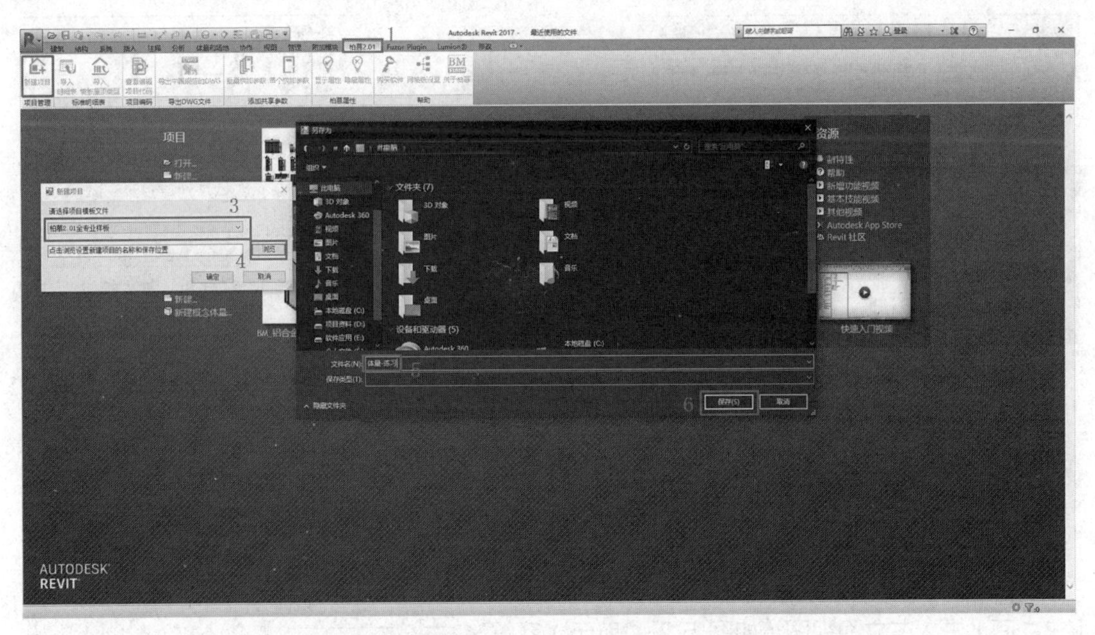

图3-2

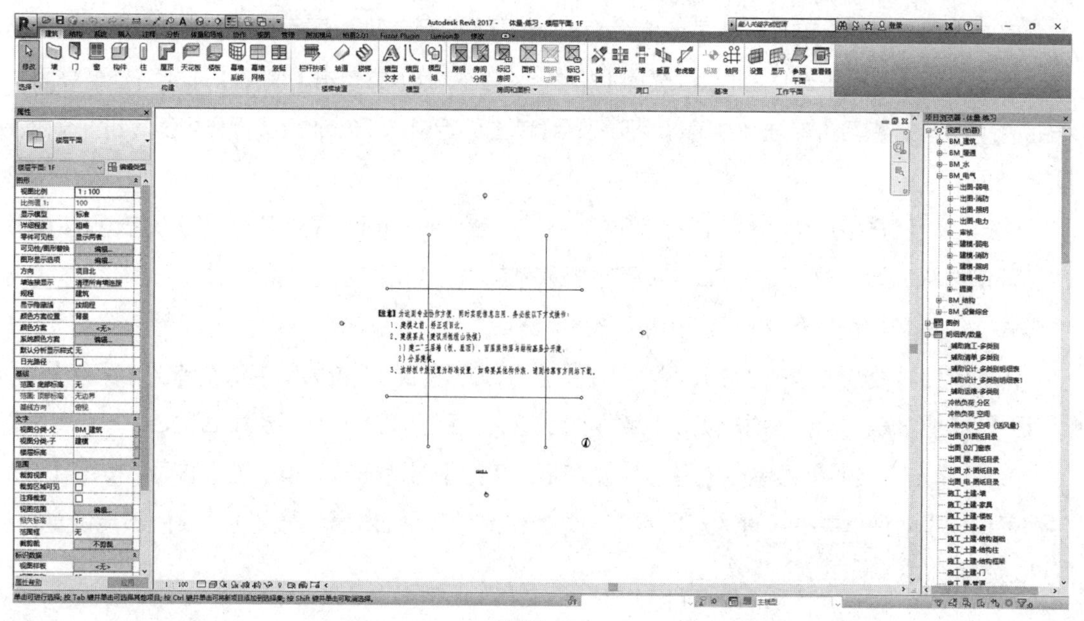

图3-3

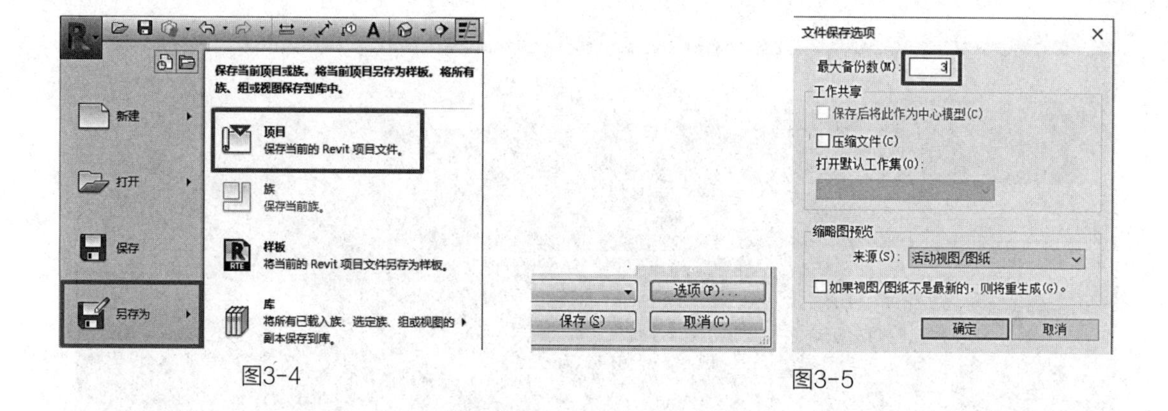

图3-4

图3-5

3.2　绘制标高

在项目浏览器中展开【立面】项，双击视图名称【东立面】进入东立面视图（如图 5.2-1 所示）系统默认设置了三个标高——室外标高、F1 和 F2，可根据需要修改标高高度：如图 3-6 所示。

选择需修改高度的标高符号，单击标高符号上方或下方表示高度的数字，【室外标高】如高度数值【-0.300】，单击后该数字变为可输入，将原有数值修改为【-0.450】，如图 3-7 所示。

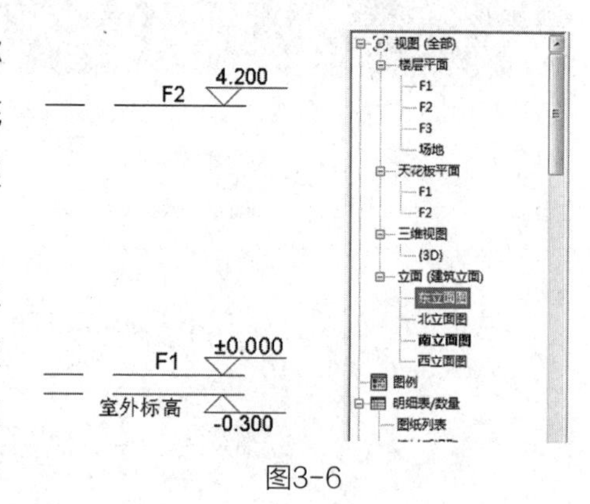

图3-6

注意：任意立面绘制一次标高，其他立面均可显示。样板文件中已经将标高单位修改为【米】，保留【3 个小数位】，关于标高的更详细操作，请参考第 4 章。

打开【建筑】选项卡，单击【基准】面板→【标高】工具，如图 3-8 所示，绘制标高【F3】，将标高【F3】高度调整为【7.500】。

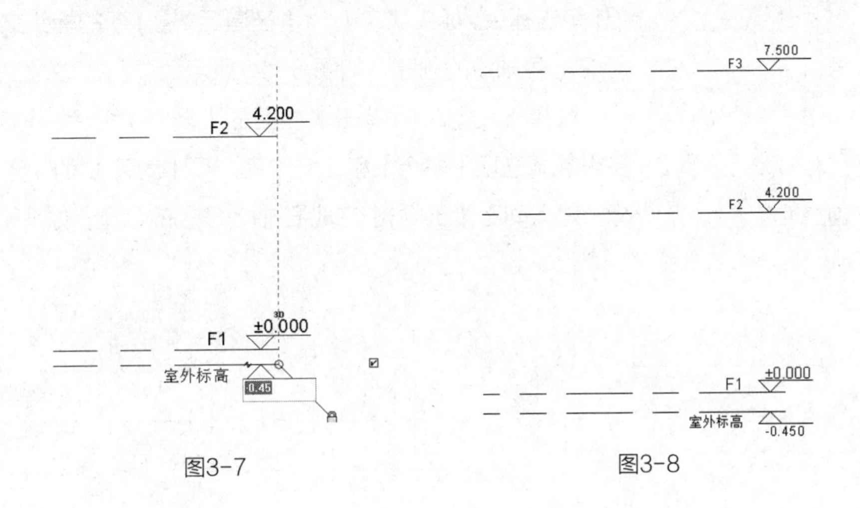

图3-7　　　　图3-8

3.3　绘制轴网

接上节练习，在项目浏览器中双击【楼层平面】项下的【F1】视图，打开首层平面视图。

注意：在 Revit 中轴网只需要在任意一个平面视图中绘制一次，其他平面和立面、剖面视图中都将自动显示，且关于轴网的更详细操作，请参考第 4 章。

在【建筑】选项卡下【基准】面板→【轴网】工具，绘制垂直轴网，轴号为【1】。

选择 1 号轴线，在【修改轴网】上下文选项卡→【修改】面板→【复制】工具，选项栏勾选【多个】和【约束】选项，如图 3-9 所示。

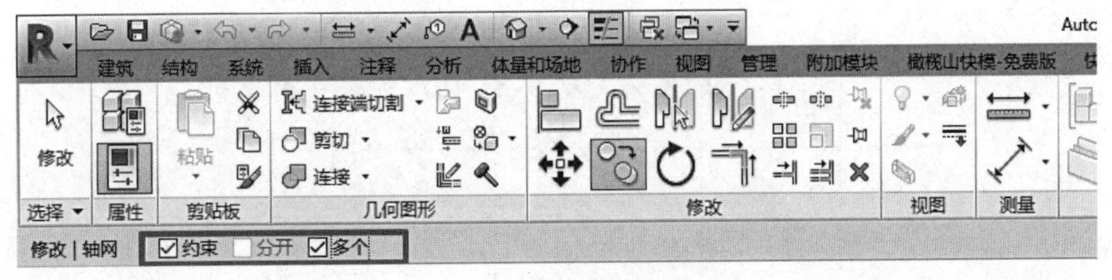

图3-9

移动光标在 1 号轴线上单击捕捉一点作为复制参考点，然后水平向右移动光标，输入间距值【7200】后按【Enter】键确认后完成 2 号轴线的复制。保持光标位于新复制的轴线右

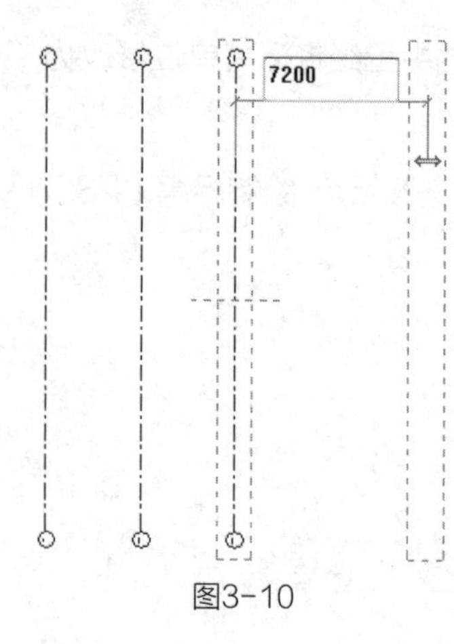

图3-10

侧，继续依次输入 7200 并在输入每个数值后按【Enter】键确认，完成 3~10 号轴线的复制，如图 3-10 所示。

在【建筑】选项卡→【基准】面板→【轴网】工具，使用同样的方法在轴线下标头上方绘制水平轴线。选择刚创建的水平轴线，单击标头，标头数字【11】被激活，输入新的标头文字【A】，完成 A 号轴线的创建，如图 3-11 所示。

选择轴线【A】，单击功能区的【复制】命令，选项栏勾选多重复制选项【多个】和正交约束选项【约束】然后向上移动光标，输入间距【6900】完成 B 轴、C 轴的创建，如 3-12 所示。

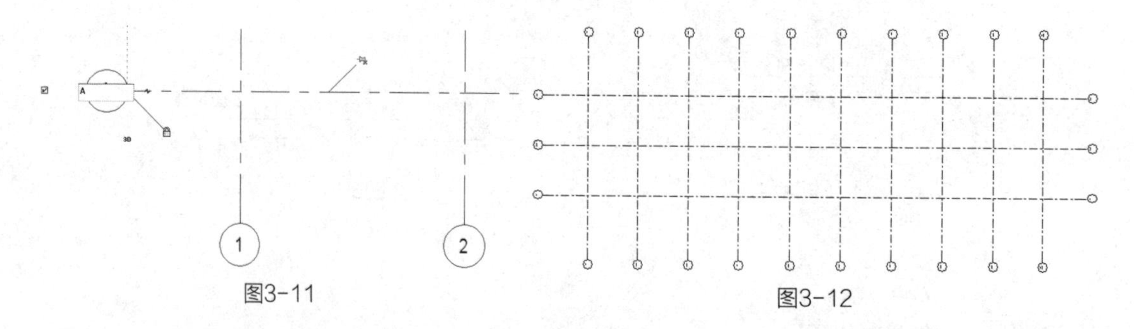

图3-11

图3-12

为防止绘图过程中因误操作移动轴网，需将轴网锁定：打开平面视图【F1】，框选所有轴网，单击功能区工具【锁定 锁定】，如图 3-13 所示。

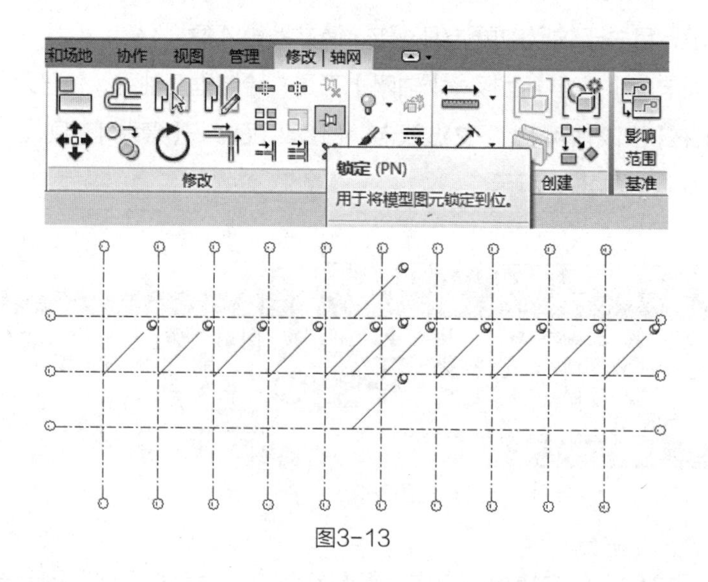

图3-13

完成后保存文件。

3.4　体量的搭建

搭建实心体量。

接上节练习，打开项目文件。

打开【东立面】视图，单击【建筑】选项卡→【工作平面】面板→【参照平面】命令绘制3条辅助线。沿A轴、C轴分别绘制两条参照平面间距为【3750】，沿【F3】绘制一条参照平面，与室外标高的间距为【10650】，如图3-14所示。

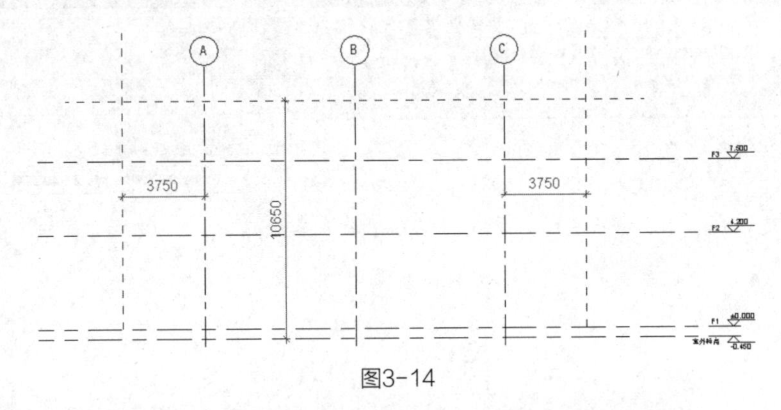

图3-14

回到【F1】平面视图，单击【体量和场地】选项卡→【概念体量】面板→【内建体量】工具，在弹出的对话框中输入名字为【主体】单击【确定】。在【工作平面】面板中单击【设置】如图3-15所示，在弹出的【工作平面】对话框中单击【拾取一个面】选项，单击【确定】光标移动到绘图区域，

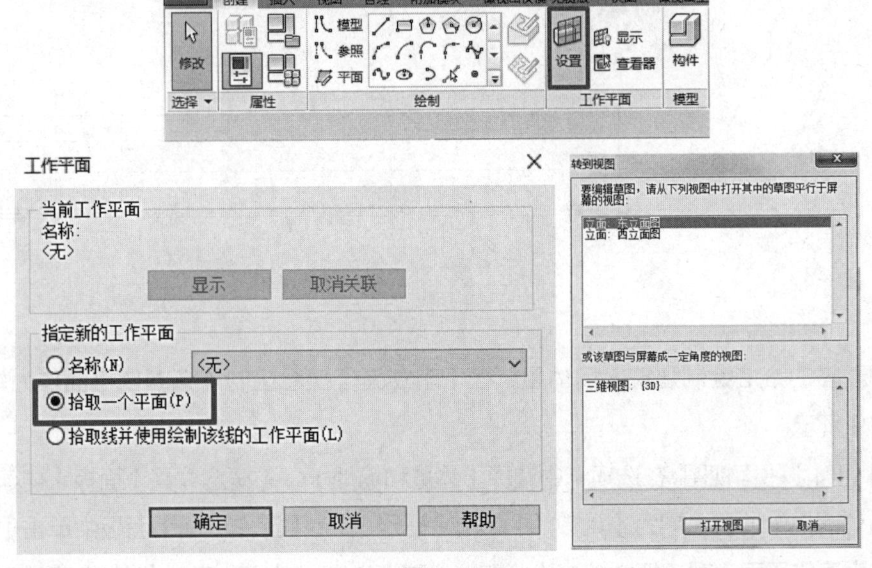

图3-15

单击【10】轴，在弹出的【进入视图】对话框中选择【立面：东】，单击【打开视图】按钮。

单击【绘制】面板→【线】工具绘制体量轮廓，如图3-16所示，选择轮廓在体量绘制面板【创建形状】下拉菜单单击【实心形状】，单击完成体量，如图3-17所示。

进入【北立面】视图，绘制两条参照平面分别距【1】轴的左边【3000】、【10】轴右边【3000】，单击选择新建的体量，通过拖拽把体量的两边分别移动到这两条参照平面上，如图3-18所示。

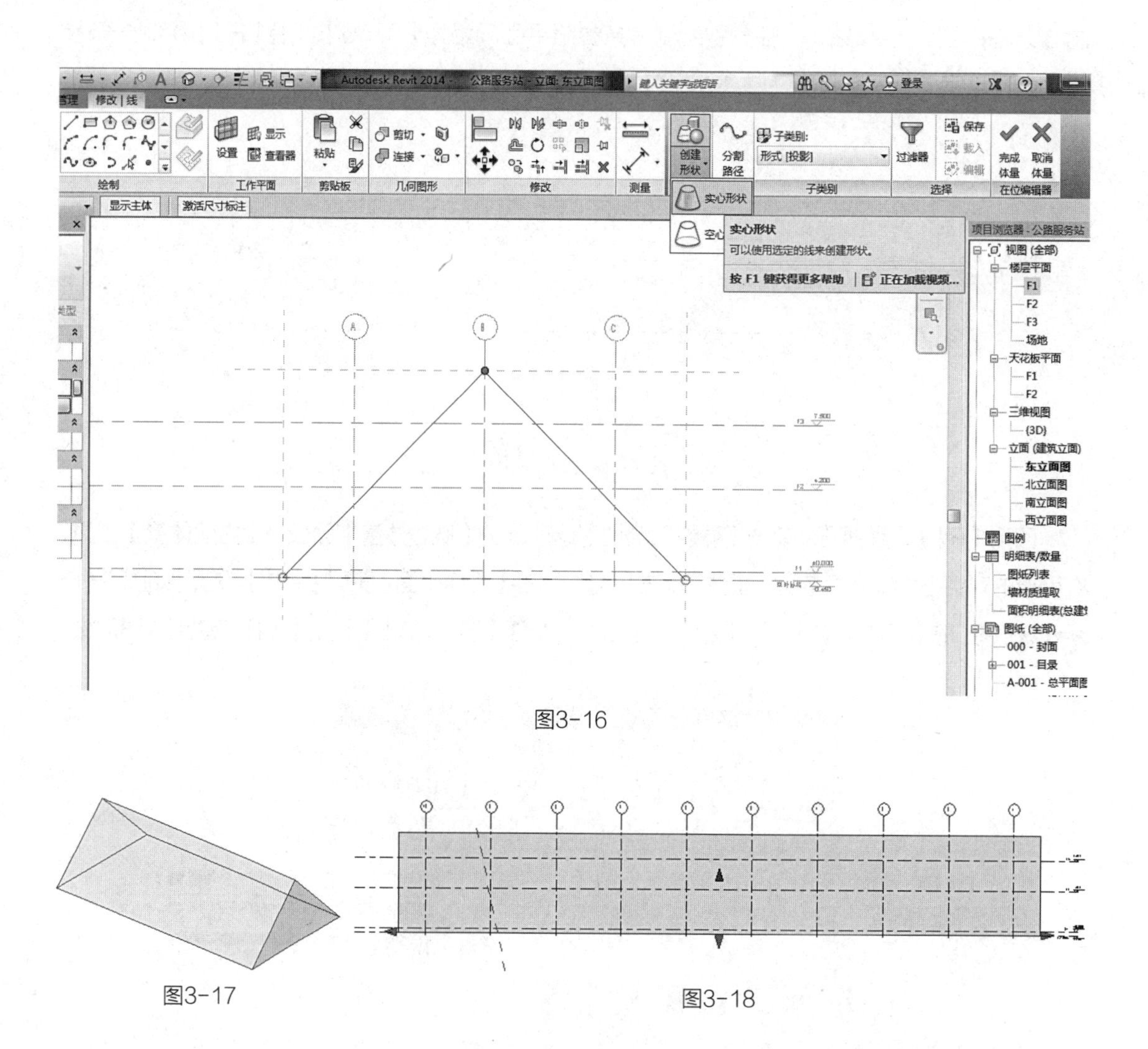

图3-16

图3-17

图3-18

运用同样的方法绘制建筑入口体量，在【南立面】视图绘制4条参照平面作为辅助线，如图3-19所示。

回到【F1】平面视图，在选项卡中选择【体量和场地】→【概念体量】面板【内建体量】，在弹出的对话框中输入名字为【入口1】单击【确定】。在【工作平面】面板中单击【设置】，在弹出的【工作平面】对话框中单击【拾取一个面】选项，单击【确定】，光标移动到绘图区

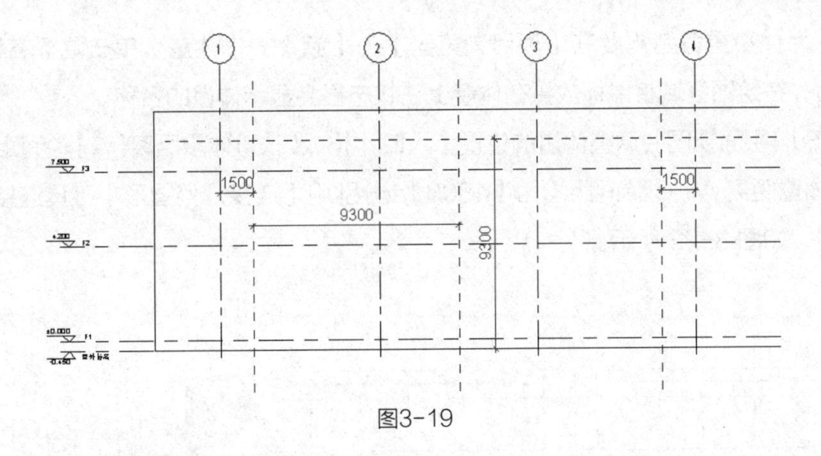

图3-19

域，单击【A】轴，在弹出的【进入视图】对话框中选择【立面：南】，单击【打开视图】，单击【绘制】面板【→线】工具绘制体量轮廓，如3-20所示。

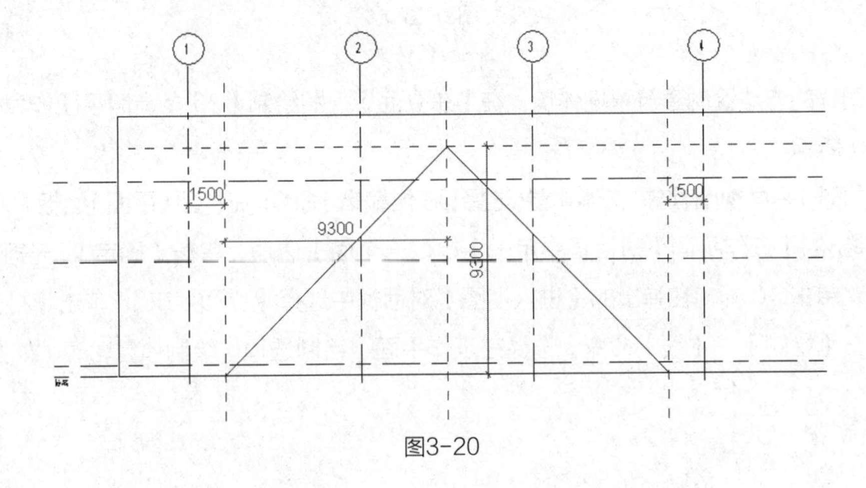

图3-20

选择轮廓在体量绘制面板【创建形状】下拉菜单单击【实心形状】，完成体量。单击【修改】选项卡→【几何图形】面板→【连接几何图形】命令来连接【主体】体量和【入口1】体量，如图3-21所示。

三个【入口】体量是相同的，可以采用复制的方式快速绘制。选择绘制好的【入口1】体量，单击【修改】选项卡→【修改】面板→【复制】工具复制【入口1】体量，间距为【21600】，如图3-22所示，分别重命名为【入口2】、【入口3】。

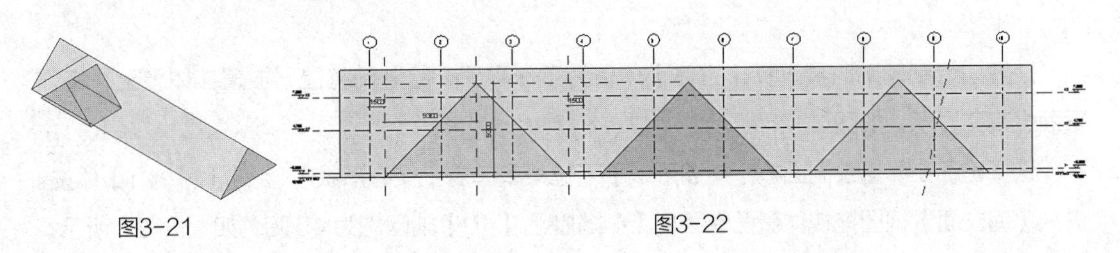

图3-21　　图3-22

注意：为体量重命名需要在【项目浏览器】→【族】→【体量】单击鼠标右键重命名，修改完成后，在绘图区域将鼠标放置在体量上在状态栏会显示体量的名称。

回到【F1】平面视图中调整体量的位置,【入口1】【入口3】体量距离【A】轴间距【4800】,【入口2】体量距离A、C轴间距均为【4800】，分别用【连接几何图形】工具连接主体体量和入口体量，如图3-23所示。

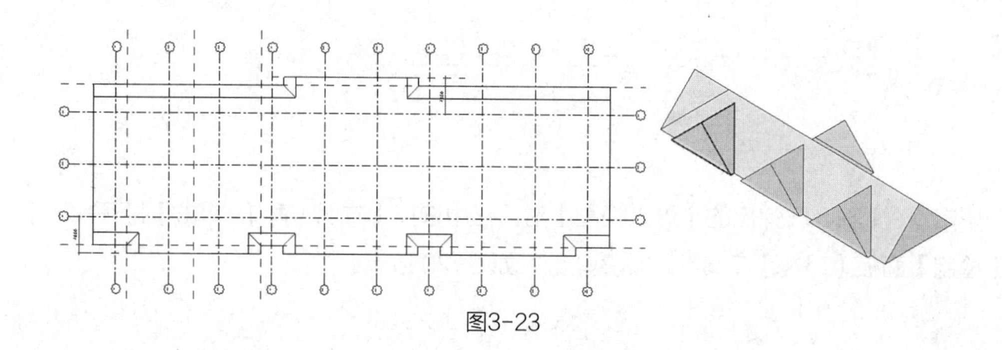

图3-23

运用同样的方法绘制建筑幕墙体量。在【东立面】视图绘制【2】条参照平面作为辅助线，如图3-24所示。

回到【F1】平面视图，选择主体体量，选择【在位编辑】命令，在【工作平面】面板中单击【设置】，在弹出的【工作平面】对话框中单击【拾取一个面】选项，单击【确定】，光标移 动到绘图区域，单击10轴，在弹出的【进入视图】对话框中选择【立面：东】，单击【打开视图】按钮，单击【绘制】→【线】命令，选择在工作平面上绘制选项，绘制体量轮廓，如图3-25所示。

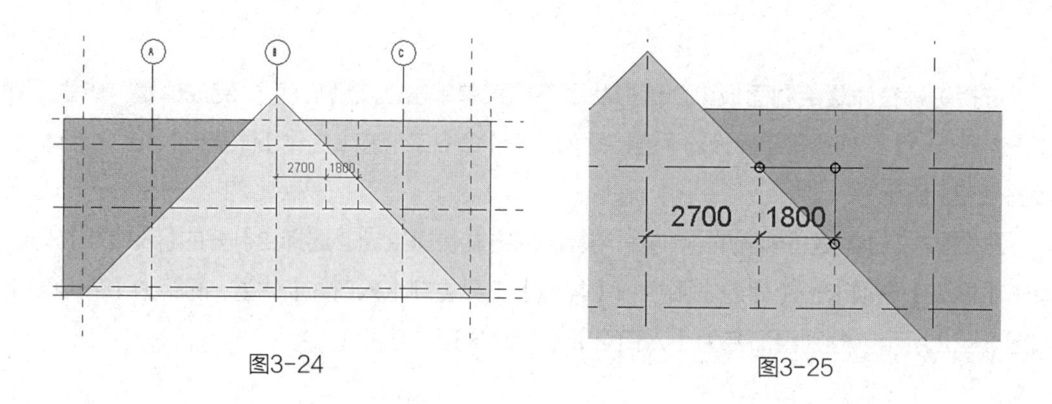

图3-24

图3-25

注意：绘制轮廓时要选择【主体】体量为工作平面，绘制前将鼠标放置在体量上，工作平面会高亮显示，如图3-26所示。

选择轮廓在体量绘制面板【创建形状】下拉菜单单击【实心形状】，完成【幕墙1】体量。进入【南立面】视图拖拽体量两端距离【1】轴网、【10】轴网均为1500，如图3-27所示。

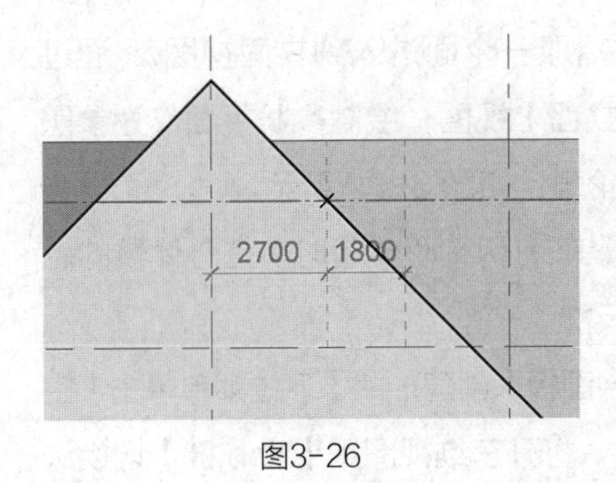

图3-26

进入【东立面】视图选择【幕墙 1】体量，单击【修改】面板→【镜像 - 拾取轴】工具，单击 B 轴完成【幕墙 1】的镜像，并且重命名为【幕墙 2】。单击【修改】选项卡→【几何图形】面板→【连接几何图形】工具来连接【幕墙窗】体量与其他体量，如图 3-28 所示。

注意：如果在使用【连接几何图形】命令时没有勾选选项栏【多重连接】选项，此时系统会弹出警告，单击确定，如图 3-29 所示。使用【连接几何图形】命令时建议勾选【多重连接】。

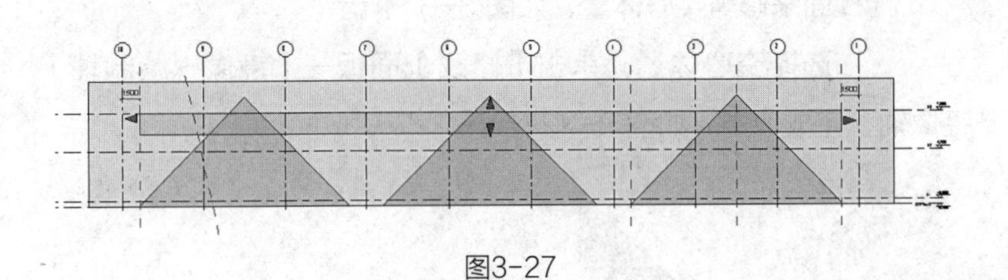

图3-27

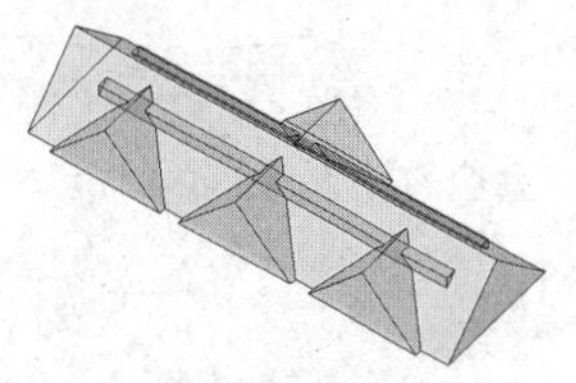

图3-28

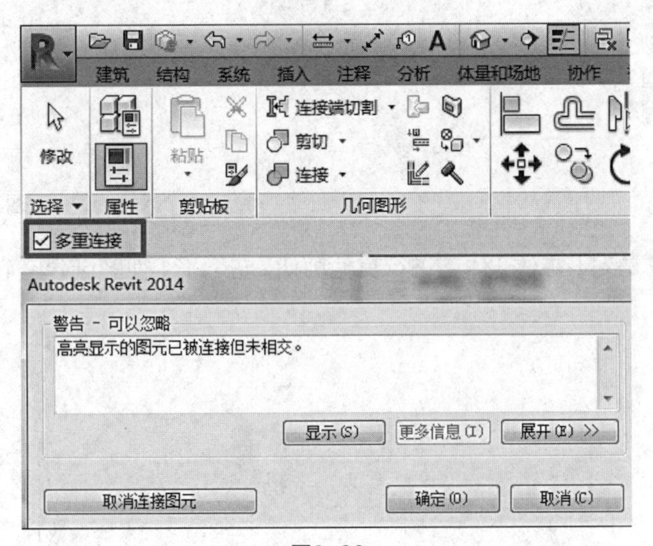

图3-29

完成后保存文件。

3.5　创建空心体量

接上节练习，打开项目文件。

选择【主体】体量，单击【模型】面板→【在位编辑】命令进入体量编辑状态。

创建空心体量与创建实心体量的方法相似，在立面视图上绘制轮廓时需要先在平面视图

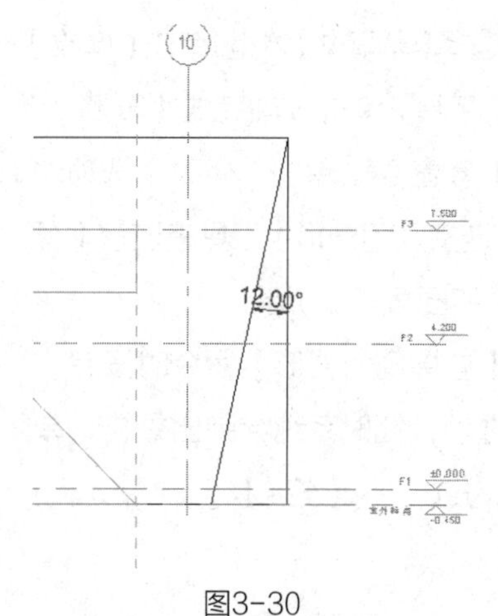

图3-30

上设置工作平面，通过拾取一个面进入到立面视图。通过设置工作平面进入【南立面】视图，绘制参照平面作为参照线并用线命令创建体量轮廓，如图 3-30 所示。

注意：使用空心体量来剪切实心体量时，空心体量的轮廓可以大于需要剪切的尺寸。

选择轮廓在体量绘制面板【创建形状】下拉菜单单击【空心形状】，创建空心形状。打开三维视图用【Tab 键】切换选择空心形状的一个面，通过修改临时尺寸或者使用坐标箭头拖拽面来修剪实心体量，如图 3-31 所示。

选择空心体量，单击【修改】面板→【镜像 - 绘制轴】命令在 5、6 轴的中间绘制镜像轴，完成效果，如图 3-32 所示。

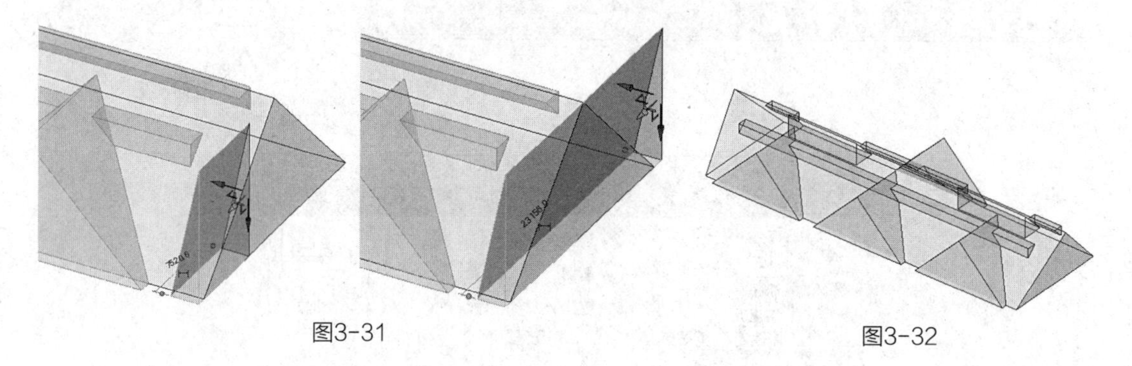
图3-31

图3-32

运用同样的方法对【主体】体量进行其他剪切。进入 F1 视图创建空心形状，如图 3-33 所示。

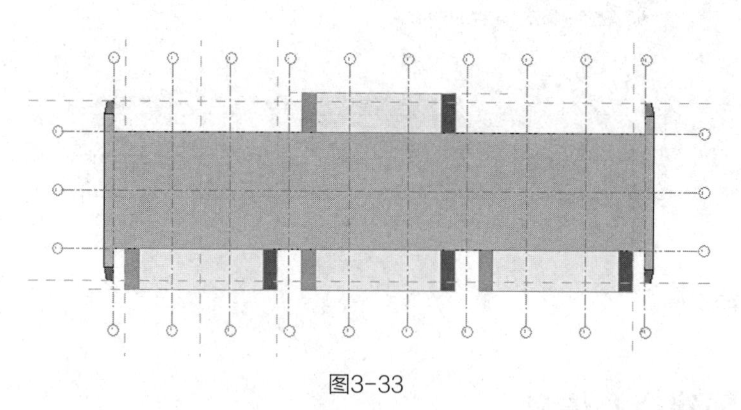
图3-33

进入【F2】视图及【北立面】视图绘制参照平面作为辅助线并绘制轮廓，如图 3-34 所示。创建空心形状，使用【镜像】工具完成剪切【主体】体量，如图 3-35 所示。

进入【F1】视图及【北立面】视图绘制参照平面作为辅助线并绘制轮廓，如图 3-36 所示。创建空心形状，使用【镜像】工具完成剪切【主体】体量，如图 3-37 所示。

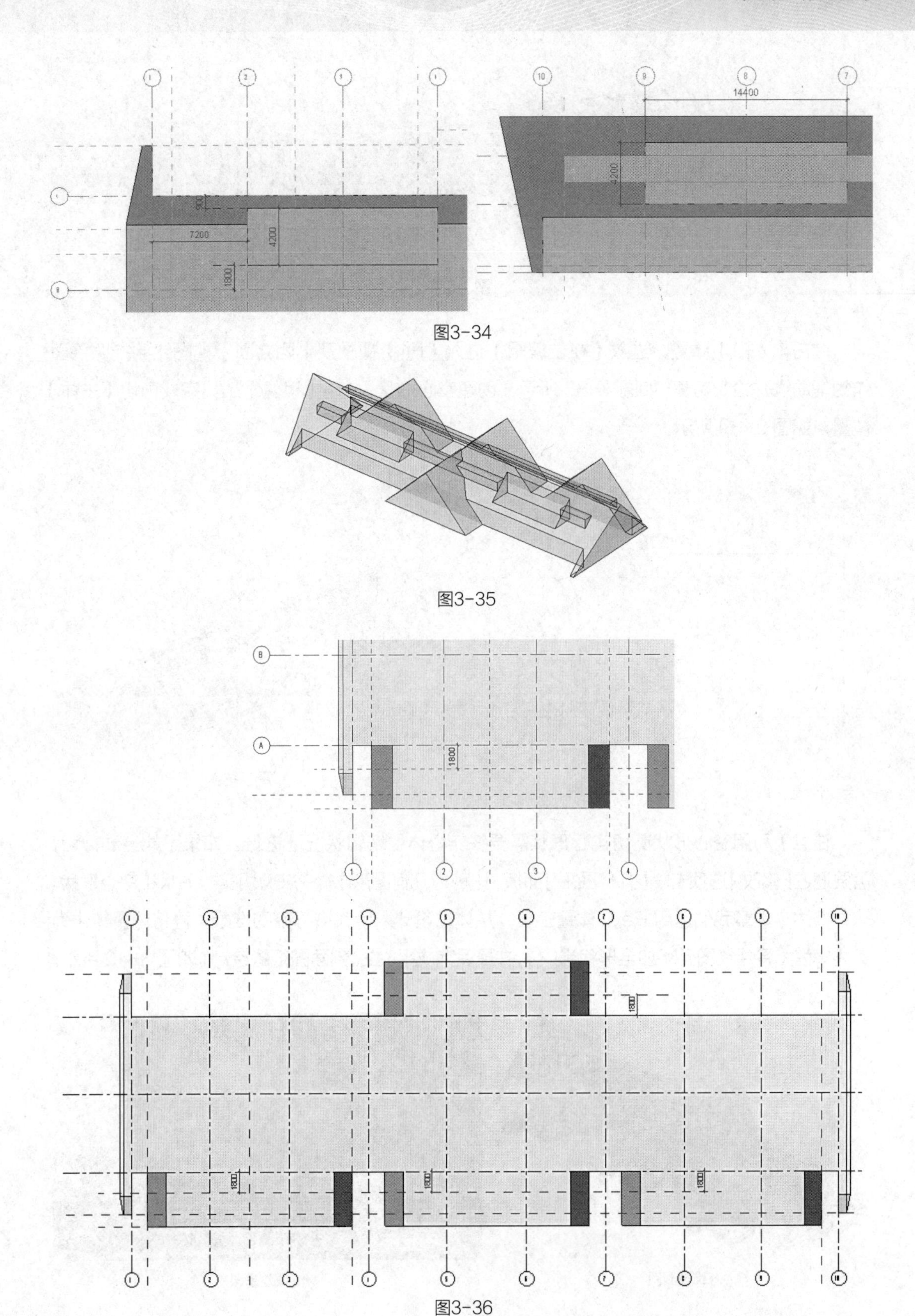

图3-34

图3-35

图3-36

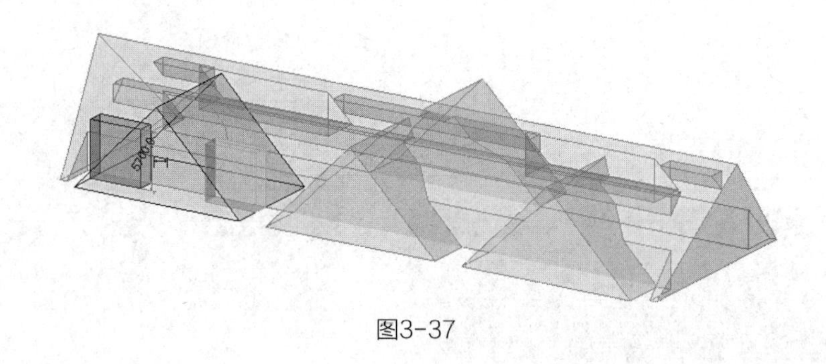

图3-37

单击【入口】体量，进入【在位编辑】进入【F1】视图及【西立面】视图绘制参照平面作为辅助线并绘制轮廓，如图 3-38 所示。创建空心形状，使用【镜像】工具完成剪切【主体】体量，如图 3-39 所示。

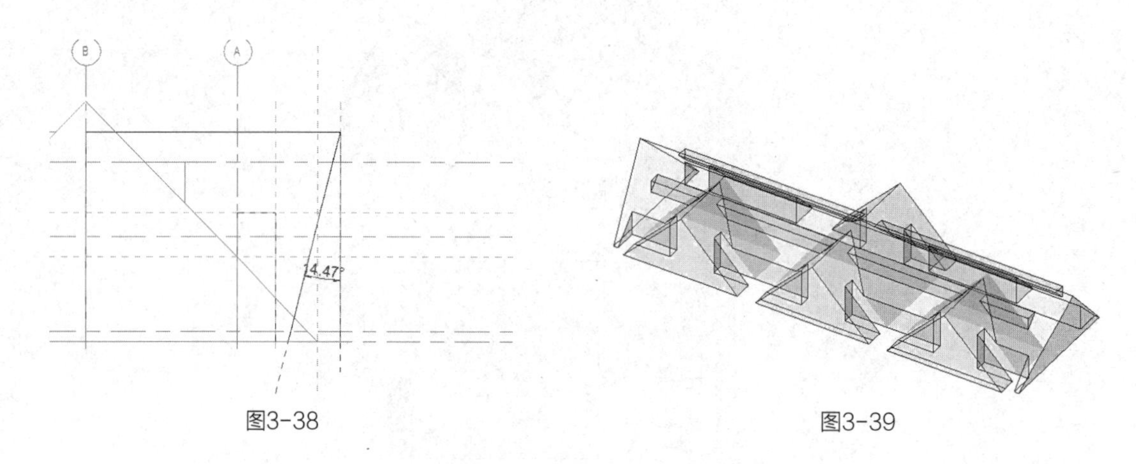

图3-38　　图3-39

注意：利用空心形状剪切实心形状需要在实心体量编辑状况下进行。如果不能自动剪切，需要通过【修改】选项卡→【几何图形】面板→【剪切几何图形】命令来剪切实心形状和空心形状。

概述：本章我们运用 Revit 体量工具，从体量设计入手，进行空间推敲，再将体量转化为实体模型（将建筑图元添加至形状当中），并最后完成平、立、剖面图纸的绘制，如图 3-40 所示。

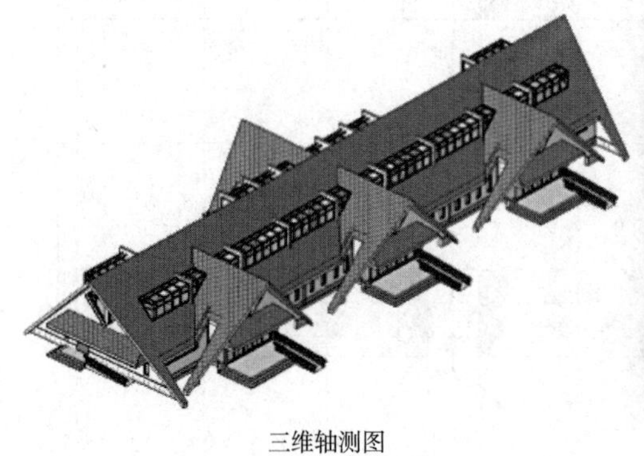

三维轴测图

渲染效果图

图3-40

第 4 章　BIM 建筑设计应用案例

本章节通过一个小别墅的实际案例，详细讲解 Revit 的一些基本操作方法，读者可以在实际操作中体会 Revit 的便捷之处；除此之外，通过本案例，可以了解一个项目的基本流程及常规 BIM 模型在实际中的应用。

4.1　绘制标高轴网

标高用于定义楼层层高及生成相应的平面视图，而轴网用于为构件定位。在 Revit 中轴网确定了一个不可见的工作平面，而轴网编号以及标高符号样式均可定制修改。在本小节中，需重点掌握轴网和标高的绘制以及如何生成对应标高的平面视图等功能应用。

4.1.1　新建项目

启动 Revit2017，默认将打开【最近使用的文件】界面，如图 4-1 所示。

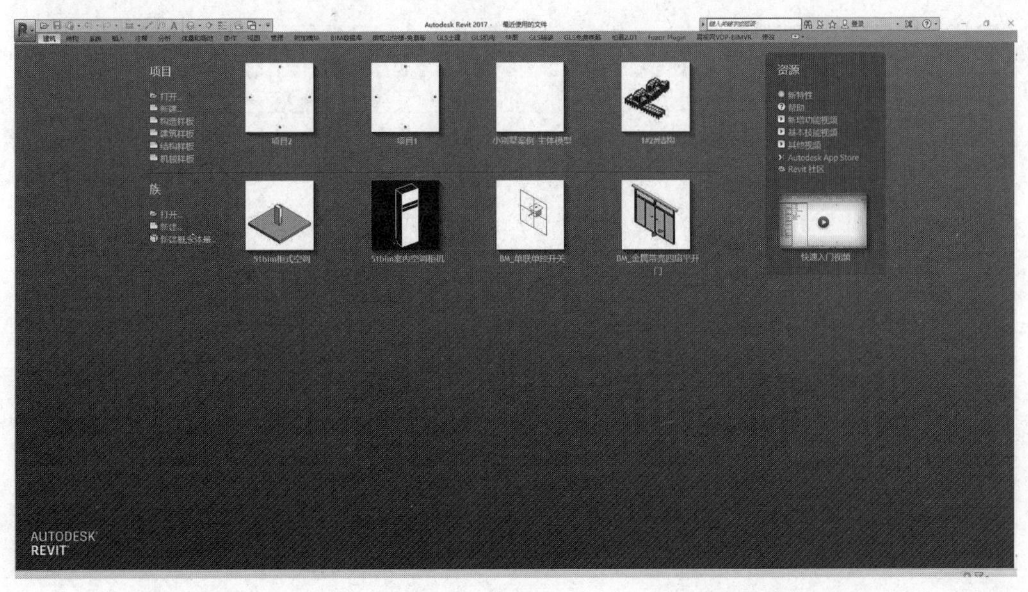

图4-1

单击选项卡【柏慕软件】将显示七大面板，单击【项目管理】面板中的【新建项目】工具，自动弹出【新建项目】对话框，默认选择【柏慕全专业样板】并单击【浏览】选择路径至桌面，命名为【小别墅－练习】，单击【保存】新建项目，单击确定进入 Revit 绘图操作界面，如图 4-2、图 4-3 所示。

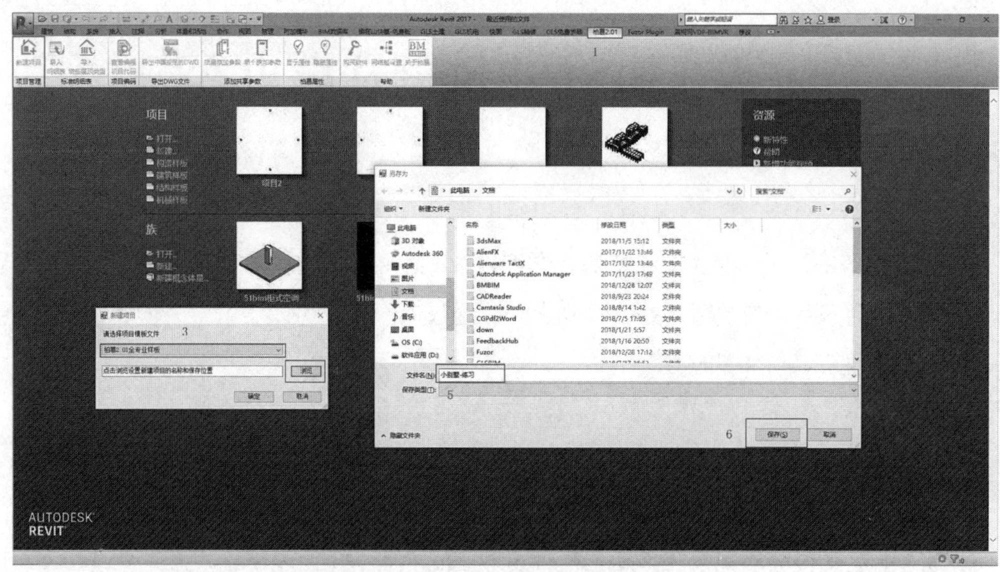

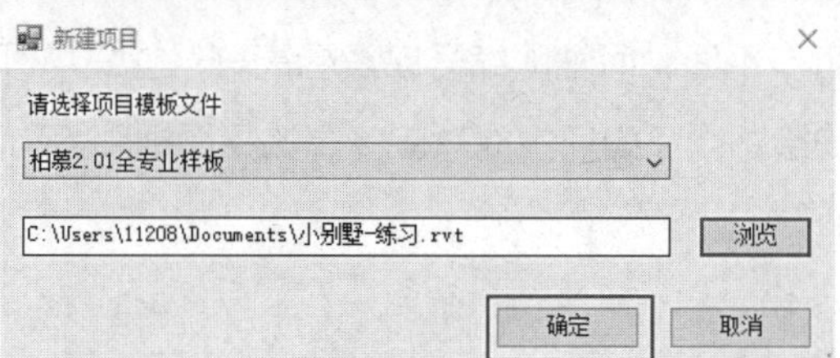

图4-2

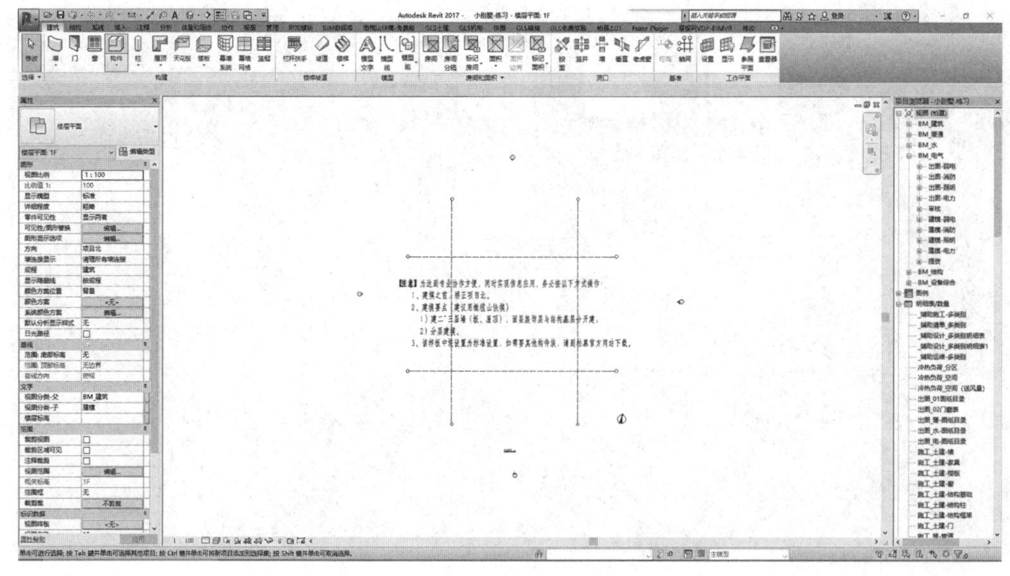

图4-3

4.1.2　绘制标高

在 Revit 2017 中，【标高】命令必须在【立面】和【剖面】视图中才能使用，因此在绘制使用标高时，必须先打开一个立面视图。【标准化建模体系】要求：【建筑】【结构】两个专业模型使用【两套标高】，【结构模型】使用【结构标高】，【建筑模型】使用【建筑标高】。

1）创建标高

在项目浏览器中展开【BM_建筑】→【建模】→【立面】项，双击进入任意立面视图。

调整【F2】标高，将标高【F1】与【F2】之间的临时尺寸标注修改为【3300】，并按【Enter】键完成，如图 4-4 所示（标高高度距离的单位为 mm）。

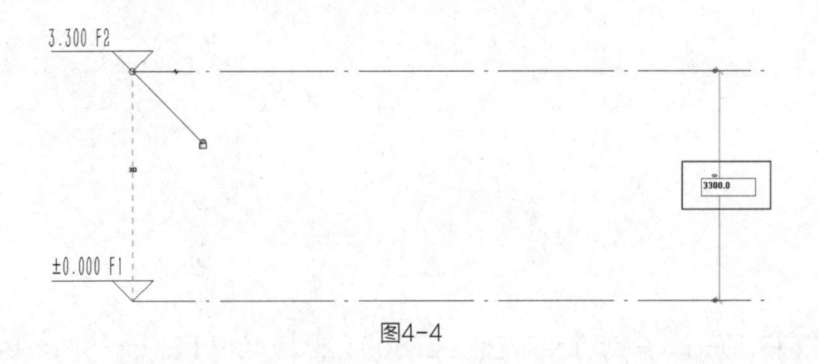

图4-4

使用【复制】命令 ，绘制标高【F3】，调整其临时尺寸标注为【3000】，如图 4-5 所示。双击标高标头，在弹出的更改参数值对话框中修改名称为【F3】，如图 4-6 所示。

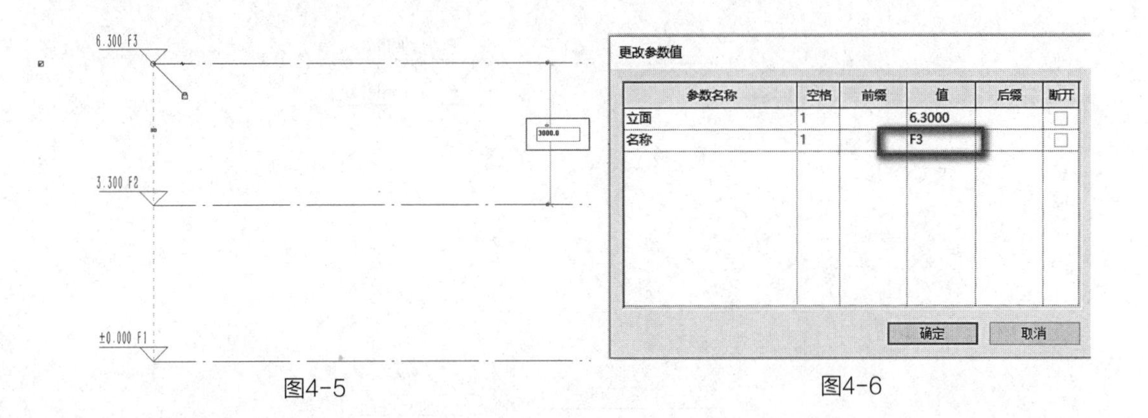

图4-5　　　　图4-6

使用【复制】 命令，创建【地坪标高】和【-F1】。选择标高【F2】，单击【修改 | 标高】选项卡下【修改】面板中的【复制】命令，并在选项栏中勾选【约束】和【多个】复选框，如图 4-7 所示。

修改 | 标高 ☑约束 □分开 ☑多个

图4-7

移动光标在标高【F2】上任意一点单击捕捉该点作为复制参考点，然后垂直向下移动光标，输入间距值【3750】后单击【Enter】键确认复制完成新的标高，如图 4-8 所示。

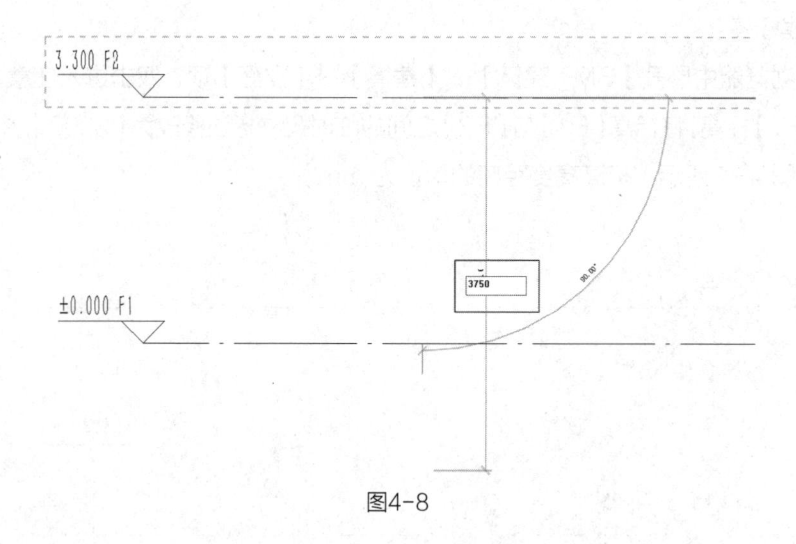

图4-8

继续向下移动光标，分别输入间距值【2850】【200】后按【Enter】键确认完成复制另外 2 条新的标高。

分别选择新复制的 3 条标高，双击标高标头，修改其名称分别为【F0】、【-F1】、【-F1-1】后按【Enter】键确认，结果如图 4-9（a、b）所示。

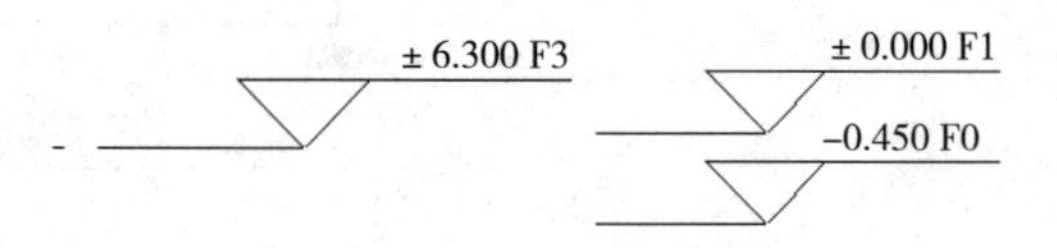

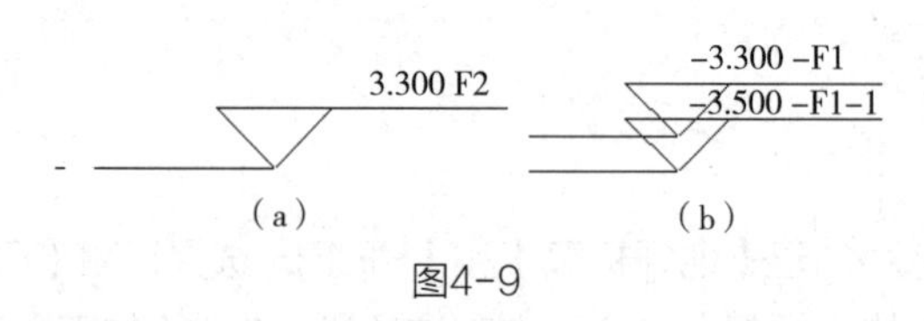

（a）（b）

图4-9

至此，建筑的标高创建完成，保存文件。

编辑标高

按住【Ctrl】键单击选中标高【F0】和【-F1-1】，从类型选择器下拉列表中选择【标高：下标头】类型，两个标头自动向下翻转方向，如图 4-10 所示。

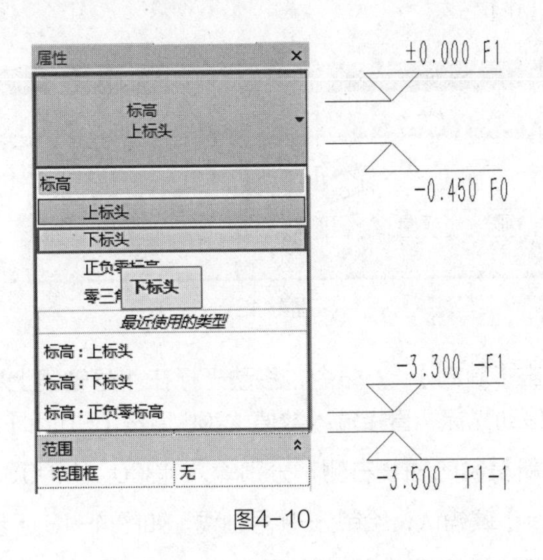

图4-10

单击选项卡【视图】→【平面视图】面板→【楼层平面】命令，打开【新建楼层平面】对话框，如图 4-11 所示。从列表中选择所有标高，单击【确定】后，在项目浏览器无视图分类关系的楼层平面中显示，通过属性面板中的视图分类父、子关系应用到【BM_建筑】→【建模】→【楼层平面】中，创建新的楼层平面，保存文件。

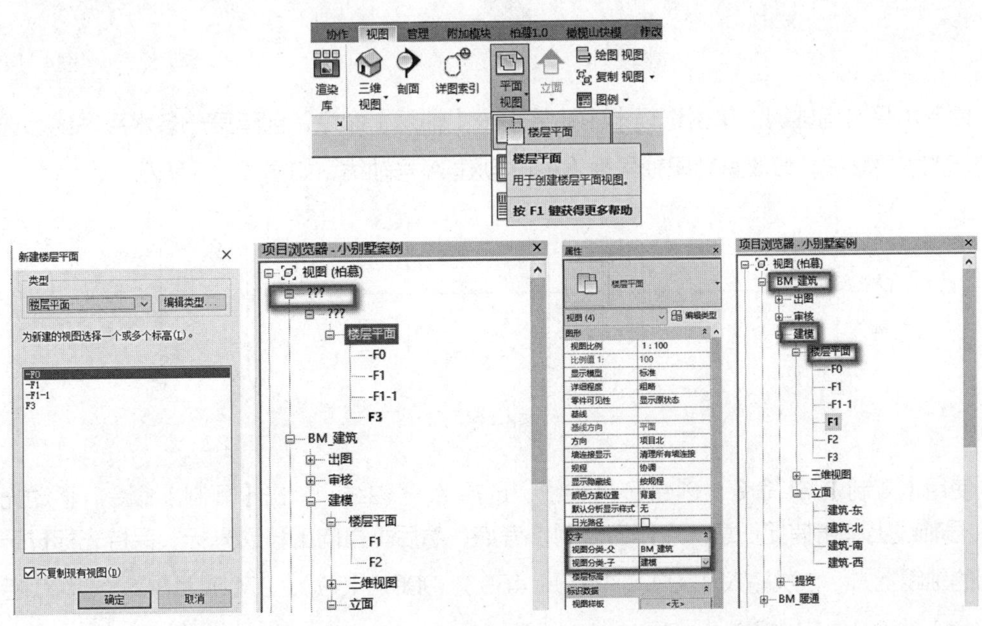

图4-11

2）创建轴网

在项目浏览器中双击【楼层平面】项下的【F1】视图，打开首层平面视图。

单击选项卡【建筑】→【轴网】命令，绘制第一条垂直轴线，如图4-12所示，并双击轴网轴号，修改其值为【1】。

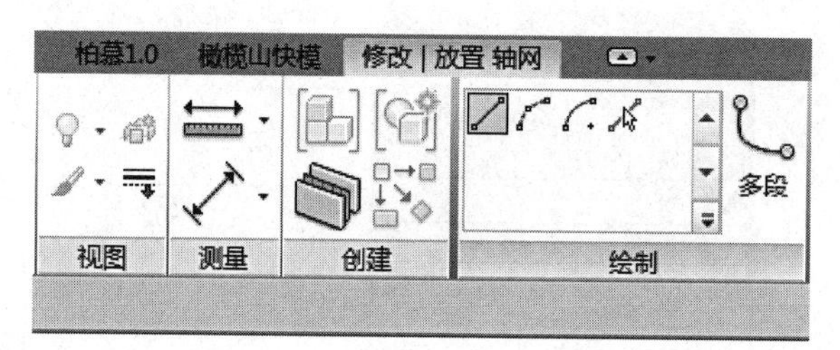

图4-12

选择1号轴线，单击【复制】命令，移动光标在1号轴线上单击捕捉一点作为复制参考点，然后水平向右移动光标，直接输入数值1200后按【Enter】键，确认后完成复制2号轴线。保持光标位于新复制的轴线右侧，分别输入4300、1100、1500、3900、3900、600、2400后按【Enter】键确认，绘制3-9号轴线，如图4-13所示。

选择8号轴线，修改其轴网轴号为【1/7】后按【Enter】键确认，同理选择后面的9号轴线，修改其轴网轴号为【8】。完成后垂直轴线结果，如图4-14所示。

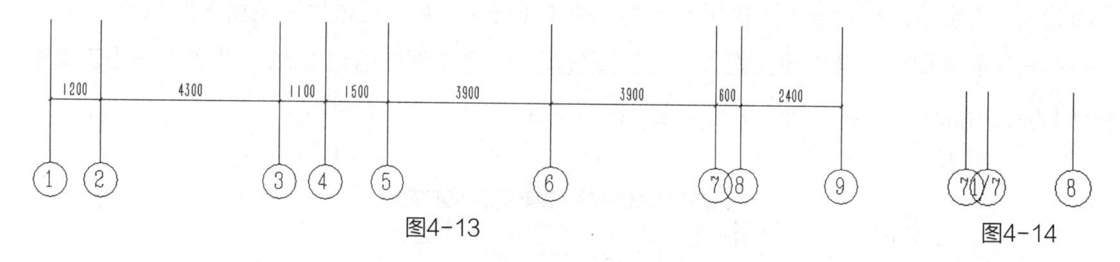

图4-13　　图4-14

绘制水平方向轴网。单击选项卡【建筑】→【轴网】命令，创建第一条水平轴线。选择刚创建的水平轴线，修改其轴网轴号为【A】，创建A号轴线，如图4-15所示。

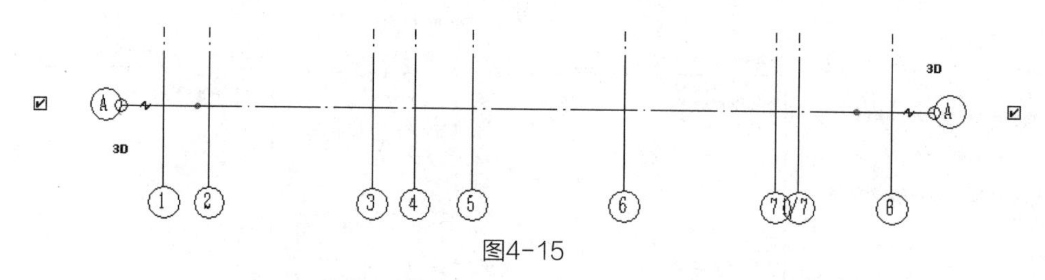

图4-15

使用【复制】命令，创建B号轴线。选择A号轴线，单击【复制】命令，移动光标在A号轴线上单击捕捉任意一点作为复制参考点，然后垂直向上移动光标，保持光标位于新复制的轴线上方，依次输入4500、1500、4500、900、4500、2700、1800、3400后按【Enter】键确认，完成复制，如图4-16所示。

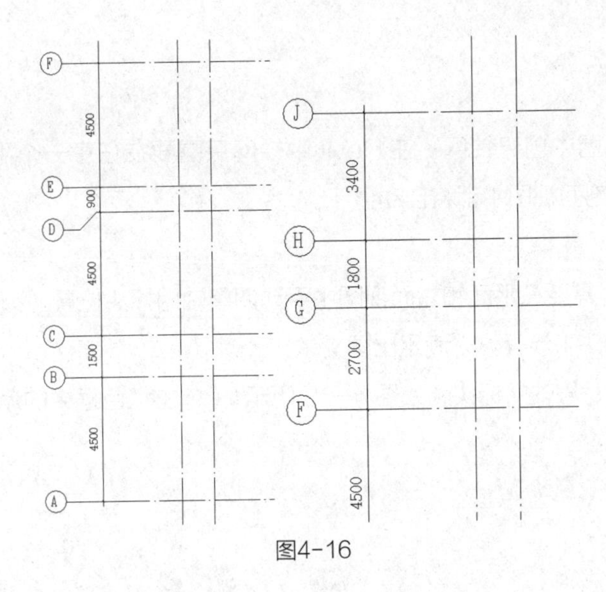

图4-16

选择【I】号轴线，修改其轴网轴号为【J】，创建J号轴线。完成后保存文件，如图4-17所示。

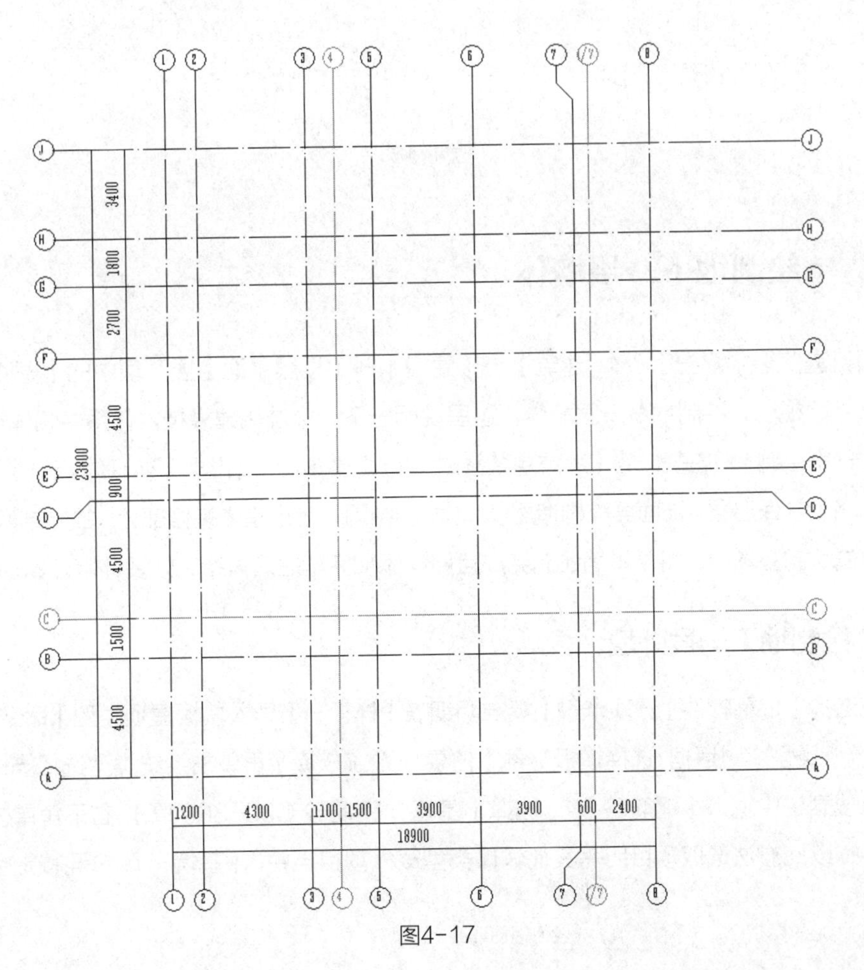

图4-17

4.1.3 绘制轴网

下面在平面视图中创建轴网。在 Revit 中轴网只需要在任意一个平面视图中绘制一次，其他平面和立面、剖面视图中都将自动显示。

编辑轴网

绘制完轴网后，需要在平面和立面视图中手动调整轴网标头位置，修改 7 号和 1/7 号轴线、D 号和 E 号轴网标头干涉等，以满足出图需求。

偏移 D 号、1/7 号轴网标头，如图 4-18 所示。（单击红色框中的添加弯头符号，并拖拽到适当位置）。

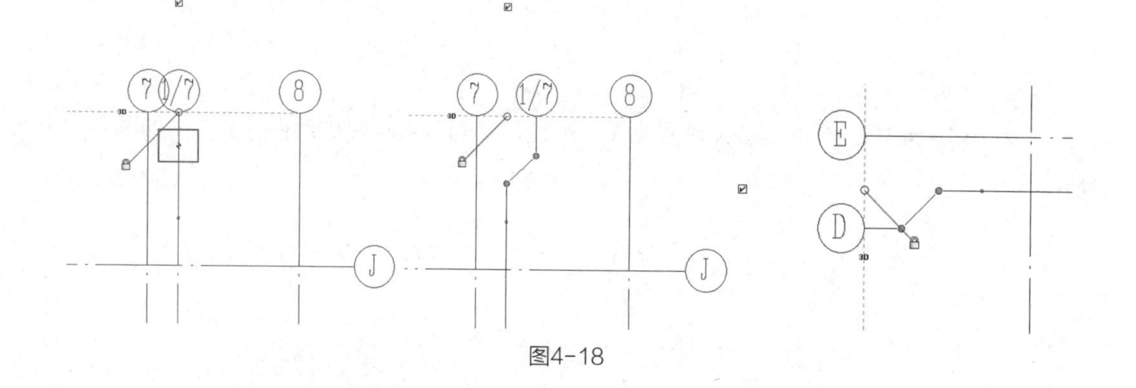

图4-18

4.2 绘制地下一层墙体

在项目浏览器中双击【BM_建筑】→【建模】→【楼层平面】展开项中的【-F1】，打开地下一层平面视图，绘制地下一层墙体。这里说明一下，标准化建模技术体系中墙体绘制分为三道墙体分别绘制，即内装饰墙（考虑精装修时绘制）、基本墙（结构层、如砌体、砖、混凝土等）和外装饰墙（含保温层、饰面层等构造层）。本案例中因不考虑室内装修部分，故绘制两道墙体。在建模时先绘制基本墙，待基本墙绘制完成且门窗添加完毕之后再绘制外装饰墙。

4.2.1 绘制地下一层外墙

首先选择【柏慕软件】选项卡→【标准明细表】样板→【导入墙板屋顶类型】命令，会弹出【柏慕系统族类型】对话框，选择模板文件【柏慕 - 系统族库】再单击系统类型选择当中的【墙类型】在搜索栏中输入【钢筋砼】①，选择【基墙 _ 钢筋砼 C30-300 厚】，右下角单击导入到项目当中（以此方法选取项目所需其他墙体类型载入项目当中），【基墙 _ 陶粒混凝土空心砌块

① 钢筋砼，因这里是指令，故不作修改，一般为钢筋混凝土。

-200 厚】【基墙 _ 烧结普通砖 -200 厚】【基墙 _ 烧结多孔砖 120 厚 -M015-M10】【外墙 9- 保温 - 无机建筑涂料 70 厚】，如图 4-19 所示。

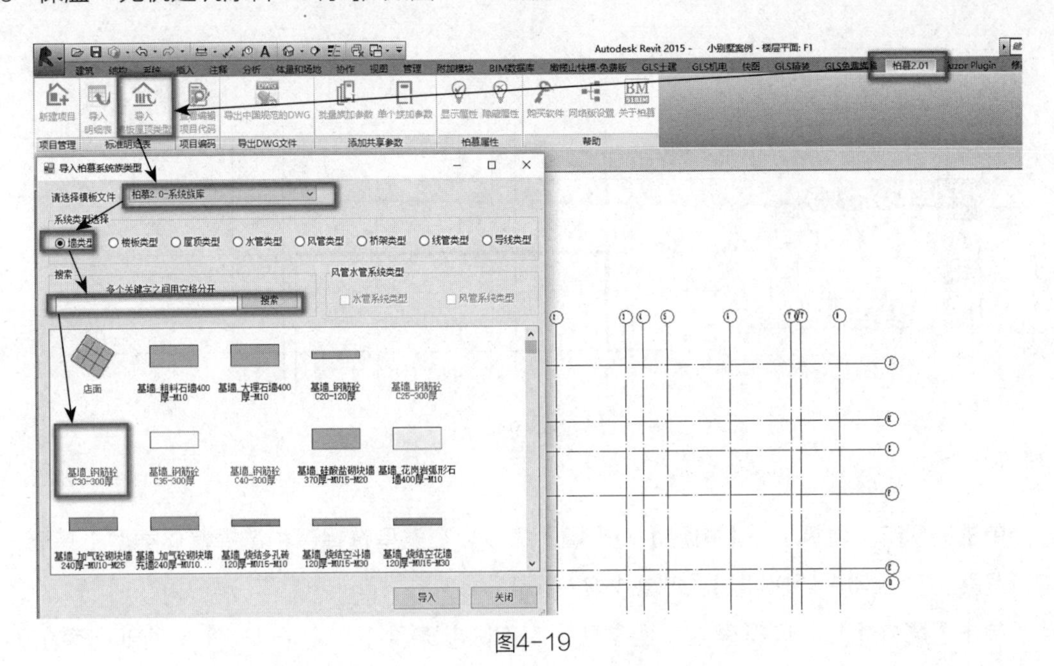

图4-19

单击选项卡【建筑】→【构建】→【墙】命令。在类型选择器中选择【基本墙 : 基墙 _ 钢筋砼 C30-300 厚】，单击【编辑类型】进行复制并命名为【基墙 _ 钢筋砼 C30-200 厚】，单击确定，然后选择类型参数当中的【结构】进行厚度修改，再次单击两次确定完成，在【属性】栏设置实例参数【底部限制条件】为【-F1-1】,【顶部约束】为【直到标高 F1】,单击【应用】,如图 4-20 所示。

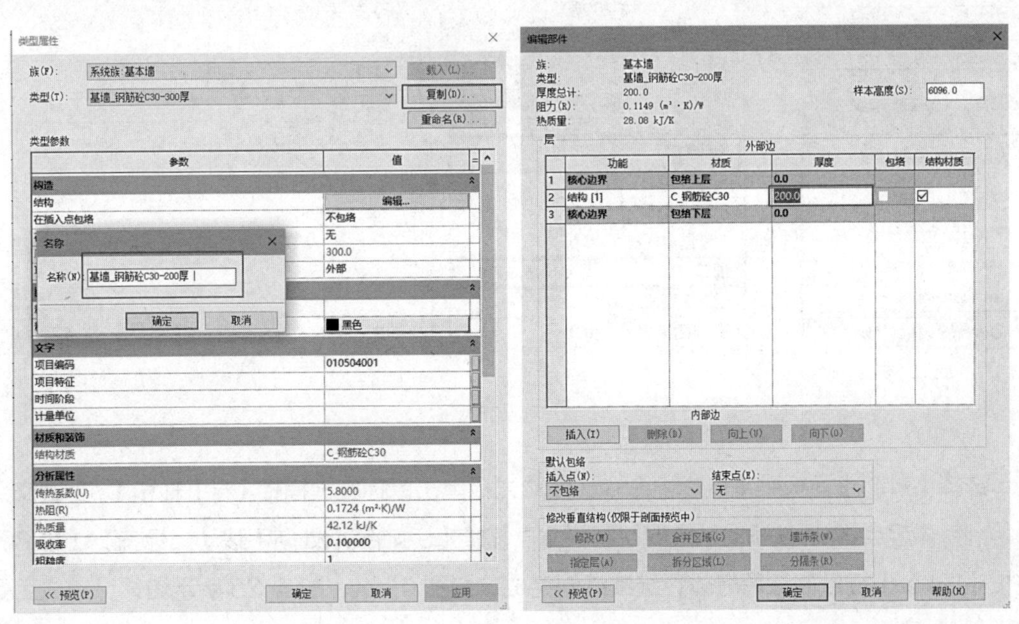

图4-20

单击绘制面板中【直线】命令，移动光标单击鼠标左键捕捉F轴和1轴交点为绘制墙体起点，按顺时针方向绘制，如图4-21所示墙体。

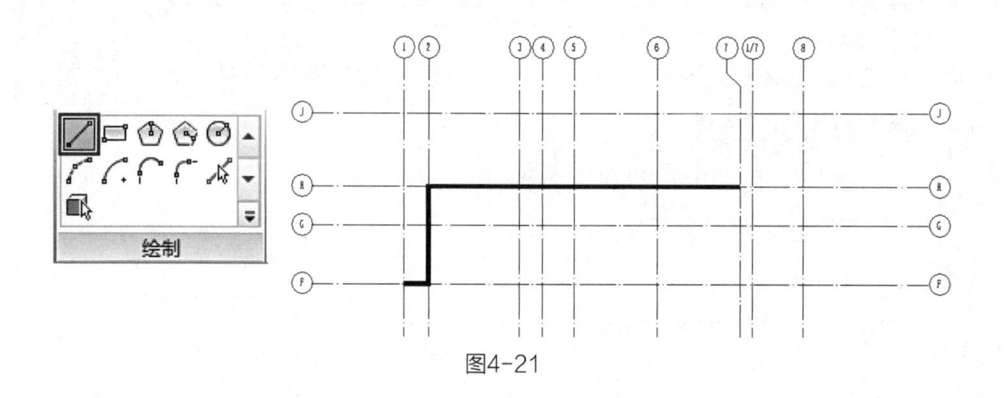

图4-21

单击选项卡【建筑】→【构建】→【墙】命令。在类型选择器中选择墙体类型【基墙_陶粒混凝土空心砌块-200厚】，如图4-22所示。

单击【属性】栏，同样设置实例参数【底部限制条件】为【-F1-1】，【顶部约束】为【直到标高F1】，单击【应用】，如图4-23所示。

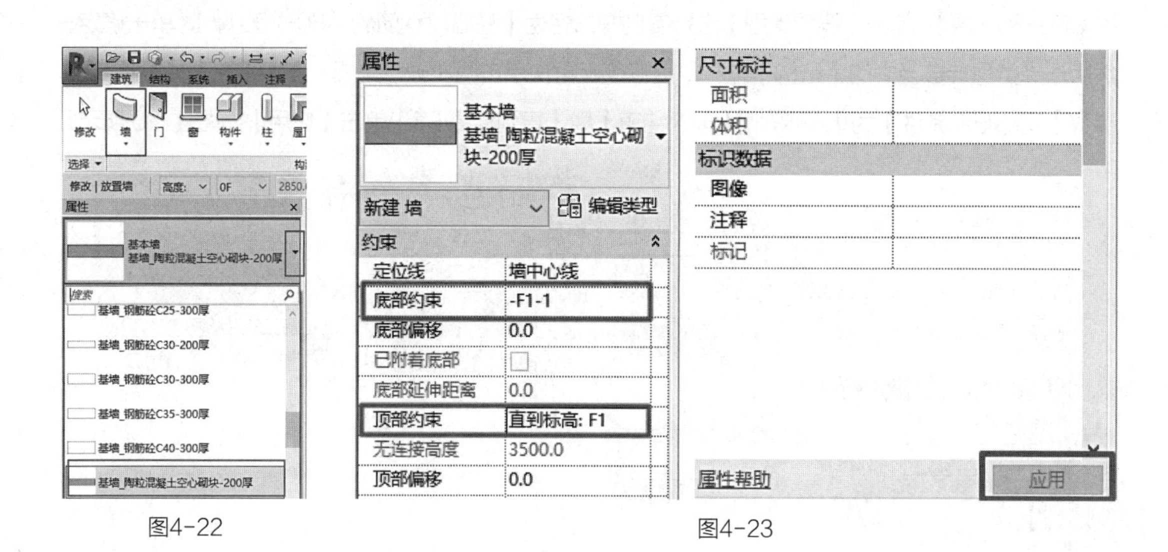

图4-22　　图4-23

选择【绘制】面板中【直线】命令，移动光标单击鼠标左键捕捉【H】轴和【7】轴交点为绘制墙体起点，然后按顺时针方向绘制，在【E】轴与【5】轴交点处向下移动光标，输入【8280】并按【Enter】键绘制该段墙体，继续绘制完成，如图4-24、图4-25所示墙体，完成后保存文件。

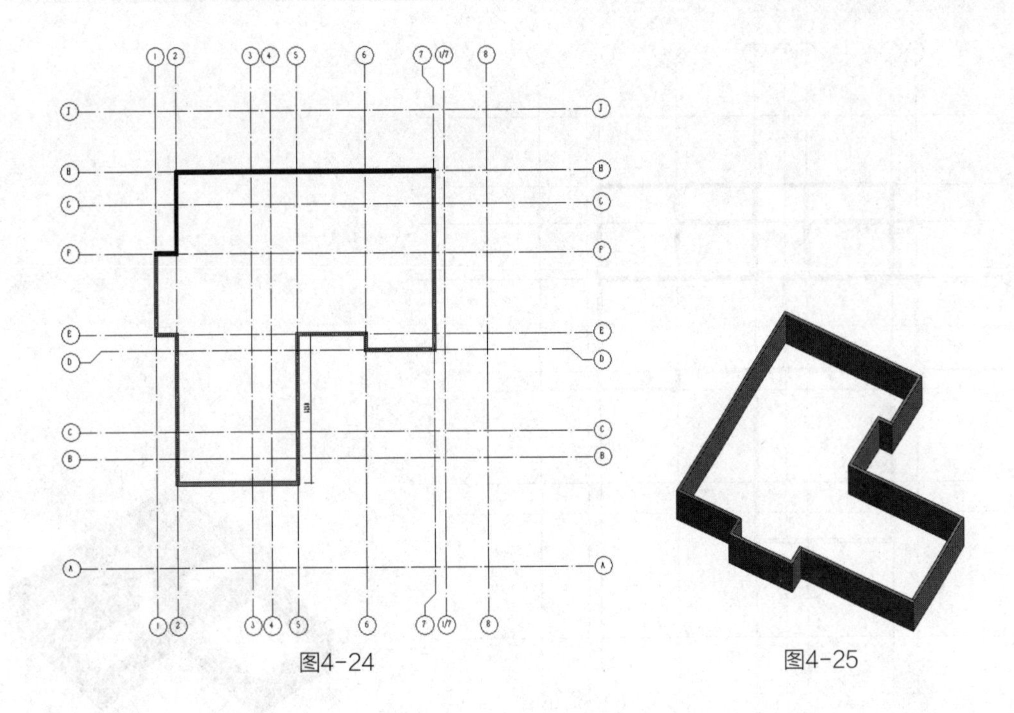

图4-24　　　　图4-25

4.2.2　绘制地下一层内墙

单击选项卡【建筑】→【构建】→【墙】命令，在类型选择器中选择【基本墙：基墙_烧结普通砖 -200 厚】类型。单击【属性】栏，设置实例参数【底部限制条件】为【-F1】,【顶部约束】为【直到标高 F1】，单击【应用】，如图 4-26 所示。然后按图 4-27 所示内墙位置捕捉轴线交点，绘制地下室内墙。

完成后的模型如图 4-28（a、b）所示，保存文件。

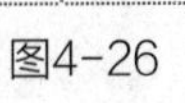

图4-26

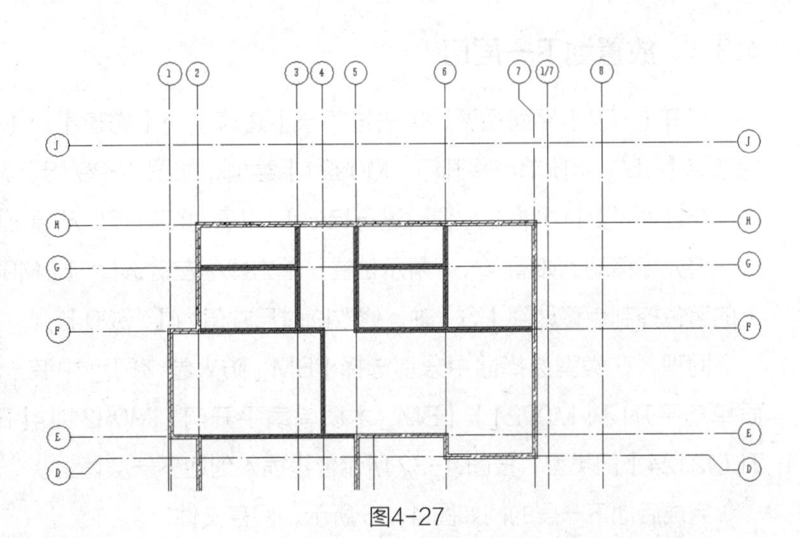

图4-27

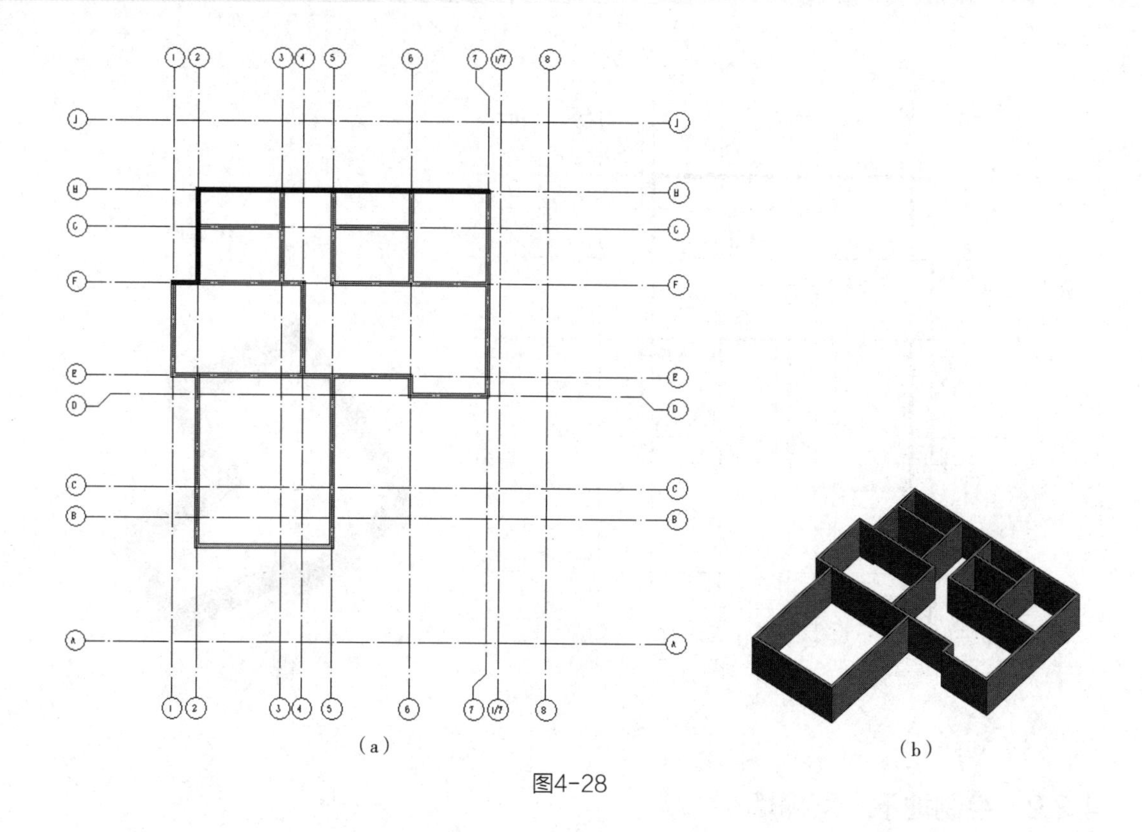

图4-28

4.3 绘制地下一层门窗

门窗主体为墙体，它们与墙具有依附关系，删除墙体，门窗也随之被删除。项目中所需的构件族（门、窗等）需载入至项目中，选择【插入】→【从库中载入】→【载入族】选择项目所提供的【构件族】。

4.3.1 放置地下一层门

打开【-F1】平面视图，单击选项卡【建筑】→【构建】→【门】命令，在类型选择器中选择【BM_木质单扇平开门：M0921】类型，如图4-29所示。

在选项栏上选择【在放置时进行标记】，以便对门进行自动标记门编号，如图4-30所示。

将光标移动到如图4-31所示位置，单击鼠标左键选择门【M0921】，拖动临时尺寸界线上的蓝色控制点移动到【G】轴，修改临时尺寸值为【1600】。

同理，在类型选择器中分别选择【BM_防火卷帘门_中装：JLM5422-Z】、【BM_木质单扇平开门：M0921】、【BM_木质单扇平开门：M0821】、【BM_铝合金四扇推拉门：TLM2124】门类型，按图4-32所示位置插入到地下一层墙上。

完成后地下一层的门如图4-33所示，保存文件。

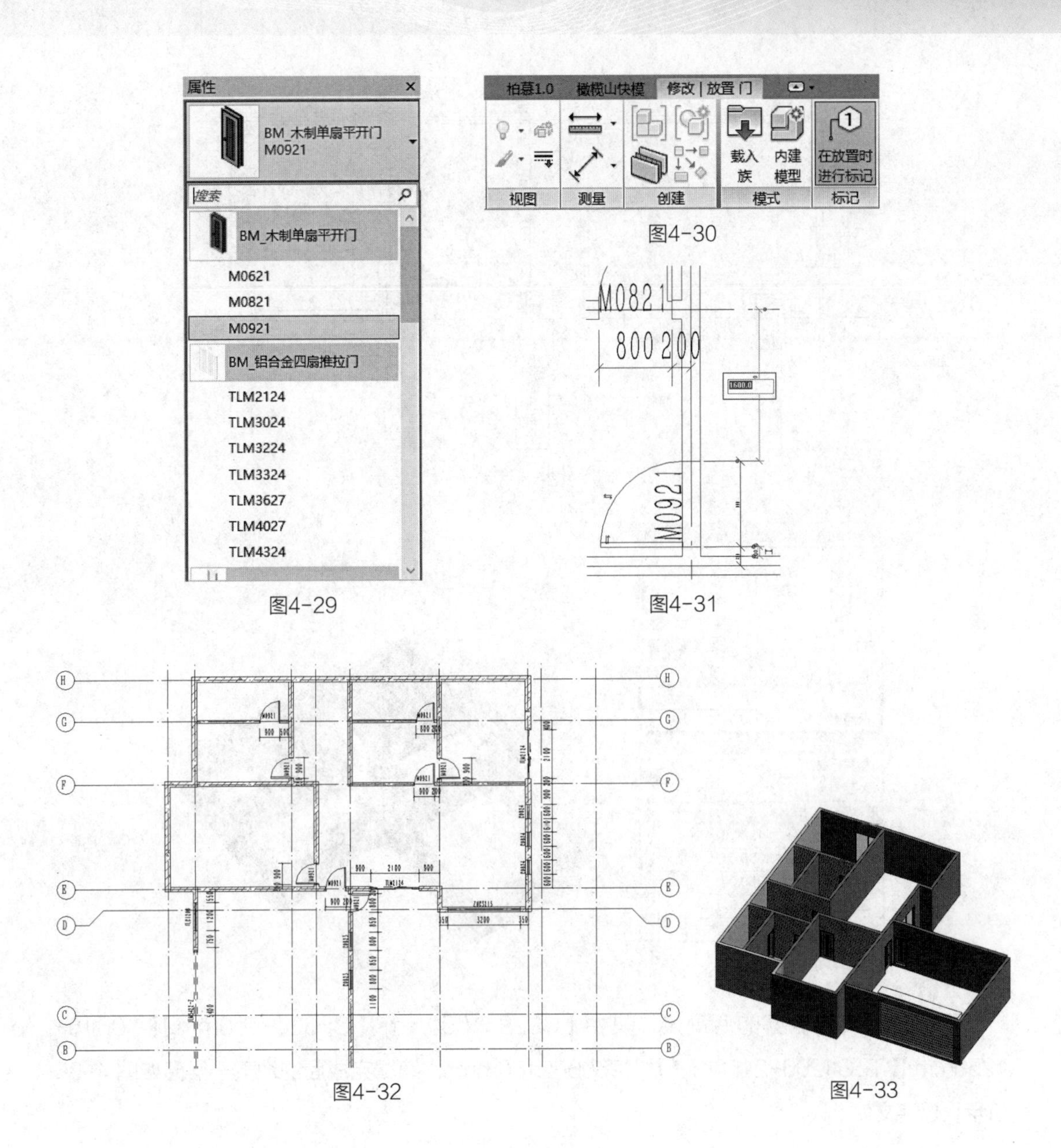

图4-29

图4-30

图4-31

图4-32

图4-33

4.3.2 放置地下一层窗

打开【-F1】视图，单击选项卡【建筑】→【构建】→【窗】命令。在类型选择器中分别选择【BM_铝合金双扇推拉窗:TLC1206】【BM_铝合金上下双扇固定窗:C0823】【BM_铝合金组合窗（四扇推拉）:ZHC3215】【BM_铝合金上下双扇固定窗：C0624】类型，按图4-34所示位置，在墙上单击将窗放置在合适位置。

接下来编辑窗台高度。在任意视图中选择【BM_铝合金上下双扇固定窗:C0823】，单击【图元属性】按钮打开【实例属性】对话框，修改底高度值为550，如图4-35所示。单击【应用】完成设置。

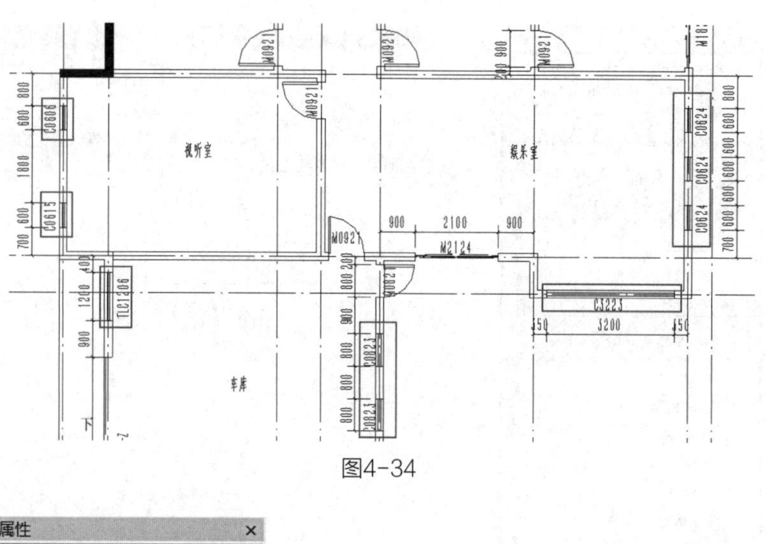

图4-34

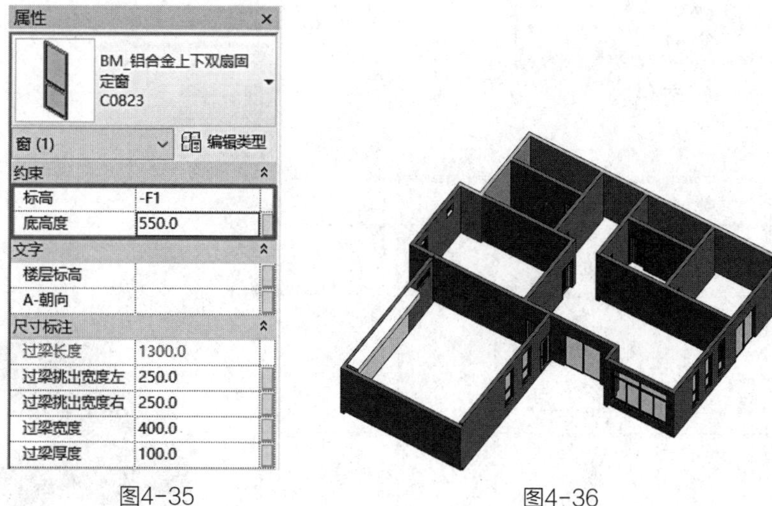

图4-35

图4-36

同理，编辑其他窗的底高度。其中【C3223-550mm】【C0624-450mm】【C0615-1250mm】【TLC1206-2150mm】【C0606-2150mm】。编辑完成后的地下一层窗如图 4-36 所示，保存文件。

4.4 绘制地下一层外装饰墙

单击选项卡【建筑】→【墙】命令。在类型选择器中选择【基本墙：外墙 9- 保温 - 无机建筑涂料 70 厚】，单击【编辑类型】进行复制并命名为【外墙 9- 保温 - 无机建筑涂料 40 厚】，单击确定，然后选择类型参数当中的【结构】进行厚度修改，根据设计需求：挤塑聚苯保温材料采用 30 厚，水泥砂浆为 8 厚，完成厚度修改单击两次确定完成。单击【属性】栏，设置实例参数【底部限制条件】为【-F1-1】，【顶部约束】为【直到标高 F1】，【定位线】为【面层面：内部】，单击【应用】，如图 4-37（a、b）所示。

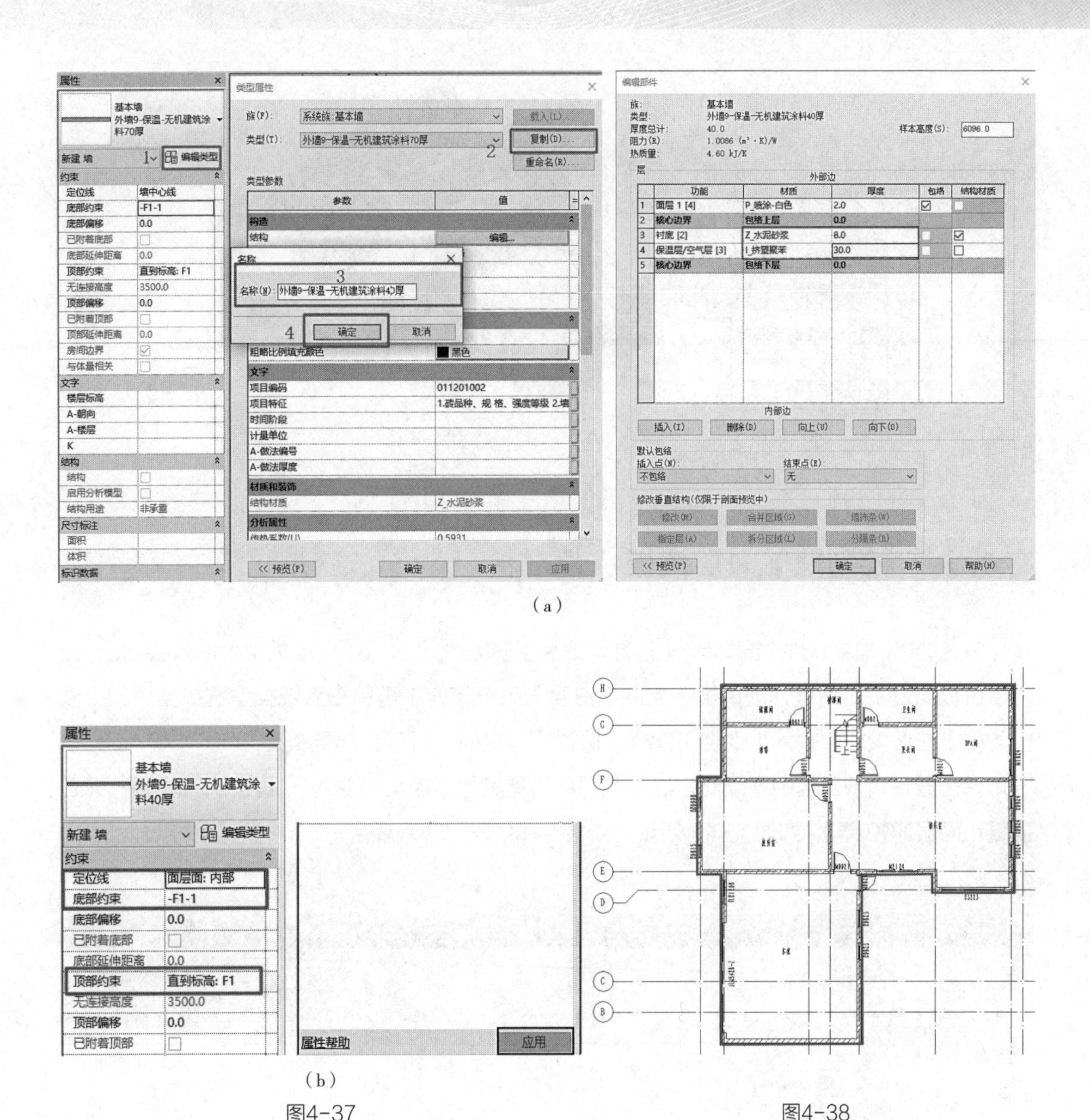

（a）

（b）

图4-37

图4-38

在【基墙＿陶粒混凝土空心砌块 -200 厚】墙外侧，自 H 轴和 2 轴交点的基墙外边为绘制墙体起点，按顺时针方向绘制如图 4-38 所示墙体。

完成后模型如图 4-39 所示。

单击选项卡【修改】→【连接】→【连接几何图形】，如图 4-40 所示。然后依次单击两层墙体，将两者连接确保门窗洞口被自动剪切。完成后模型如图 4-41 所示。

图4-39

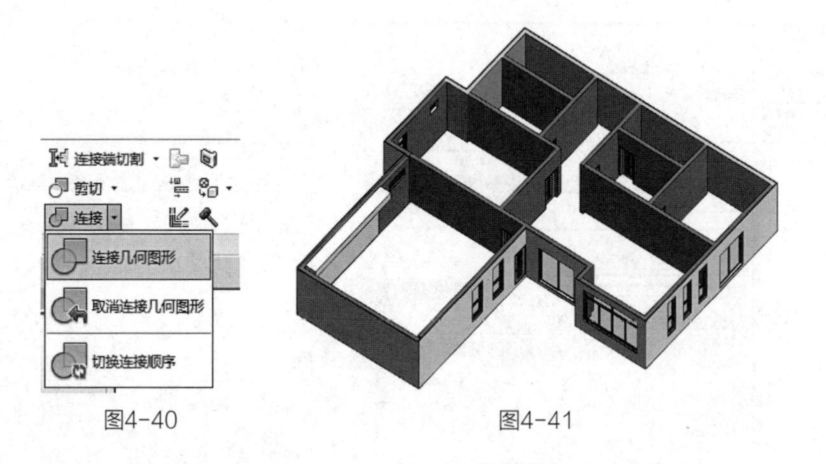

图4-40　　　　图4-41

4.5　绘制地下一层楼板

首先选择【柏慕软件】选项卡→【标准明细表】样板→【导入墙板屋顶类型】命令，会弹出【柏慕系统族类型】对话框，选择模板文件【柏慕－系统族库】再单击系统类型选择当中的【楼板类型】在搜索栏中输入【现浇】字样，选择【有梁板－现浇钢筋混凝土 C30-120 厚】，右下角单击导入到项目当中（以此方法选取项目所需其他楼板类型载入项目当中，地 4A- 细石混凝土面层 100 厚），如图 4-42 所示。红色字体代表已载入项目。

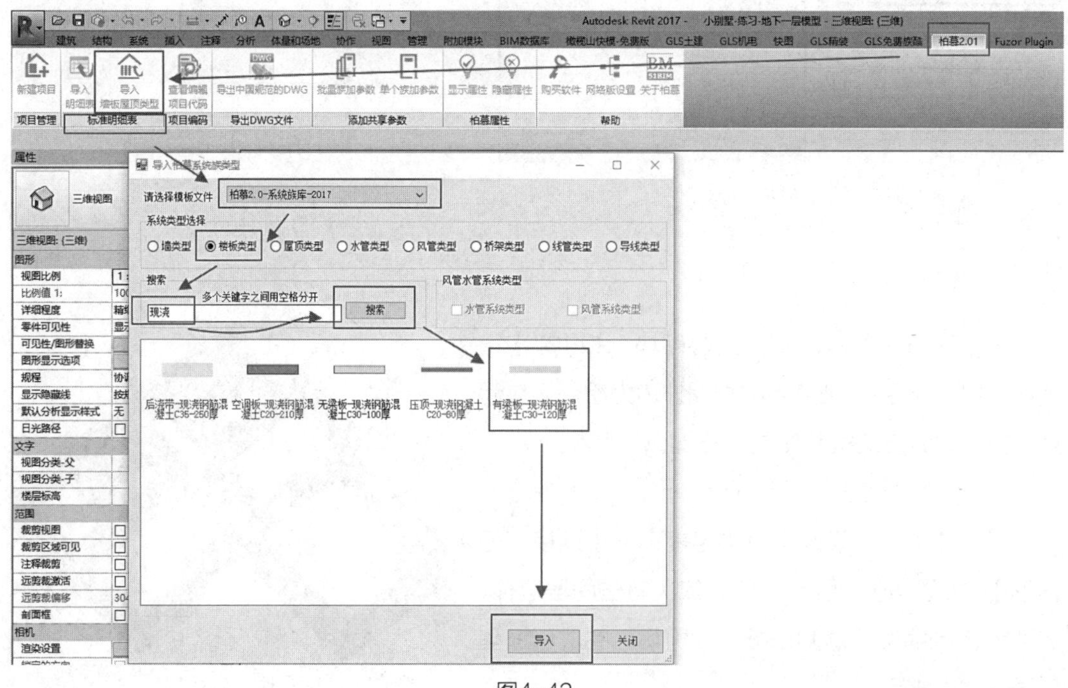

图4-42

双击项目浏览器中【-F1】打开地下一层平面。单击选项卡【建筑】→【构建】→【楼板】命令，进入楼板绘制模式，如图 4-43 所示。

图4-43

选择【绘制】面板，单击【直线】命令，移动光标到外墙外边线上，以【基墙 _ 钢筋砼 C30-200 厚】和【基墙 _ 陶粒混凝土空心砌块 -200 厚】外边线（基本墙外侧，外装饰墙内侧）进行绘制楼板轮廓线，完成如图 4-44（a、b）所示。

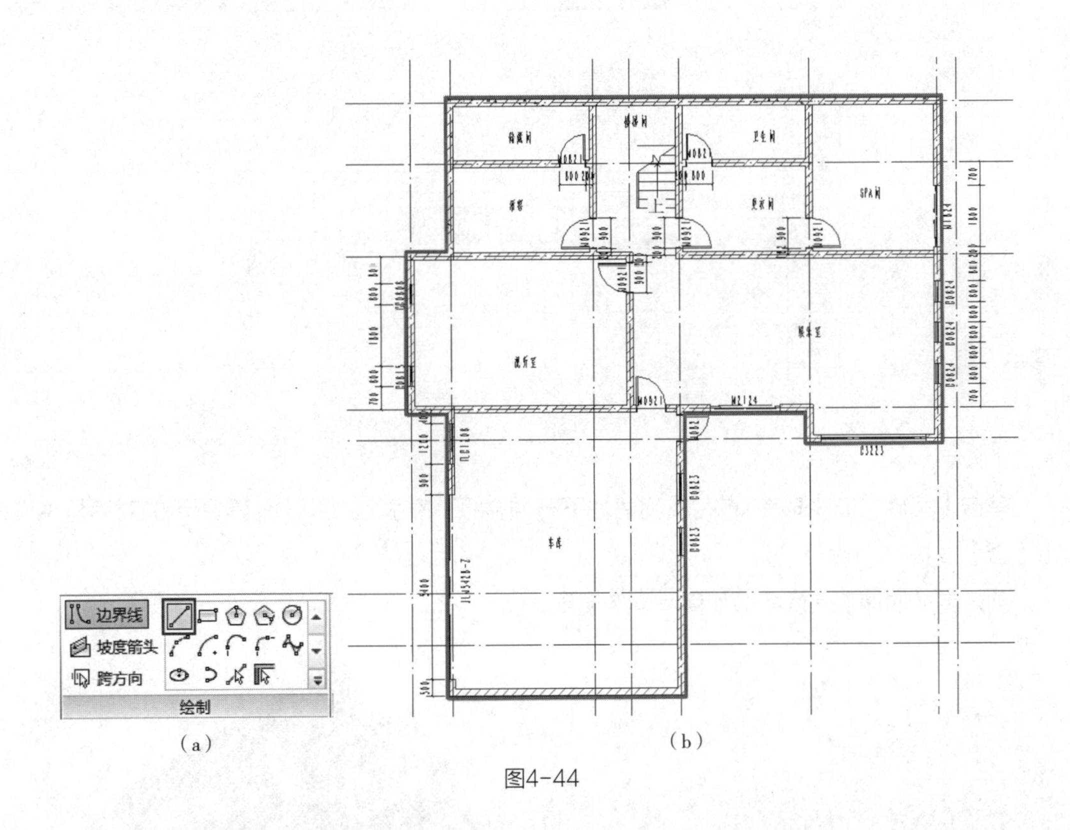

（a）　　　　　　（b）

图4-44

在类型选择器中选择【有梁板 - 现浇钢筋混凝土 C30-120 厚】，根据设计需求，打开【编辑类型】单击【复制】并重命名为【有梁板 - 现浇钢筋混凝土 C30-200 厚】，单击【确定】，然后单击【类型参数】中的结构进行编辑，将厚度修改为 200，单击【属性】栏，设置实例参数【标高】为【-F1】，单击【应用】，如图 4-45 所示。

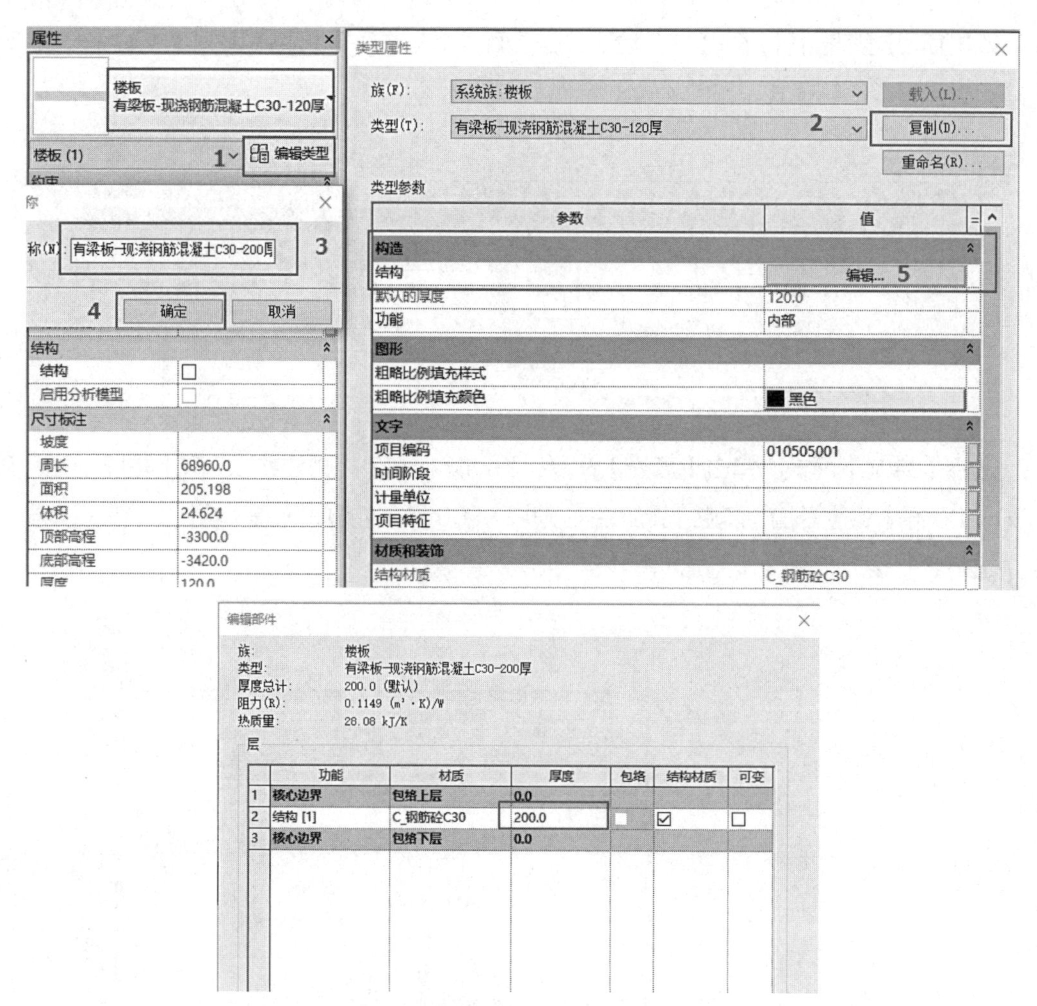

图4-45

单击【完成绘制】命令✔完成创建地下一层楼板，在弹出如图 4-46 所示的对话框中选择【否】。

创建完成的地下一层楼板如图 4-47 所示。

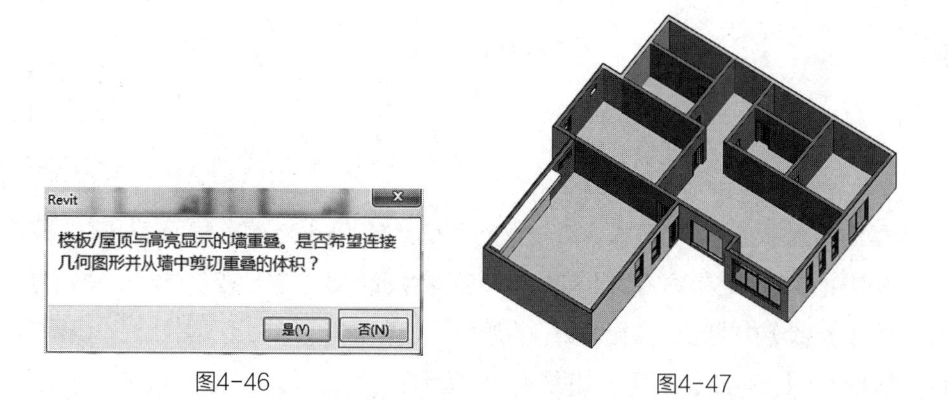

图4-46　　图4-47

4.6　绘制首层建筑模型

4.6.1　复制地下一层外墙

将项目视图切换到三维视图，将鼠标放置在任意一道外圈基本墙上，通过按 Tab 键切换选择全部外圈基本墙，如图 4-48 所示。

单击【复制到粘贴板】命令，然后单击【粘贴】→【与选定的标高对齐】命令，打开【选择标高】对话框，如图 4-49 所示。

选择【F1】，单击【确定】，完成后模型如图 4-50 所示。

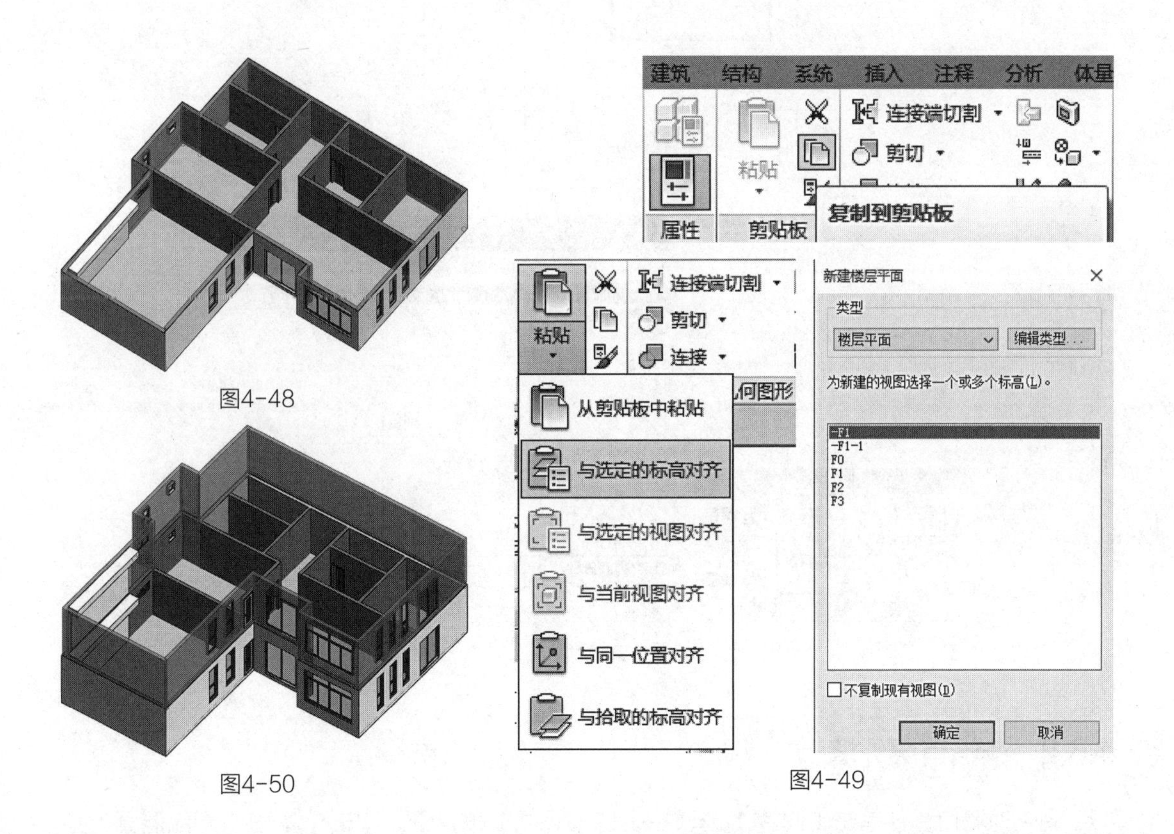

图4-48

图4-50

图4-49

在项目浏览器中双击【楼层平面】项下的【F1】，打开一层平面视图。如图 4-51 框选所有构件，单击选项栏中【过滤器】工具，打开【过滤器】对话框，如图 4-52 所示，取消勾选【墙】，单击【确定】选择所有门窗。然后按【De】(Delete 删除)键，删除所有门窗。

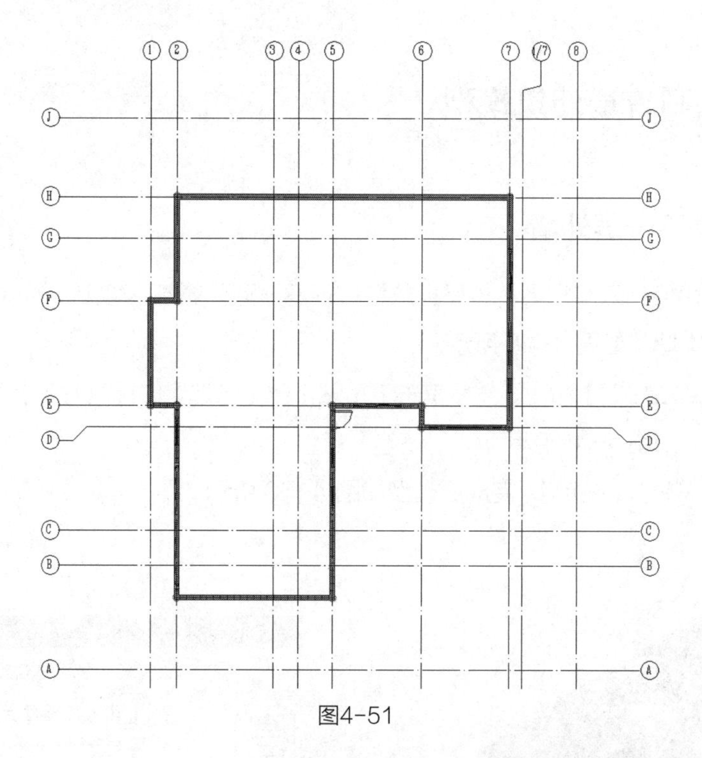

图4-51

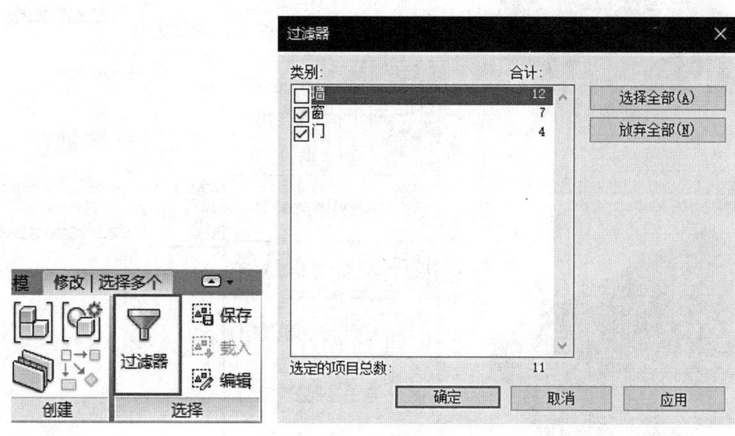

图4-52

4.6.2 编辑首层外墙

调整外墙位置：单击【修改】选项栏中的【移动】命令，单击【基墙 _ 陶粒混凝土空心砌块 -200 厚】的墙体中心线，垂直向上移动到 B 轴上并单击，使其中心线与 B 轴对齐，如图 4-53 所示。

单击任意选择一道【基墙 _ 陶粒混凝土空心砌块 -200 厚】墙体，单击鼠标右键弹出如图 4-54 所示对话框，单击鼠标左键选择【选择全部实例】→【在视图中可见】，此时该类型墙体被全部选中。

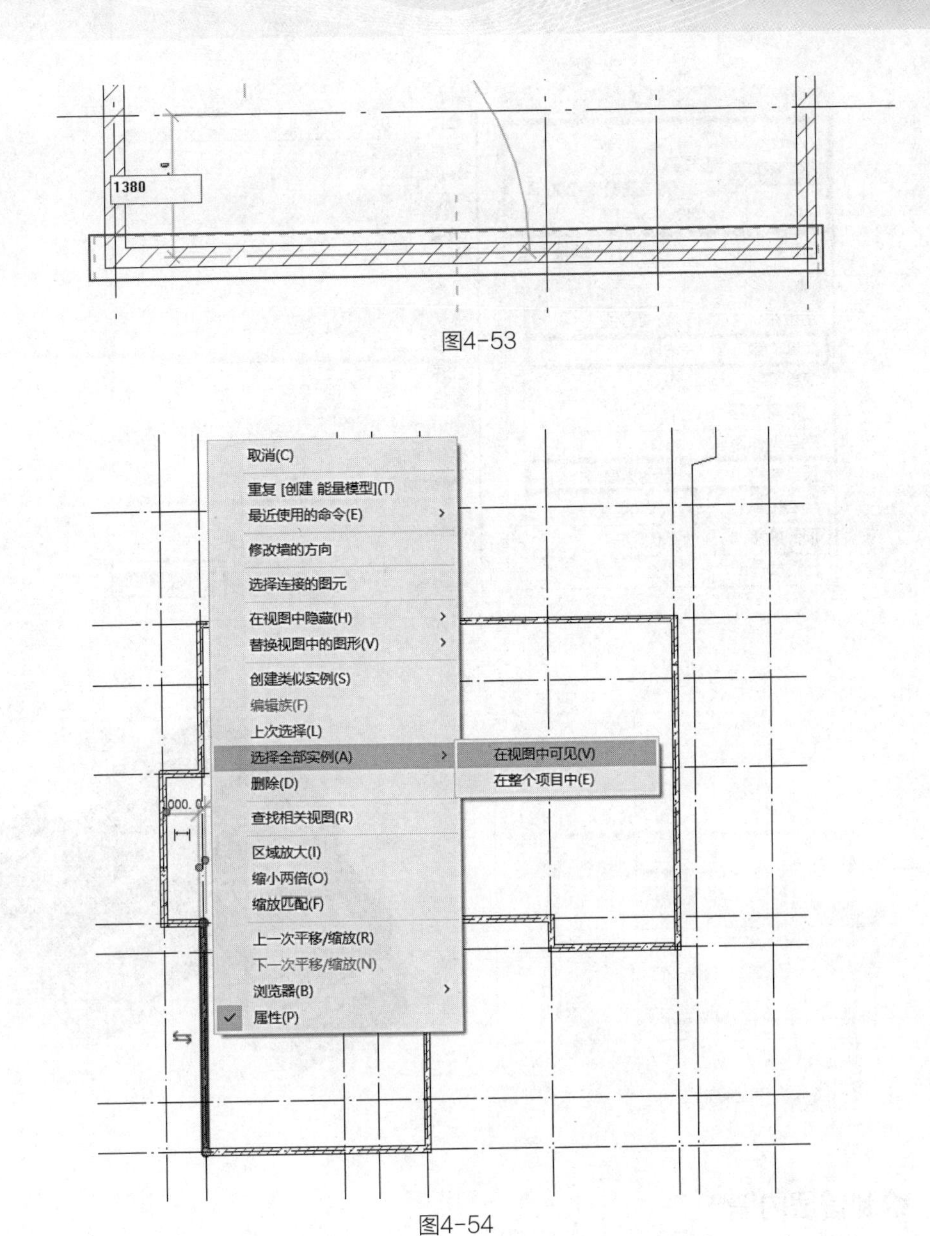

图4-53

图4-54

在类型选择器中选择【基墙＿烧结普通砖 -200 厚】替换原有墙体类型，单击【属性】栏，设置实例参数【底部限制条件】为【F1】，顶部偏移修改为【0】;【顶部约束】为【直到标高 F2】，顶部偏移修改为【0】，单击【应用】，如图 4-55 所示。

同理分别选择视图中【基墙＿钢筋砼 C30-200 厚】的墙体将其删除。

单击选项卡【建筑】→【墙】命令。在类型选择器中选择【基本墙:基墙＿烧结普通砖 -200 厚】类型，单击【属性】栏，设置实例参数【底部限制条件】为【F1】，【顶部约束】为【直到标高 F2】，单击【应用】，自 F 轴和 1 轴交点为绘制墙体起点，按顺时针方向绘制如图 4-56 所示墙体。

完成后模型如图 4-57 所示。保存文件。

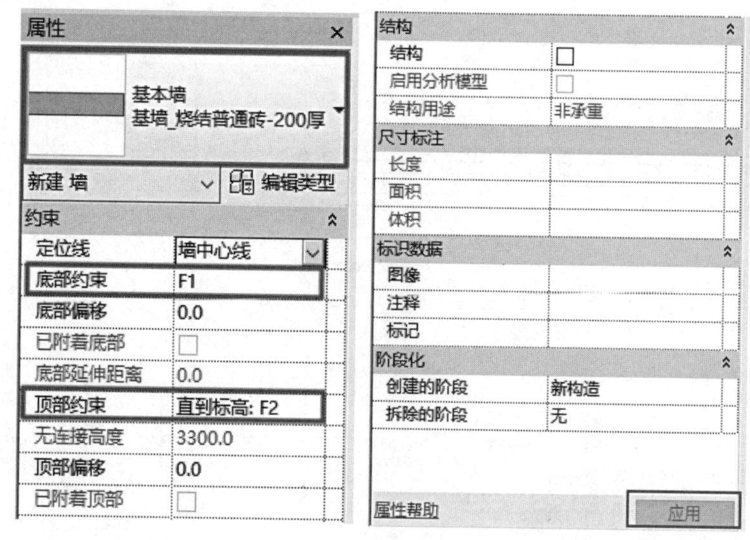

图4-55

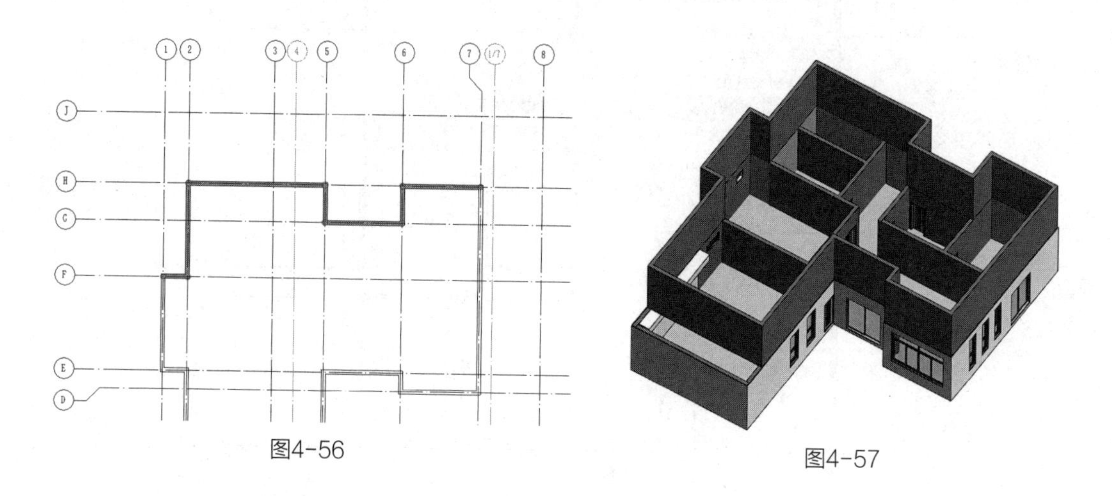

图4-56　　　　图4-57

4.6.3　绘制首层内墙

接下来绘制首层平面内墙。

单击选项栏中【建筑】→【墙】命令，在类型选择器中选择【基墙_烧结普通砖-200厚】类型，在选项栏选择【绘制】→【直线】命令。单击【属性】按钮打开【图元属性】对话框，设置实例参数【底部限制条件】为【F1】，【顶部约束】为【直到标高F2】，单击【应用】，如图4-58绘制类型为【基墙_烧结普通砖-200厚】的内墙。

单击选项栏中【建筑】→【墙】命令，在类型选择器中选择【基墙_烧结多孔砖-120厚-MU15-M10】类型，在选项栏选择【绘制】→【直线】命令。单击【属性】按钮打开【图元属性】对话框，设置实例参数【底部限制条件】为【F1】，【顶部约束】为【直到标高F2】，单击【应用】，如图4-59所示。

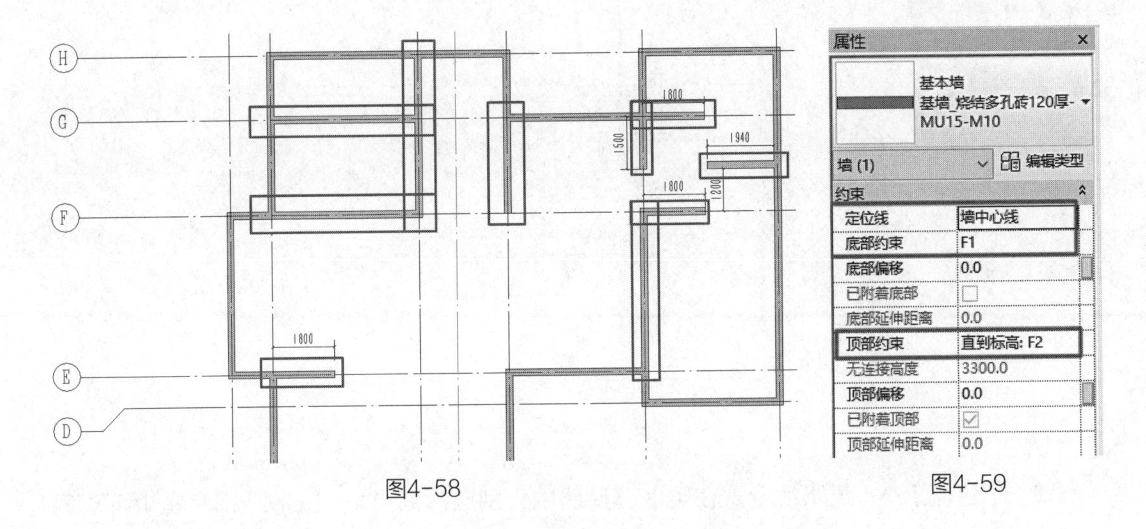

图4-58　　图4-59

然后绘制如图 4-60 所示位置其他类型为【基墙＿烧结多孔砖 120 厚 -MU15-M10】的内墙（无偏移量）。

完成后的首层墙体如图 4-61 所示，保存文件。

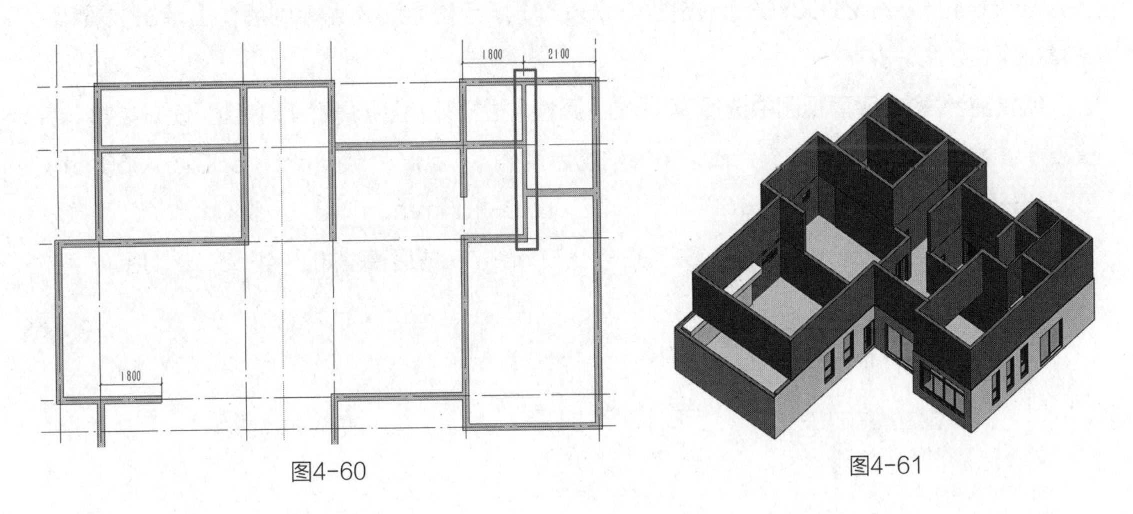

图4-60　　图4-61

4.6.4　插入和编辑门窗

编辑完成首层平面内外墙体后，即可创建首层门窗。门窗的插入和编辑方法同 2.3 章节内容，本节不再详述。

在项目浏览器中【楼层平面】下双击【F1】，打开首层平面视图。

单击【建筑】→【门】命令，在类型选择器中分别选择门类型:【BM_ 铝合金四扇推拉门：TLM4027】【BM_ 木质单扇平开门：M0921】【BM_ 木质单扇平开门：M0821】【BM_ 木质双扇平开门：M1824】【BM_ 双扇乙级防火门：FM 乙 2124】，按图 4-62 所示位置移动光标到墙体上单击放置门，并精确定位。

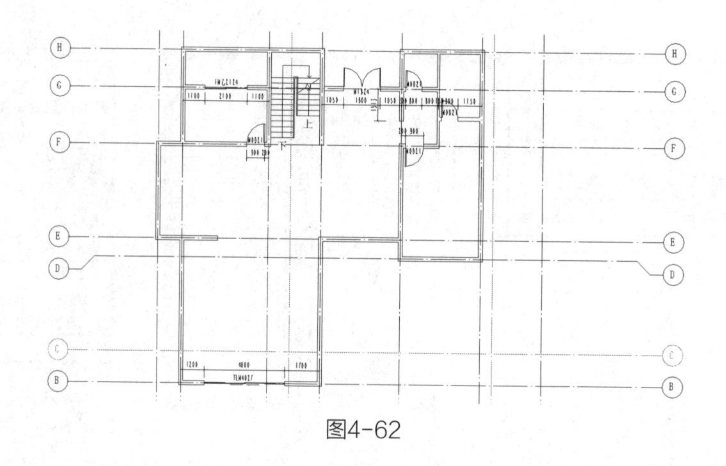

图4-62

单击【建筑】→【窗】命令，在类型选择器中分别选择窗类型：【BM_铝合金上下双扇固定窗：C0823】【BM_铝合金上下双扇固定窗：C0825】【BM_铝合金上下双扇固定窗：C0625】【BM_铝合金上下双扇固定窗：C0615】【BM_铝合金上下双扇固定窗：C0923】【BM_铝合金单扇固定窗：GC0609】【BM_铝合金组合窗（四扇推拉）：C3223】【BM_乙级防火推拉窗：F乙C2406】，按图4-63（a）所示位置移动光标到墙体上单击放置窗，并精确定位。

编辑窗台高：在平面视图中选择窗，单击【属性】栏打开【图元属性】对话框，设置参数【底高度】参数值，调整窗户的窗台高。各窗的窗台高为：C0823-550mm、C0825-350mm、C0625-350mm、GC0609-1600mm、GC0609-100mm、C0615-850mm、C3223-150mm、C0923-550mm、F乙C2406-1200mm，完成后模型如图4-63（b）所示。

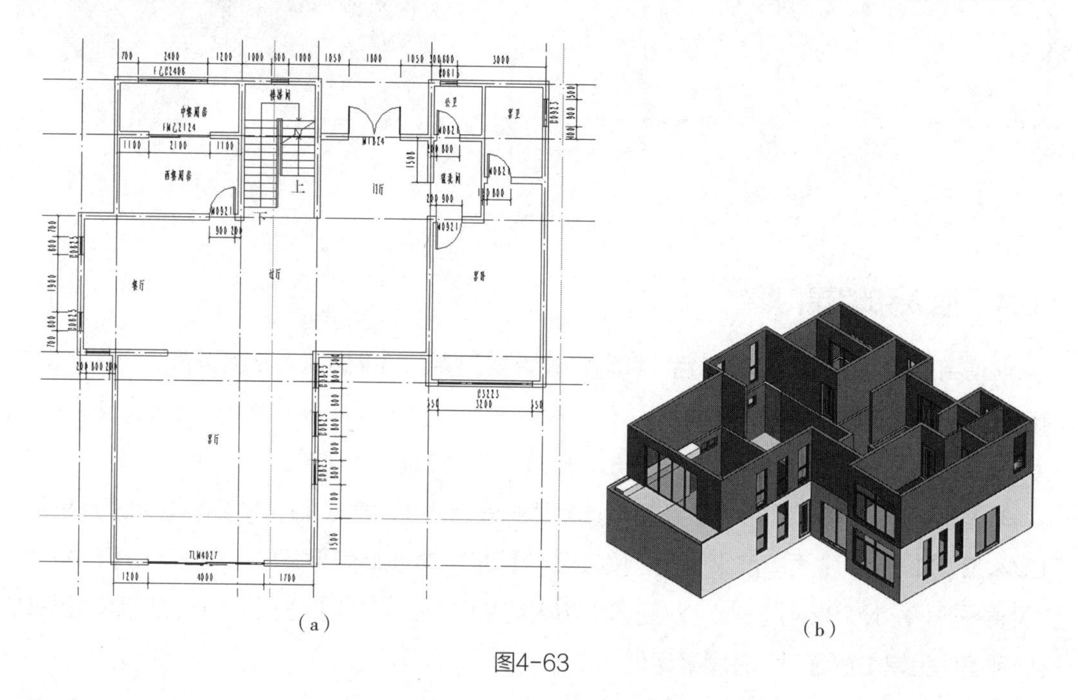

（a）　　（b）

图4-63

4.6.5 绘制首层外装饰墙

单击选项卡【建筑】→【构建】→【墙】命令。在类型选择器中选择【外墙 9- 保温 - 无机建筑涂料 40 厚】类型，单击【属性】栏，设置实例参数【底部限制条件】为【F1】,【顶部约束】为【直到标高 F2】,【定位线】为【面层面：内部】，单击【应用】，如图 4-64 所示。

在【基墙 _ 烧结普通砖 -200 厚】墙外侧，自 E 轴和 1 轴交点向外 100mm 为绘制墙体起点，按顺时针方向绘制如图 4-65 所示墙体。

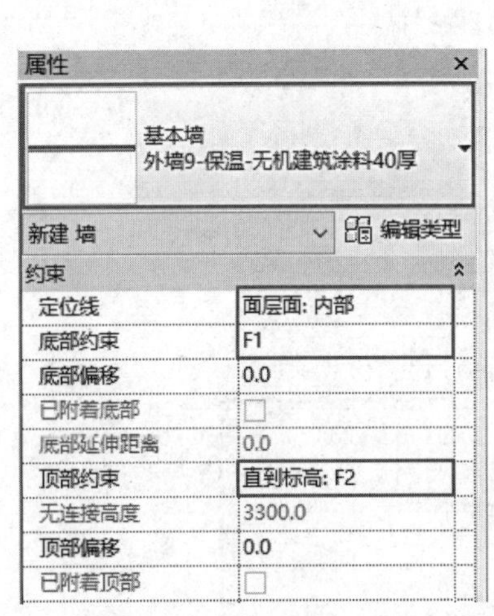

图4-64

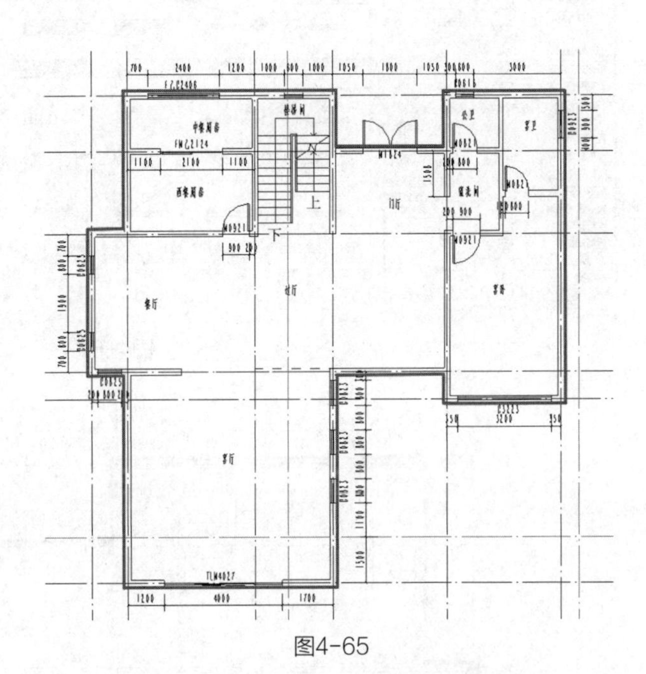

图4-65

单击选项卡【修改】→【连接】→【连接几何图形】，然后依次单击两层墙体，将两者连接确保门窗洞口被自动剪切。完成后模型如图 4-66 所示。

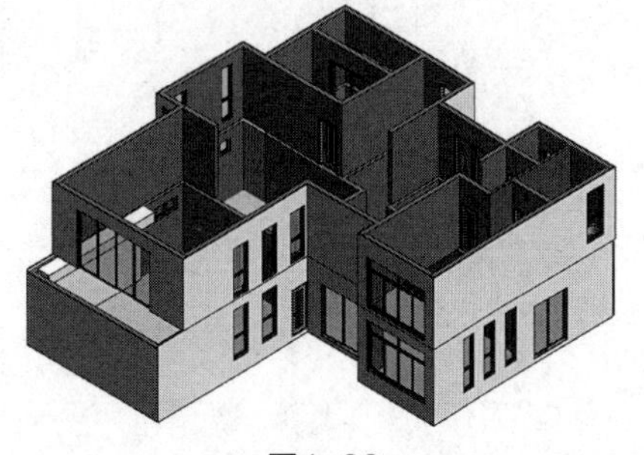

图4-66

4.6.6 创建首层楼板

单击柏慕软件选项卡，选择【导入墙板屋顶类型】工具，弹出窗口之后模板文件选择【柏慕 - 系统族库】，系统类型选择【楼板类型】，可通过搜索区域进行搜索关键词。将楼板类型【地 4A- 细石混凝土面层 100 厚】导入到项目当中，如图 4-67 所示。

打开平面视图【F1】。单击【建筑】→【构建】→【楼板】命令，进入楼板绘制模式。

单击【直线】命令 ，移动光标依次单击拾取墙【基墙 _ 烧结普通砖 -200 厚】外边线自动创建楼板轮廓线，如图 4-68 所示。

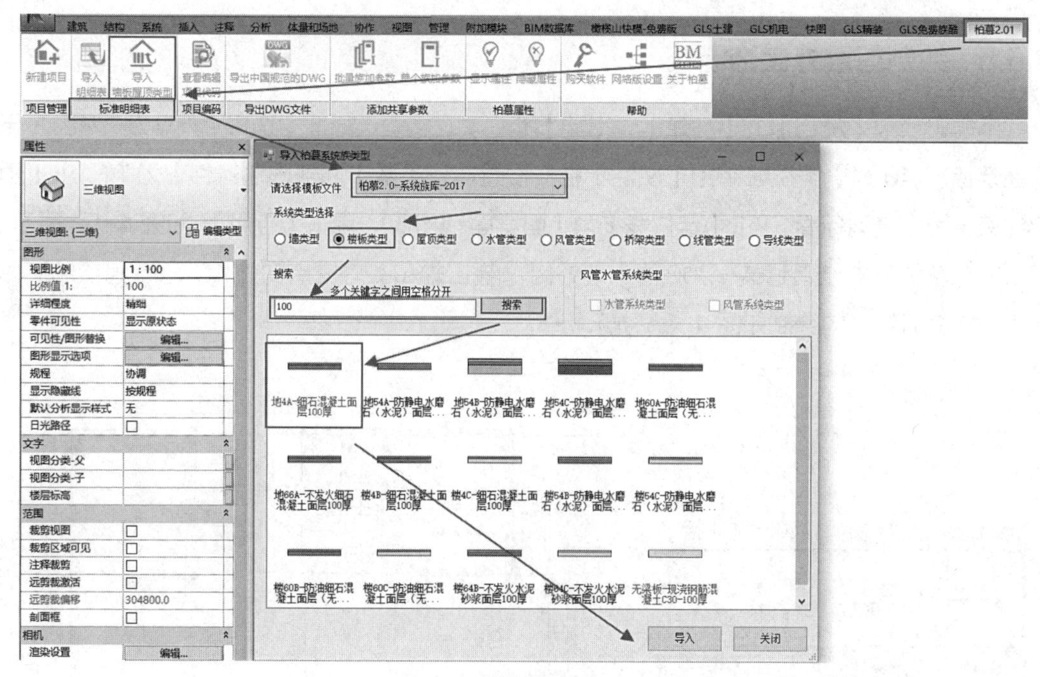

建筑 结构 系统 插入 注释 分析 体量和场地 协作 视图 管理 附加模块 BIM数据库 GLS土建 GLS机电 快图 GLS精装 柏慕2.01
新建项目
导入明细表
导入楼板屋顶类型
查看编辑项目代码
导出中国规范的DWG
批量添加参数
显示属性
隐藏属性
购买软件
网络版设置
关于柏慕
项目管理
标准明细表
项目编码
导出DWG文件
添加共享参数
柏慕属性
帮助
属性
三维视图
三维视图: (三维)
编辑类型
图形
视图比例
1 : 100
比例值 1:
100
详细程度
精细
零件可见性
显示原状态
可见性/图形替换
编辑...
图形显示选项
规程
协调
显示隐藏线
按规程
默认分析显示样式
无
日光路径
文字
视图分类-父
视图分类-子
楼层标高
范围
裁剪视图
裁剪区域可见
注释裁剪
远剪裁激活
远剪裁偏移
304800.0
剖面框
相机
渲染设置
导入柏慕系统族类型
请选择模板文件
柏慕2.0-系统族库-2017
系统类型选择
墙类型
楼板类型
屋顶类型
水管类型
风管类型
桥架类型
线管类型
导线类型
搜索
多个关键字之间用空格分开
100
风管水管系统类型
水管系统类型
风管系统类型
地4A-细石混凝土面层100厚
地54A-防静电水磨石（水泥）面层...
地54B-防静电水磨石（水泥）面层...
地54C-防静电水磨石（水泥）面层...
地60A-防油细石混凝土面层（无...
地66A-不发火细石混凝土面层100厚
楼4B-细石混凝土面层100厚
楼4C-细石混凝土面层100厚
楼54B-防静电水磨石（水泥）面层...
楼54C-防静电水磨石（水泥）面层...
楼60B-防油细石混凝土面层（无...
楼60C-防油细石混凝土面层（无...
楼64B-不发火水泥砂浆面层100厚
楼64C-不发火水泥砂浆面层100厚
无梁板-现浇钢筋混凝土C30-100厚
导入
关闭

图4-67

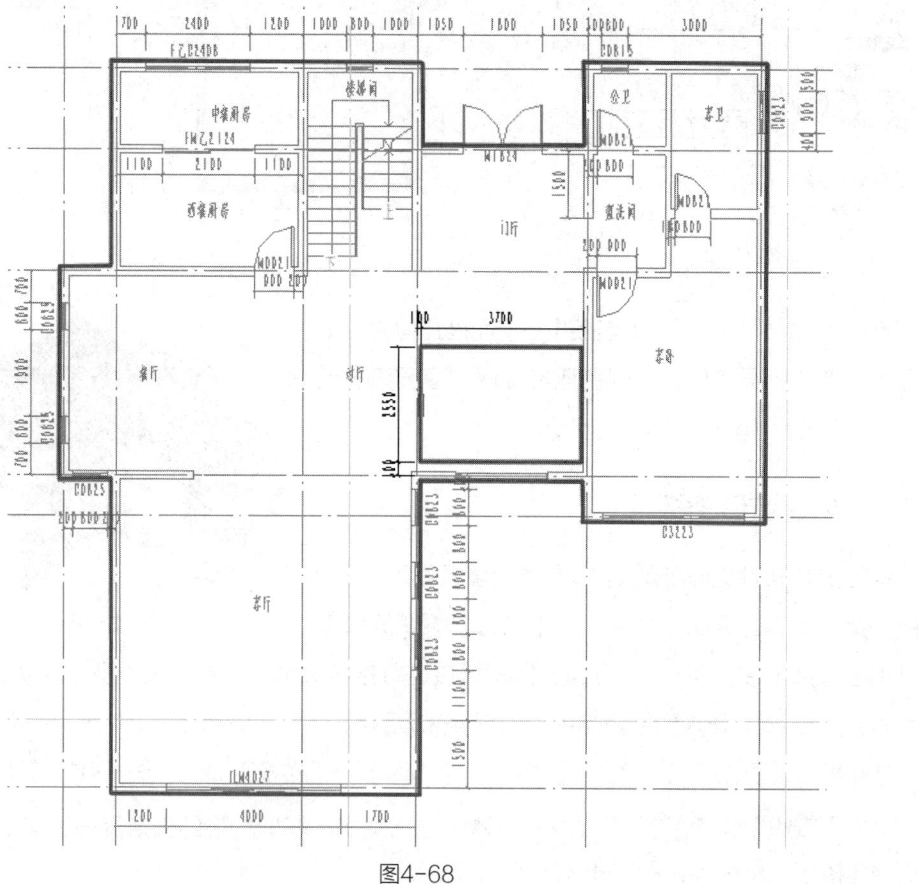

700
2400
1200
1000
800
1050
1800
300
3000
中餐厨房
楼梯间
西餐厨房
门厅
公卫
客卫
盥洗间
餐厅
过厅
客房
客厅
3700
2550
1500
1100
1200
4000
1700

图4-68

选择 B 轴下面的轮廓线，单击选项栏中【移动】命令，光标垂直往下移动，输入【4500】，如图 4-69 所示。

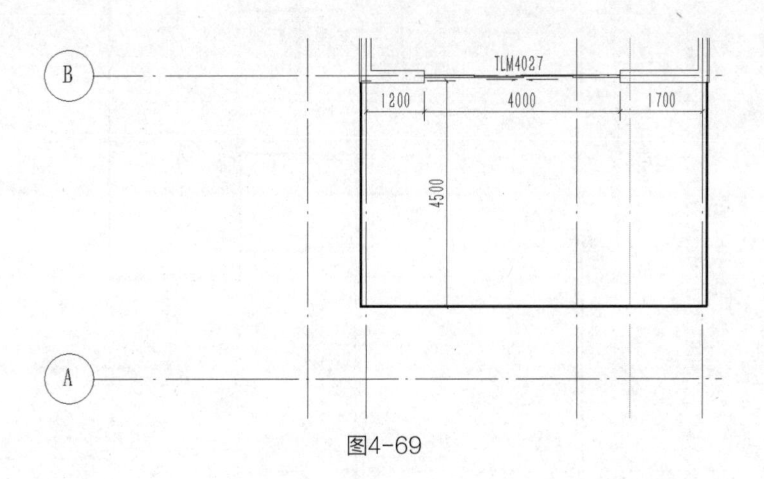

图4-69

单击绘制面板中【直线】命令，绘制如图 4-70 所示轮廓线。

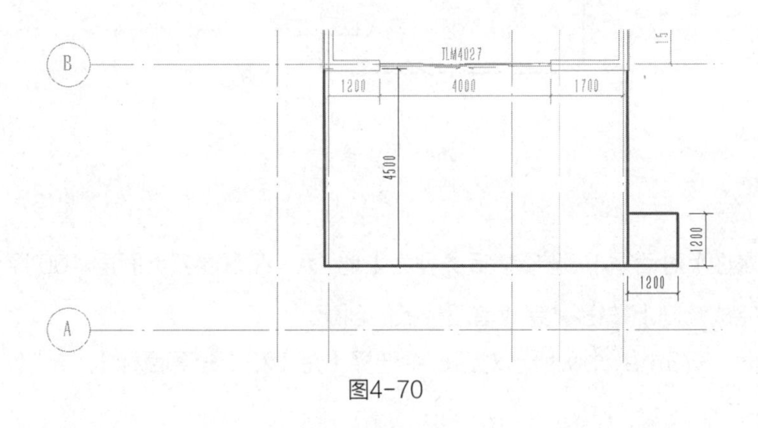

图4-70

单击选项栏中【修剪】命令修剪轮廓线，完成后的楼板轮廓线草图，如图 4-71（a、b）所示。

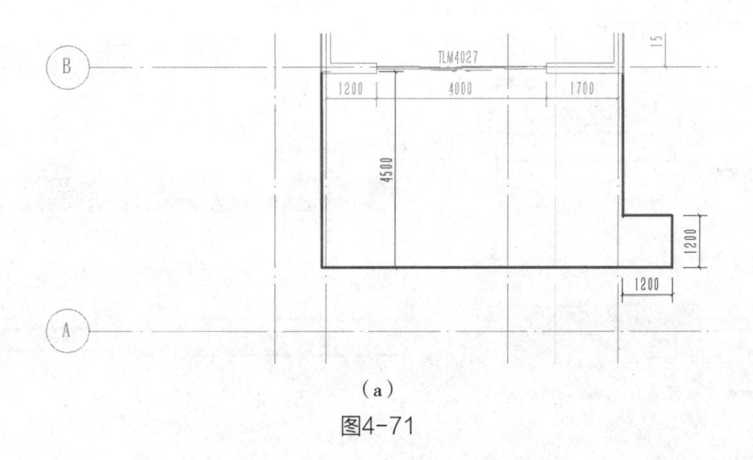

（a）

图4-71

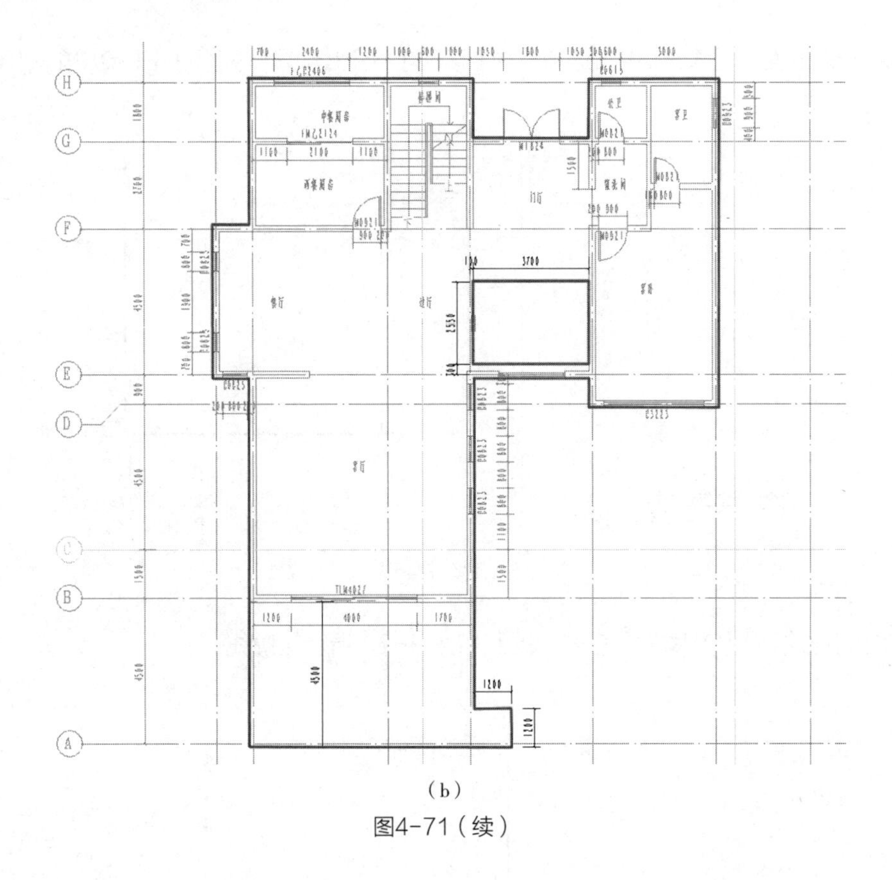

（b）

图4-71（续）

在【楼板属性】对话框下，选择楼板类型为【地 4A- 细石混凝土面层 100 厚】，如图 4-72 所示，单击【完成绘制】按钮✔完成首层楼板的创建。

在弹出如图 4-73（a、b）所示对话框中选择【是】和【分离目标】。

属性
楼板
地4A-细石混凝土面层100厚
楼板 (1)
编辑类型
约束
标高 F1
目标高的高度偏移 0.0
房间边界
与体量相关
文字
楼层标高
结构
结构
启用分析模型

图4-72

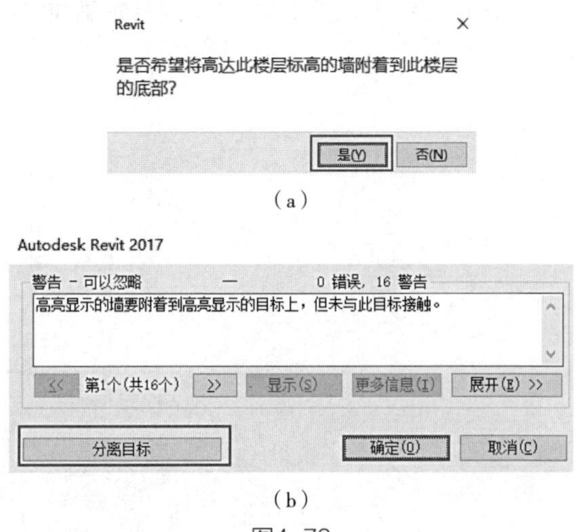

（a）

（b）

图4-73

楼板创建完成后模型如图 4-74 所示，至此，一层平面的主体全部绘制完成，保存文件。

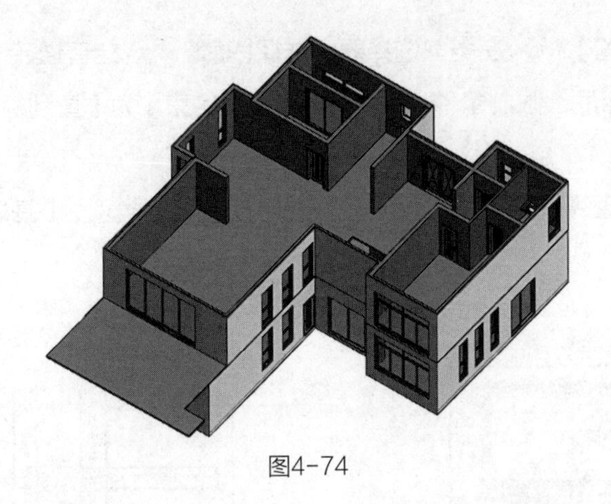

图4-74

4.7 绘制二层建筑模型

4.7.1 绘制二层墙体

单击选项卡【建筑】→【墙】命令。在类型选择器中选择【基本墙:基墙 _ 烧结普通转 200 厚】类型，单击【属性】栏，设置实例参数【底部限制条件】为【F2】,【顶部约束】为【直到标高 F3】,【定位线】为【墙中心线】，单击【应用】，如图 4-75 所示。

自【C】轴与【2】轴交点处为绘制墙体起点，按顺时针方向绘制如图 4-76 所示墙体。完成之后保存文件。

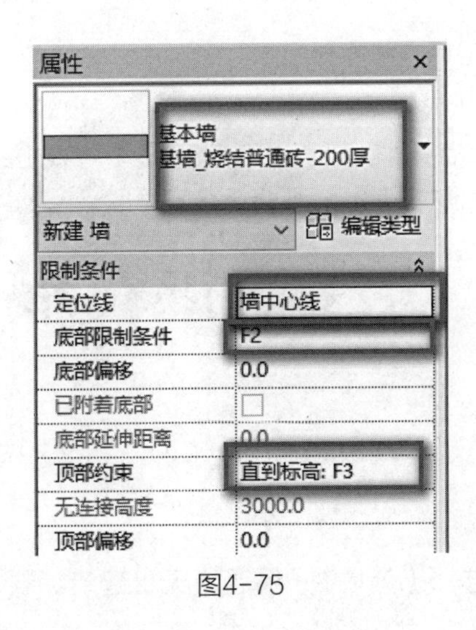

图4-75

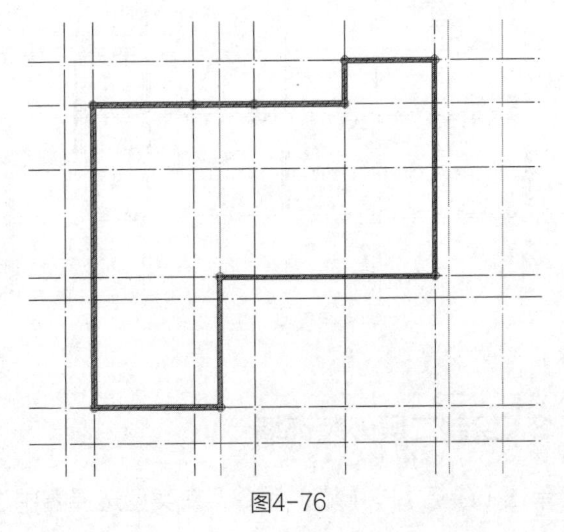

图4-76

4.7.2 绘制二层内墙

单击【建筑】→【墙】命令，在类型选择器中选择【基墙＿烧结普通砖 -200 厚】类型，在【属性】栏设置实例参数【底部限制条件】为【F2】，【顶部约束】为【直到标高 F3】，单击【应用】，如图 4-77 所示。

选择【绘制】→【直线】命令，按如图 4-78 所示位置绘制类型为【基墙＿烧结普通砖 -200 厚】的内墙。

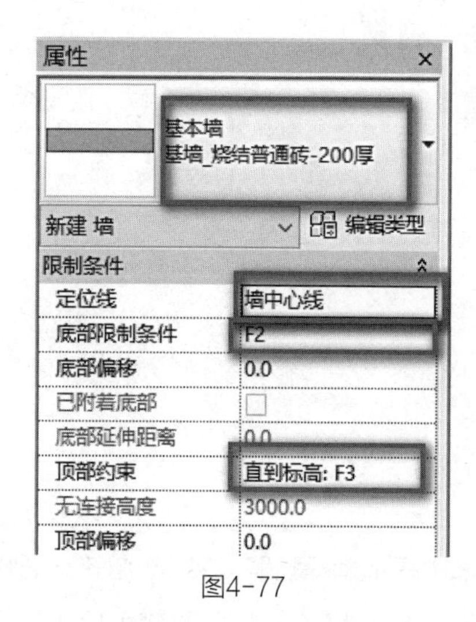

图4-77

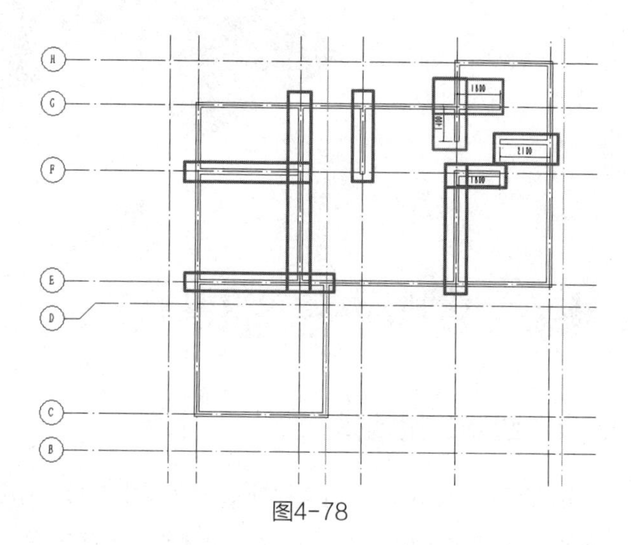

图4-78

然后在类型选择器中选择墙类型【基墙＿烧结多孔砖 -120 厚 -MU15-M10】，绘制如图 4-79 所示内墙。

完成后的二层墙体如图 4-80 所示，保存文件。

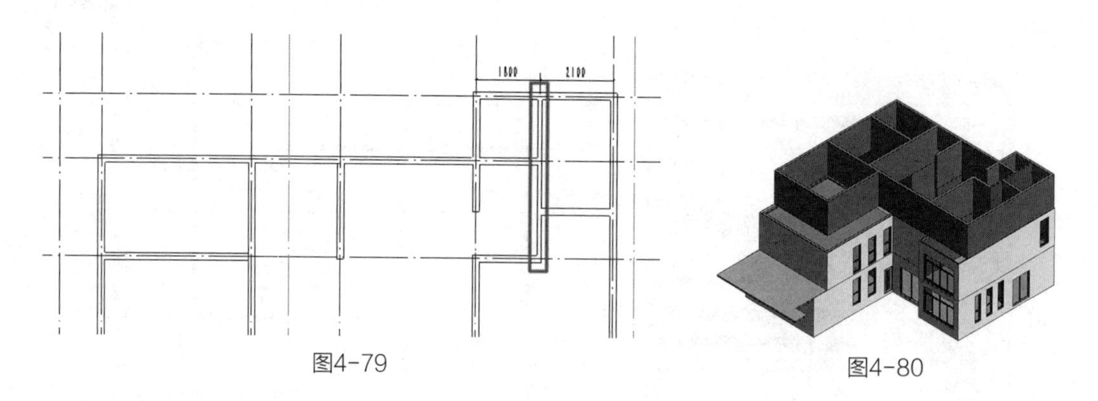

图4-79

图4-80

4.7.3 绘制二层外装饰墙

单击【建筑】→【墙】命令，在类型选择器中选择【外墙 9- 保温 - 无机建筑涂料 40

厚】类型，在【属性】栏设置实例参数【底部限制条件】为【F2】，【顶部约束】为【直到标高 F3】，定位线为【面层面：内部】，单击【应用】。如图 4-81 所示。

在【基墙＿烧结普通砖 -200 厚】墙外侧，自 C 轴和 2 轴交点向外 100mm 为绘制墙体起点，按顺时针方向绘制并与【基墙＿烧结普通砖 -200 厚】的墙体进行【连接】，连接 如图 4-82 所示墙体。

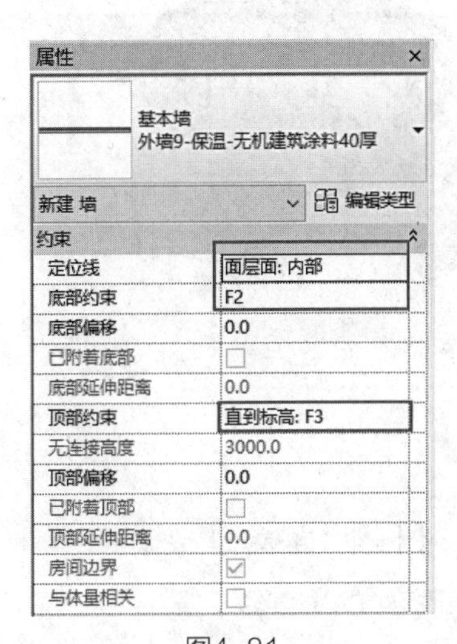

图4-81

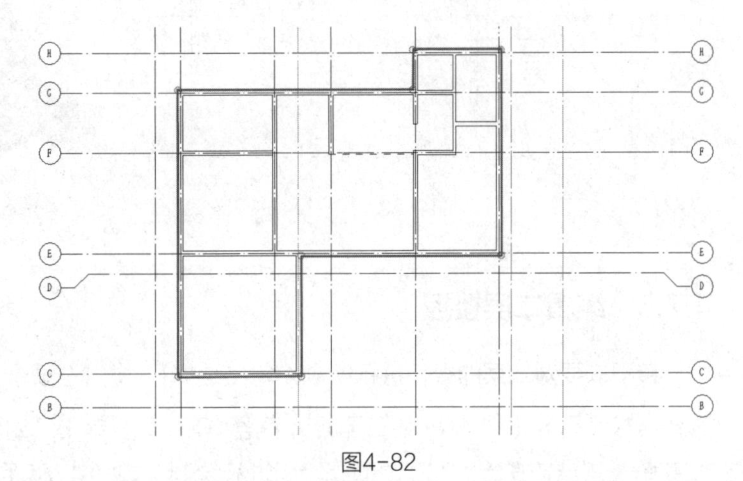

图4-82

4.7.4　插入和编辑门窗

门窗的插入和编辑方法同本章第 2.3 节内容，本节不再详述。

在项目浏览器中【楼层平面】项下双击【F2】，进入二层平面视图。单击【建筑】→【构建】→【门】命令，在类型选择器中选择【BM_ 木质单扇平开门：M0921】【BM_ 木质单扇平开门：M0821】【BM_ 铝合金四扇推拉门：TLM3224】【BM_ 铝合金四扇推拉门：TLM3024】【BM_ 铝合金四扇推拉门：TLM4324】按图 4-83 所示位置在墙体上单击放置门，并精确定位。

单击【建筑】→【构建】→【窗】命令，在类型选择器中选择【BM_ 铝合金上下双扇固定窗：C0915】【BM_ 铝合金上下双扇固定窗：C0923】【BM_ 铝合金单扇固定窗：GC0609】【BM_ 铝合金单扇固定窗：GC0615】按图 4-83 所示位置在墙体上单击放置窗，并精确定位。

编辑窗台高：在平面视图中选择窗，单击【属性】栏打开【图元属性】对话框，设置参数【底高度】参数值，调整窗户窗台高。各窗的窗台高度为：【GC0609-1600mm】【GC0615-1000mm】【C0923-250mm】【C0915-1200mm】。完成如图 4-84 所示。

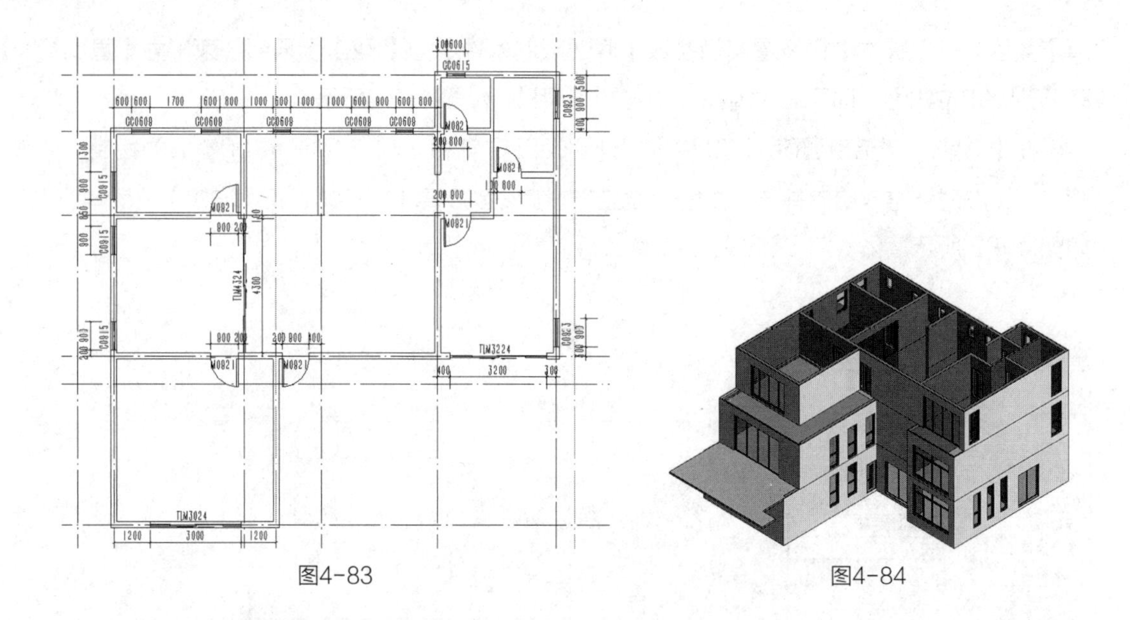

图4-83　　　　　　　　　　　　　　　　图4-84

4.7.5　编辑二层楼板

接下来要对二层的楼板进行绘制。单击选择【建筑】选项卡→【构建】面板→【楼板】工具，选择楼板类型为【地 4A- 细石混凝土面层 100 厚】，单击绘制面板中的【直线】命令，通过基墙 - 烧结普通砖 -200 厚的外墙面进行绘制，如图 4-85 所示。

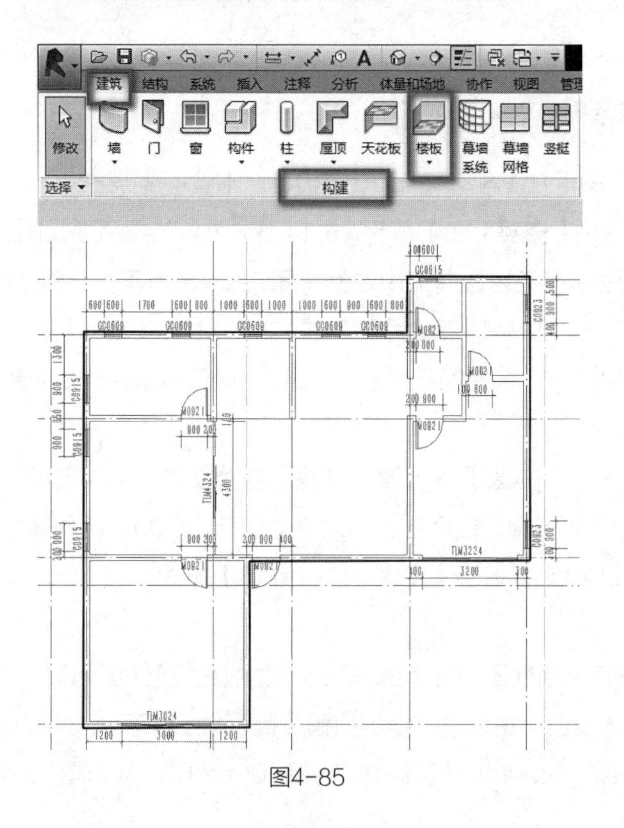

图4-85

选中如图 4-86 中标示的一条线段。

单击选项栏中【移动】命令，修改完成如图 4-87 所示。

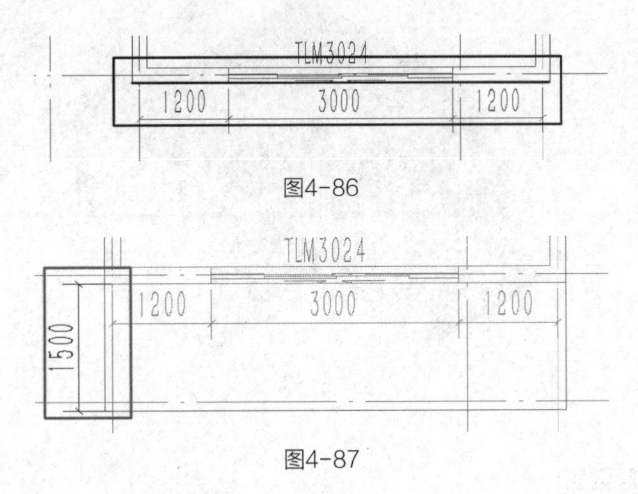

图4-86

图4-87

然后在使用【直线】和【修剪】命令，修改如图 4-88 所示线段。

修改完成如图 4-89 所示。

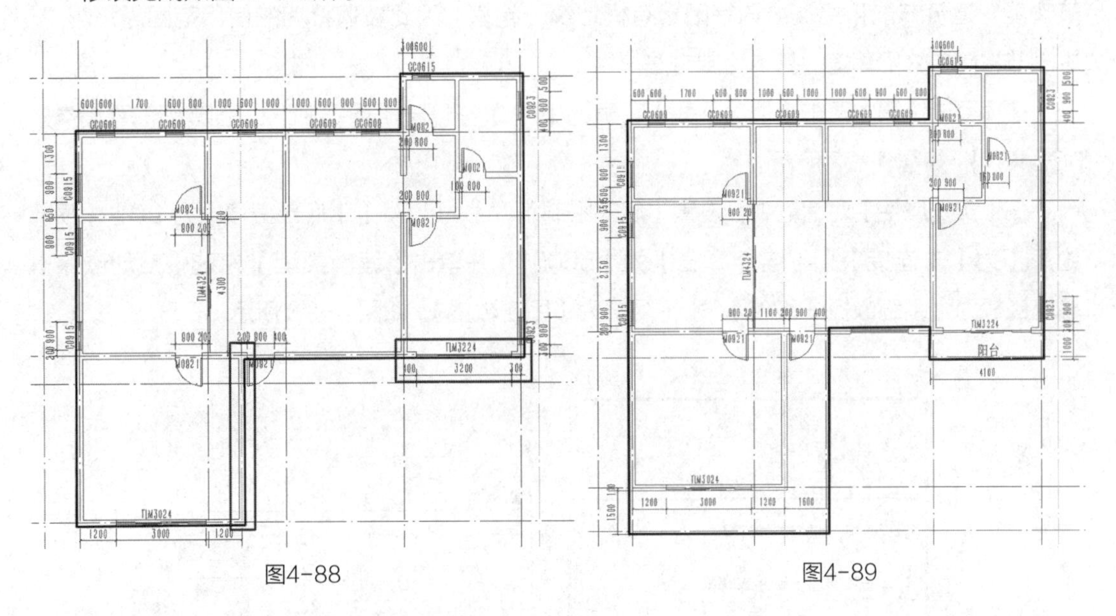

图4-88　　图4-89

完成轮廓绘制后，单击【完成绘制】命令 ✔，完成二层楼板的创建，在弹出如图 4-90 所示对话框中选择【是】和【分离目标】。

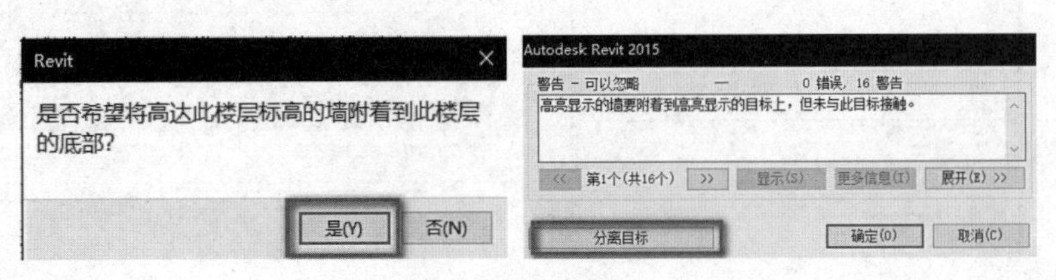

图4-90

完成后模型如图 4-91 所示，至此，二层平面的主体全部绘制完成，保存文件。

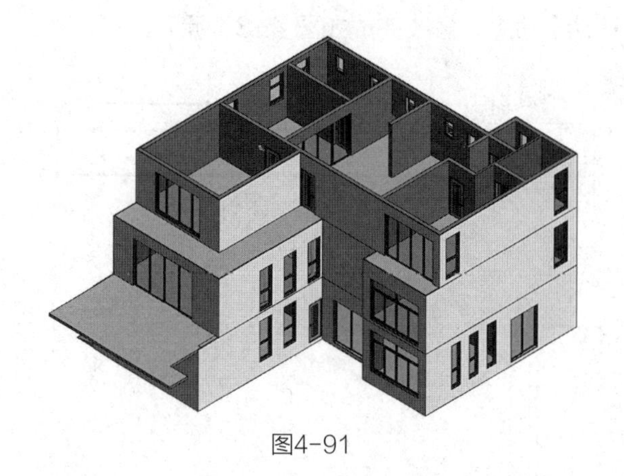

图4-91

4.7.6　绘制玻璃幕墙

玻璃幕墙是现代化建筑经常使用的一种立面，是当代的一种新型墙体，将建筑美学、建筑功能、建筑节能和建筑结构等因素有机地统一起来。因此玻璃幕墙的使用范围越来越广，本小节将简单介绍幕墙的基本绘制方法。

在项目浏览器中双击【楼层平面】项下的【F1】，打开一层平面视图。创建新的幕墙类型【C2156】，如图 4-92 所示。

在【实例属性】对话框中，设置【底部限制条件】为【F1】、【底部偏移】为【0】、【顶部约束】为【未连接】、【不连续高度】为【5500】，并单击【编辑类型】勾选【自动嵌入】，幕墙嵌板为【系统嵌板 - 玻璃】，水平网格为【固定数量】，如图 4-93 所示。

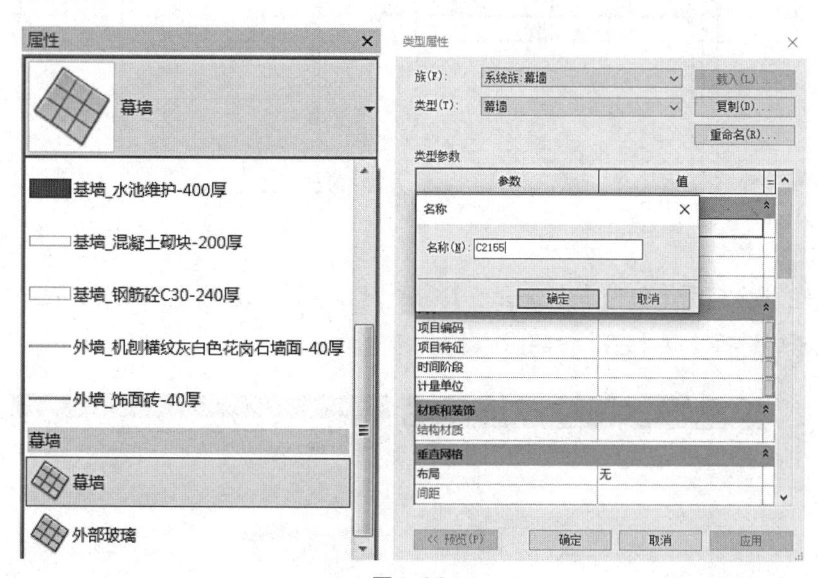

图4-92

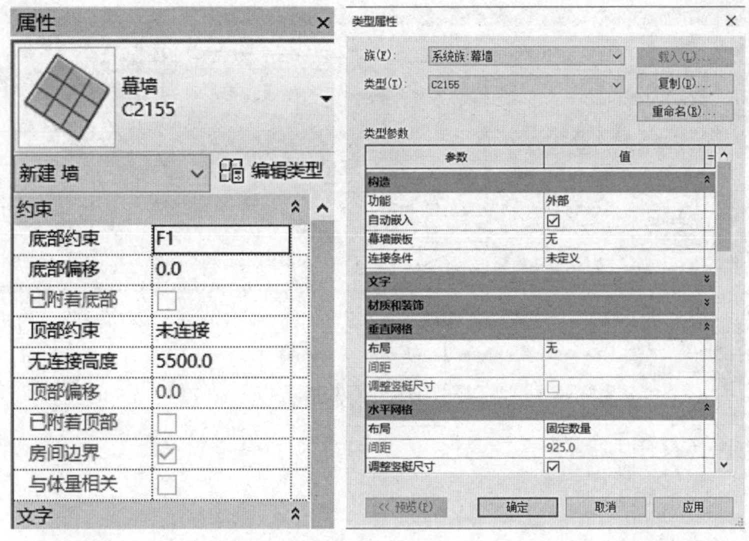

图4-93

设置完上述参数后，按照与绘制墙同样的方法在【E】轴与【5】轴、【6】轴之间的墙上单击捕捉两点绘制幕墙，位置如图 4-94 所示。

完成之后在三维视图当中采用【建筑】选项卡,【构建】面板中的【竖梃】工具，利用【矩形竖梃】为幕墙添加网格线，如图 4-95 所示，保存文件。

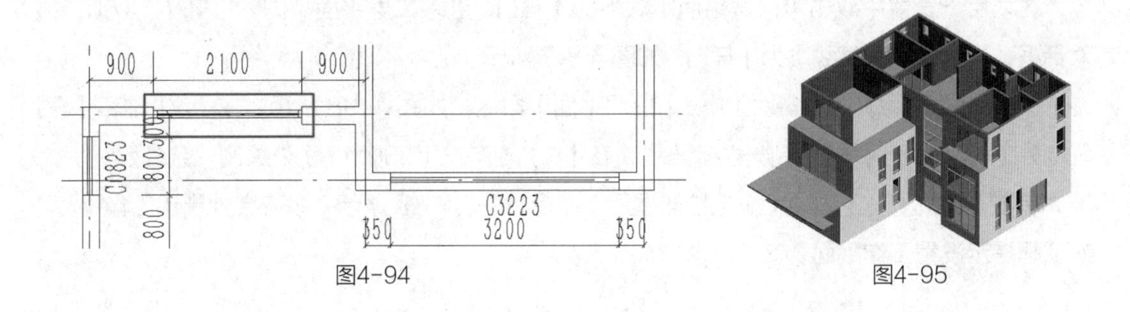

图4-94　　图4-95

4.8　绘制屋顶

屋顶的基本绘制方法有两种：拉伸屋顶和迹线屋顶，本章节将分别介绍这两种屋顶的绘制方法。

选用柏慕软件选项卡，选择【导入墙板屋顶类型】工具，弹出窗口之后模板文件选择【柏慕 - 系统族库】,系统类型选择【屋顶类型】,可通过搜索区域进行搜索关键词。将屋顶类型【屋22_ 刚性防水混凝土有保温隔热屋面 -100 厚】导入到项目当中，如图 4-96 所示。

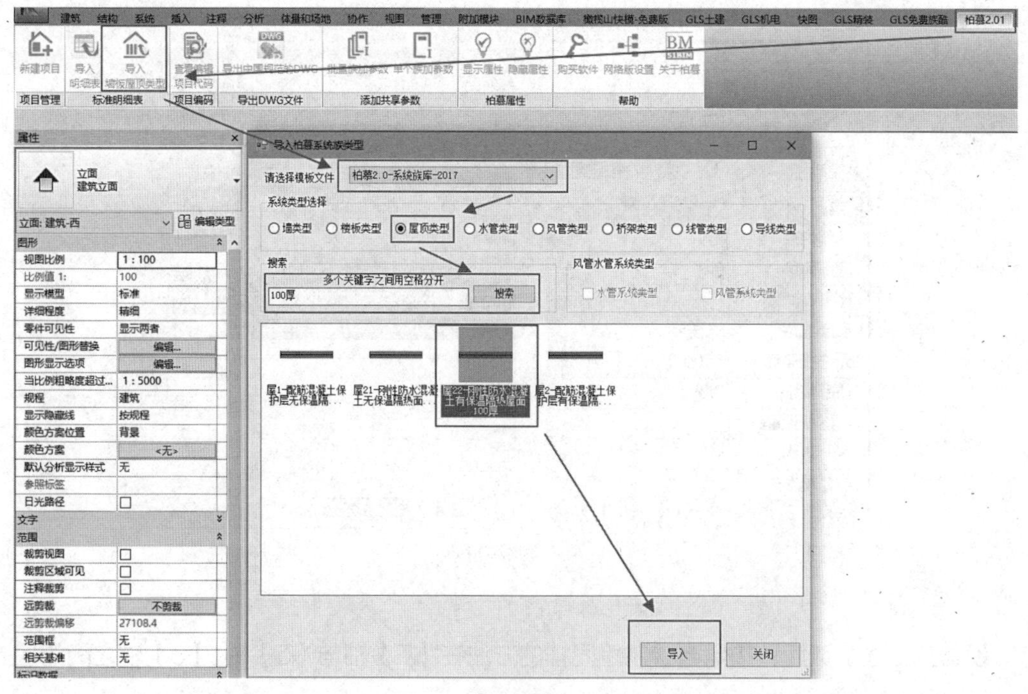

图4-96

4.8.1 创建拉伸屋顶

在项目浏览器中双击【楼层平面】项下的【F2】，进入二层平面视图。打开【实例属性】对话框，设置参数【基线】为【F1】，如图4-97所示。

单击【建筑】→【工作平面】→【参照平面】命令，如图4-98所示，在【F】轴和【E】轴向外【800mm】处各绘制一条参照线，在【1】轴向左【500mm】处绘制一条参照线。

单击【建筑】→【屋顶】→【拉伸屋顶】命令，如图4-99所示。系统会弹出【工作平面】对话框提示设置工作平面。

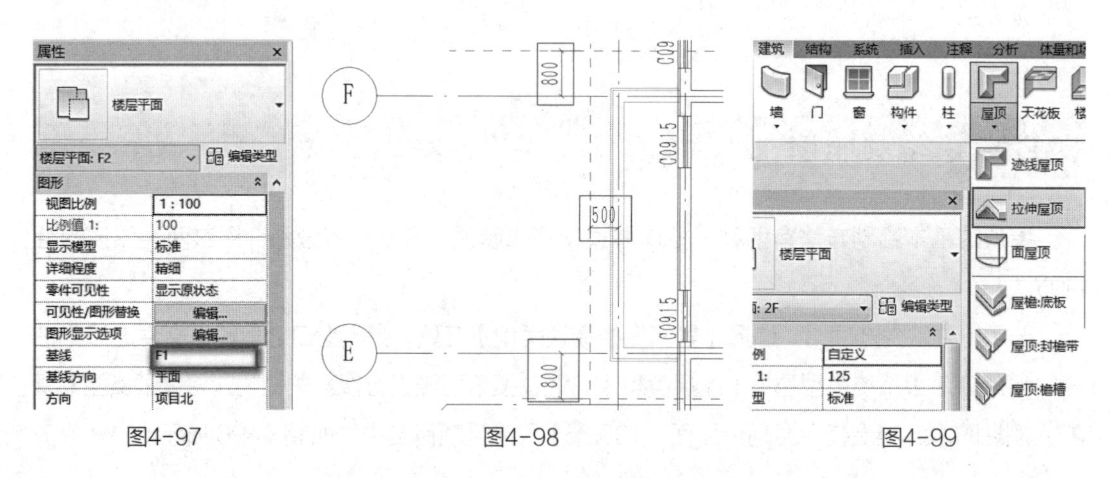

图4-97　　图4-98　　图4-99

在【工作平面】对话框中选择【拾取一个平面】，单击【确定】关闭对话框。移动光标单击拾取刚绘制的垂直参照平面，打开【转到视图】对话框，在对话框中单击选择【立面：西】，单击【确定】进入【西立面】视图。并设置偏移值为【106】(因屋顶厚度为100厚，且屋顶两侧垂直边为106)，如图4-100所示。

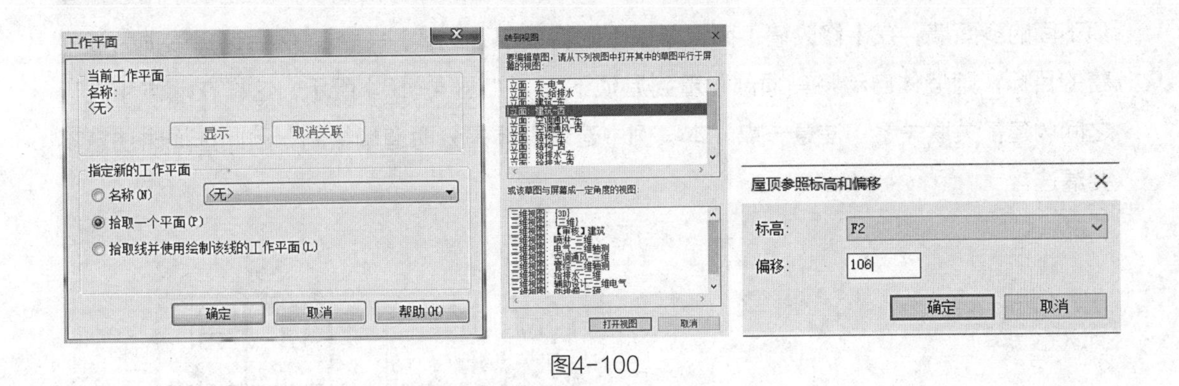

图4-100

单击【绘制】面板【直线】命令，按如图4-101所示尺寸绘制拉伸屋顶截面形状线。

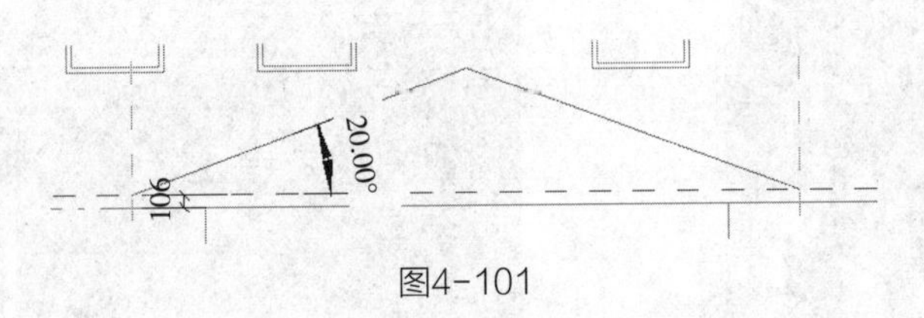

图4-101

在类型选择器中选择【屋22_刚性防水混凝土有保温隔热屋面-100厚】，单击【完成屋顶】命令创建拉伸屋顶，结果如图4-102所示，保存文件。

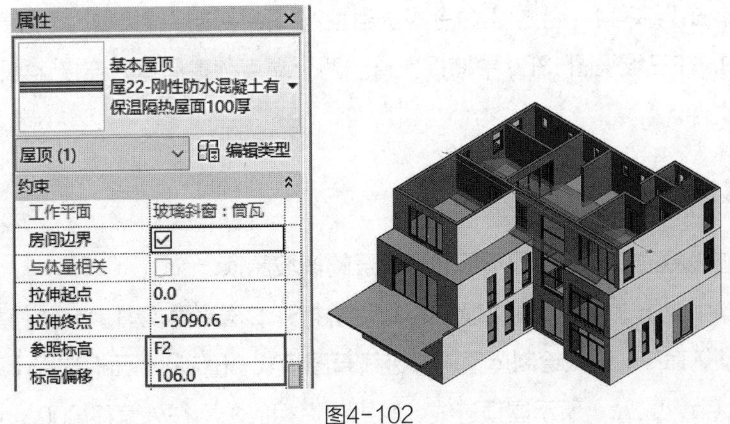

图4-102

4.8.2 修改屋顶

打开三维视图，选中屋顶，用【对齐】命令调整屋顶长度使其端面和二层基本墙墙面对齐，最后结果如图 4-103 所示。

屋顶绘制完成后，需要将屋顶下方的墙体附着到屋顶上。按住 Ctrl 键连续单击选择屋顶下面的多面墙，在【修改墙】面板单击【附着顶部 / 底部】命令，然后选择屋顶为被附着的目标，则墙体自动将其顶部附着到屋顶下面，如图 4-104 所示。这样在墙体和屋顶之间创建了关联关系。注意一点，本案例中建筑墙体是分两道墙绘制，因此选择时注意不要漏选。

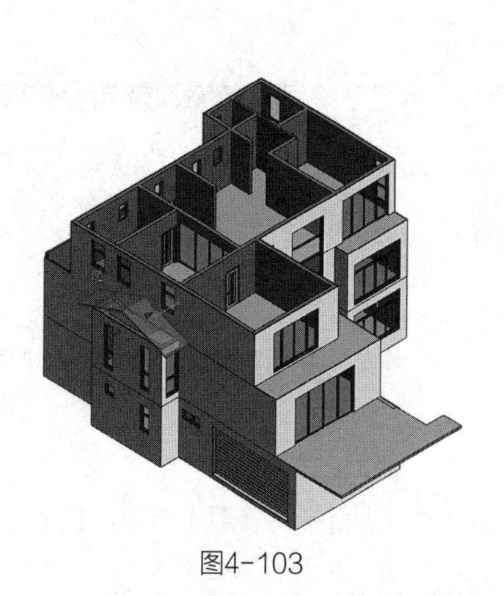

图4-103

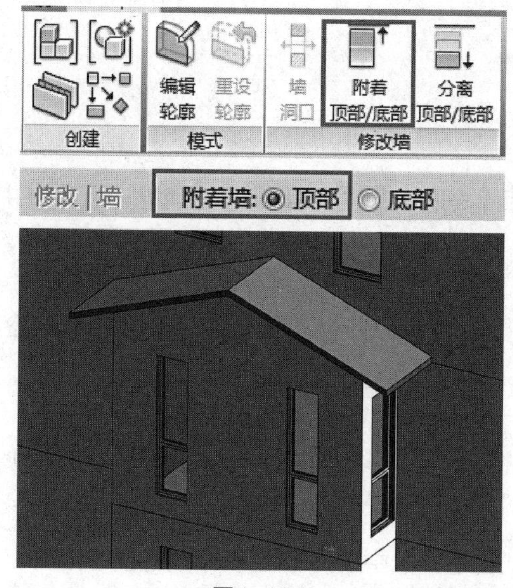

图4-104

创建屋脊：单击【结构】→【梁】命令，从类型选择器中选择梁类型为【屋脊：屋脊线】，勾选【三维捕捉】，在三维视图 {3D} 中捕捉屋脊线两个端点创建屋脊并连接，如图 4-105 所示。完成后保存文件。

4.8.3 二层多坡屋顶

下面使用【迹线屋顶】命令创建项目北侧二层的多坡屋顶。

在项目浏览器中双击【楼层平面】项下的【F2】，打开二层平面视图。单击【建筑】→【屋顶】→【迹线屋顶】命令，进入绘制屋顶轮廓迹线草图模式。【绘制】面板选择【直线】命令，绘制如图 4-106（a、b、c）所示屋顶迹线，轮廓线沿相应轴网往外偏移 800mm。

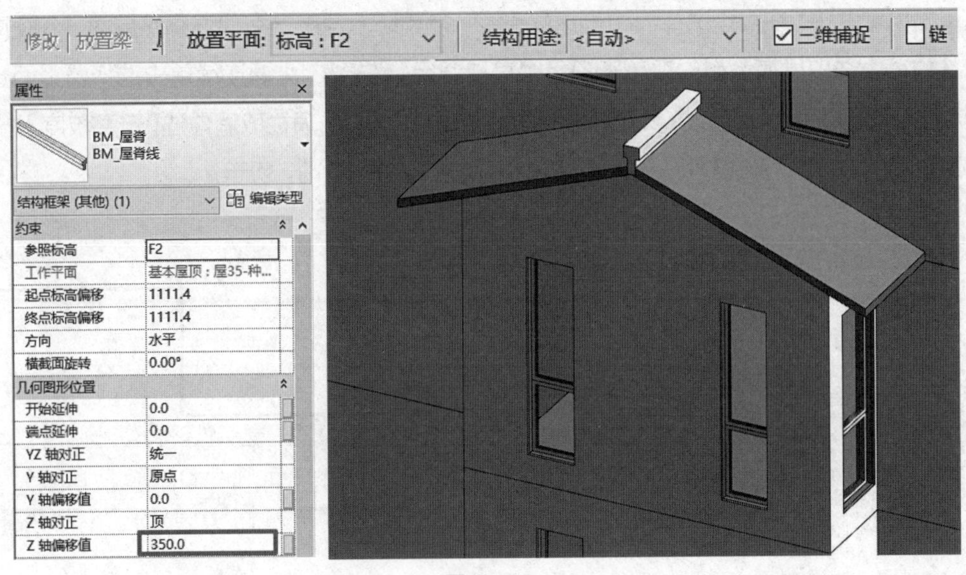
修改 | 放置梁
放置平面: 标高 : F2
结构用途: <自动>
三维捕捉
链
属性
BM_屋脊
BM_屋脊线
结构框架 (其他) (1)
编辑类型
约束
参照标高 F2
工作平面 基本屋顶 : 屋35-种...
起点标高偏移 1111.4
终点标高偏移 1111.4
方向 水平
横截面旋转 0.00°
几何图形位置
开始延伸 0.0
端点延伸 0.0
YZ 轴对正 统一
Y 轴对正 原点
Y 轴偏移值 0.0
Z 轴对正 顶
Z 轴偏移值 350.0

图4-105

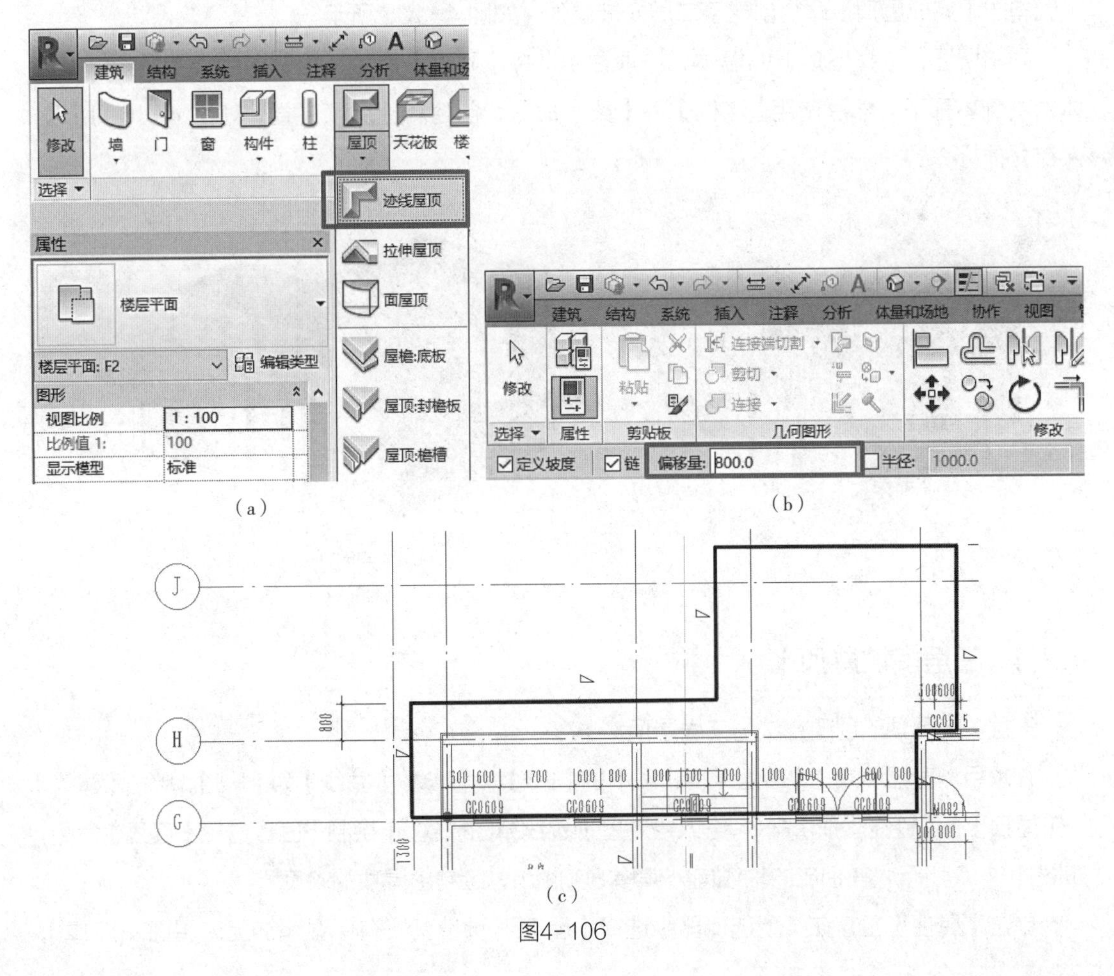
建筑 结构 系统 插入 注释 分析 体量和场
修改 墙 门 窗 构件 柱 屋顶 天花板
选择
迹线屋顶
拉伸屋顶
面屋顶
屋檐:底板
屋顶:封檐板
屋顶:檐槽
属性
楼层平面
楼层平面: F2
编辑类型
图形
视图比例 1 : 100
比例值 1: 100
显示模型 标准
(a)
建筑 结构 系统 插入 注释 分析 体量和场地 协作 视图
修改 粘贴 连接端切割 剪切 连接
选择 属性 剪贴板 几何图形 修改
定义坡度 链 偏移量: 800.0 半径: 1000.0
(b)
J
H
G
800
1300
1700
CC0609
(c)

图4-106

单击【属性】栏，在类型选择器中选择【屋 22_ 刚性防水混凝土有保温隔热屋面 -100 厚】，因已从柏慕中选取屋顶类型，现可于项目中直接调用。按住 Ctrl 键连续单击选择最上面、最下面和右侧最短那条水平迹线，以及下方左右两条垂直迹线，选项栏取消勾选【定义坡度】选项，取消这些边的坡度，编辑其他三边的坡度为【20°】，如图 4-107 所示。

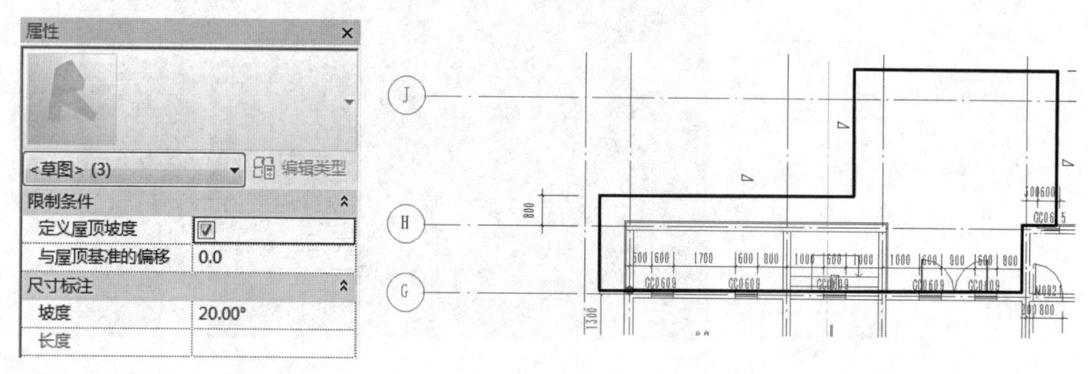

图4-107

单击【完成屋顶】命令创建了二层多坡屋顶，如图 4-108 所示。

同前所述，选择屋顶下的墙体，选项栏中选择【附着】命令，拾取刚创建的屋顶，将墙体附着到屋顶下。然后使用【结构】→【梁】命令，创建新建屋顶屋脊，如图 4-109 所示，保存文件。

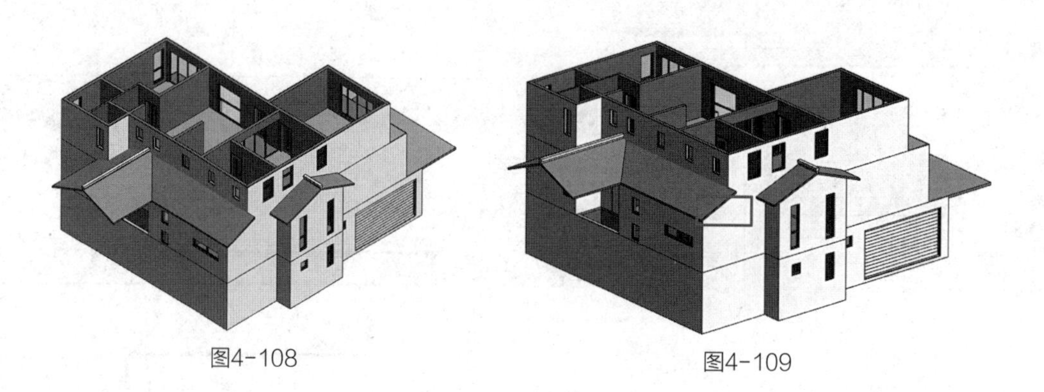

图4-108　　图4-109

4.8.4　三层多坡屋顶

三层多坡屋顶的创建方法同二层屋顶。

在项目浏览器中双击【楼层平面】项下的【F3】，设置参数【基线】为【F2】。单击【建筑】→【屋顶】→【迹线屋顶】命令，进入绘制屋顶迹线草图模式。【绘制】面板选择【直线】命令，如图 4-110 所示，在相应的轴线向外偏移 800mm，绘制出屋顶的轮廓。

单击【属性】栏，在类型选择器中选择【屋 35- 种植基质有保温隔热上人屋面 120 厚】，

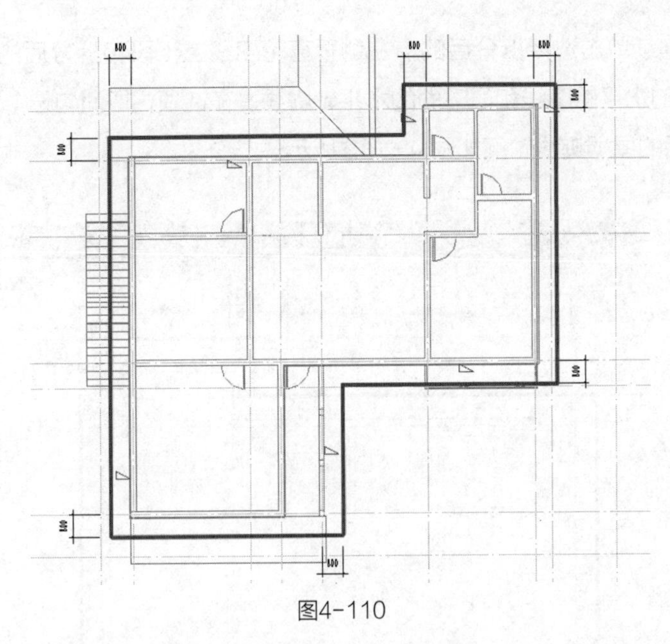

图4-110

设置【坡度】参数为【20°】。单击【工作平面】面板【参照平面】命令，如图 4-111 所示，绘制两条参照平面和中间两条较长的水平轮廓线平齐，并和左右最外侧的两条垂直轮廓线相交。

单击选项栏中【拆分】命令，移动光标到参照平面和左右最外侧的两条垂直迹线交点位置。分别单击鼠标左键，将两条垂直迹线拆分成上下两段。拆分位置如图 4-111 所示。

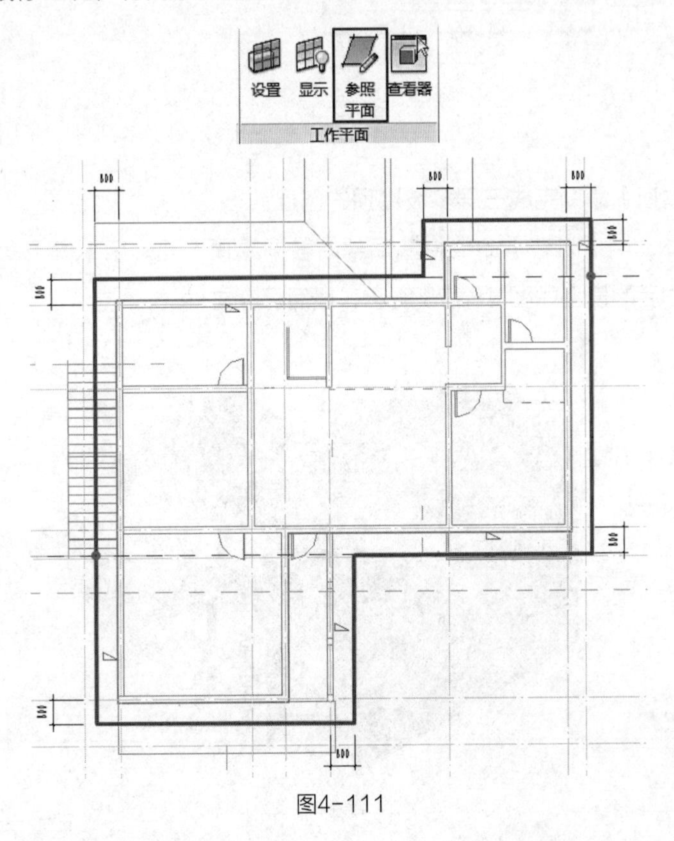

图4-111

按住 Ctrl 键连续单击选择拆分后的最左侧垂直轮廓线上半段和拆分后的最右侧垂直轮廓线下半段，最上面的水平轮廓线和最下面的水平轮廓线。在选项栏取消勾选【定义坡度】选项，取消坡度。完成后的屋顶迹线轮廓如图 4-112 所示。

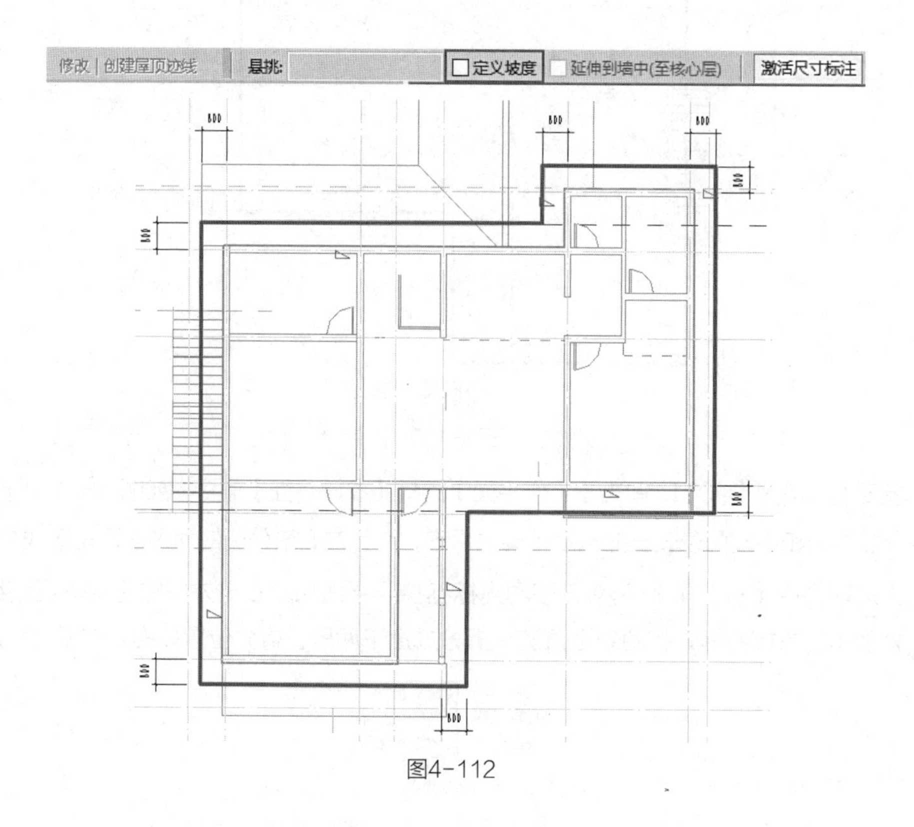

图4-112

单击【完成屋顶】命令完成三层多坡屋顶的创建。

选择三层墙体，用【附着】命令将墙顶部附着到屋顶下面。用【梁】命令捕捉三条屋脊线创建屋脊，完成后的模型如图 4-113 所示，最后保存文件。

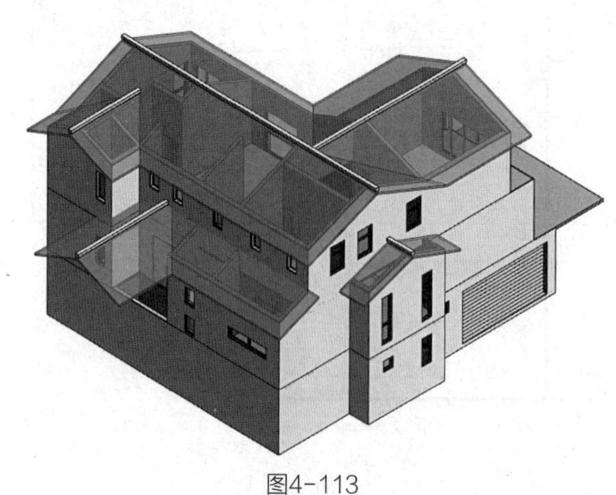

图4-113

4.8.5　屋顶筒瓦绘制

屋顶绘制完成之后，可以针对拉伸屋顶和迹线屋顶进行筒瓦铺装，操作方法与绘制屋顶的方法一致，以首层拉伸屋顶为例进行屋顶模型搭建。

在项目浏览器中双击【楼层平面】项下的【F2】，进入二层平面视图。打开【实例属性】对话框，设置参数【基线】为【F1】，如图 4-114 所示。

单击【建筑】→【屋顶】→【拉伸屋顶】命令，如图 4-115 所示。系统会弹出【工作平面】对话框提示设置工作平面。

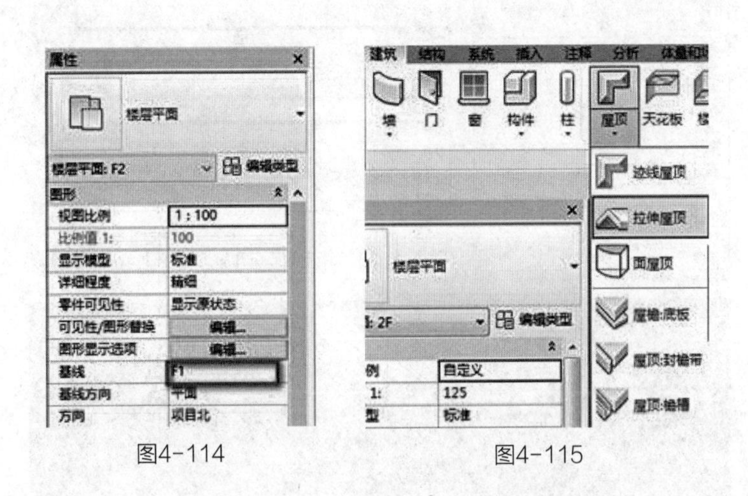

图4-114　　图4-115

在【工作平面】对话框中选择【拾取一个平面】，单击【确定】关闭对话框。移动光标单击拾取之前所绘制的垂直参照平面，打开【转到视图】对话框，在对话框中单击选择【立面：西】，单击【确定】进入【西立面】视图。并设置偏移值为【250】。

单击【绘制】面板【直线】命令，按如图 4-116 所示尺寸绘制拉伸屋顶截面形状线。

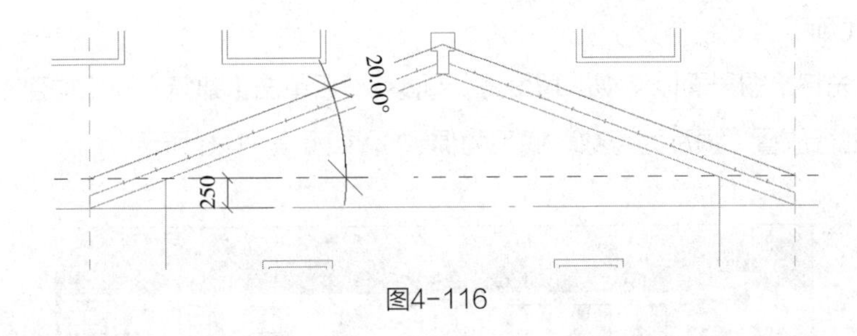

图4-116

在类型选择器中选择【玻璃斜窗】，进行复制并命名为【筒瓦 - 拉伸屋顶】且修改类型参数，单击完成拉伸屋顶绘制，结果如图 4-117 所示。

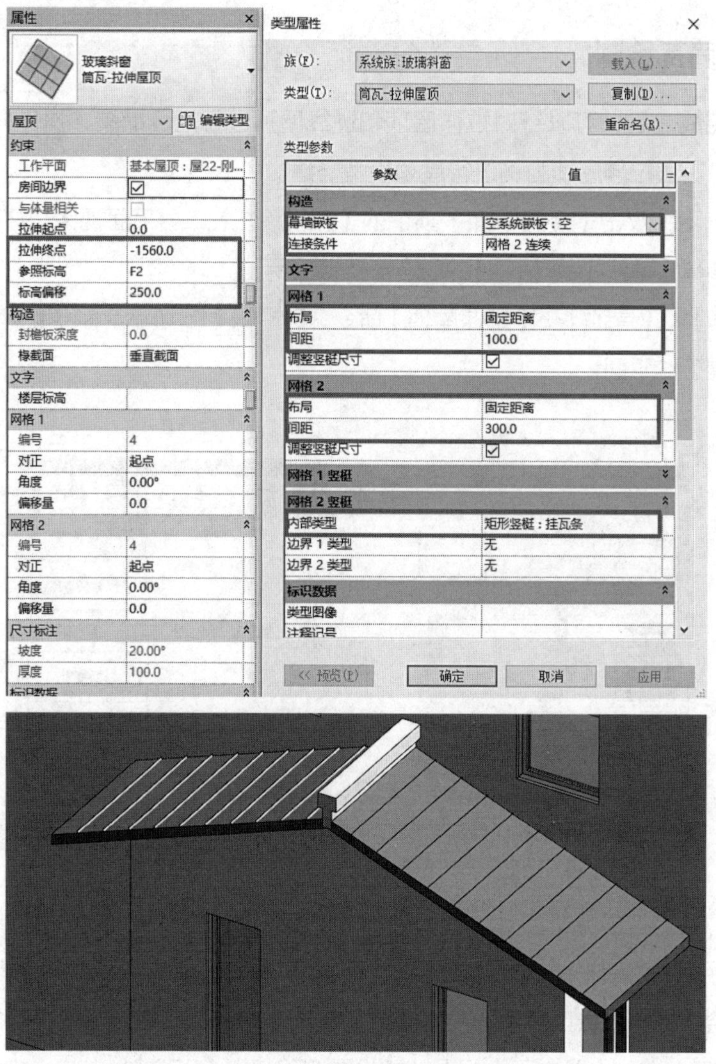

图4-117

转到三维状态下单击屋顶并单独隔离出来【快捷键 -HI】,利用幕墙竖梃进行筒瓦添加（筒瓦分为顶瓦与底瓦）。

步骤一：首先将绘图界面以俯视的角度进行观察，然后单击【建筑】→【构建】→【竖梃】,依次从左向右进行放置（顶瓦为奇数，底瓦为偶数），如图 4-118 所示。

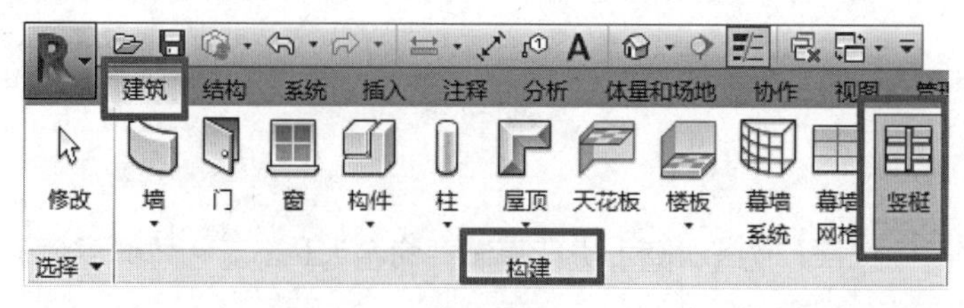

图4-118

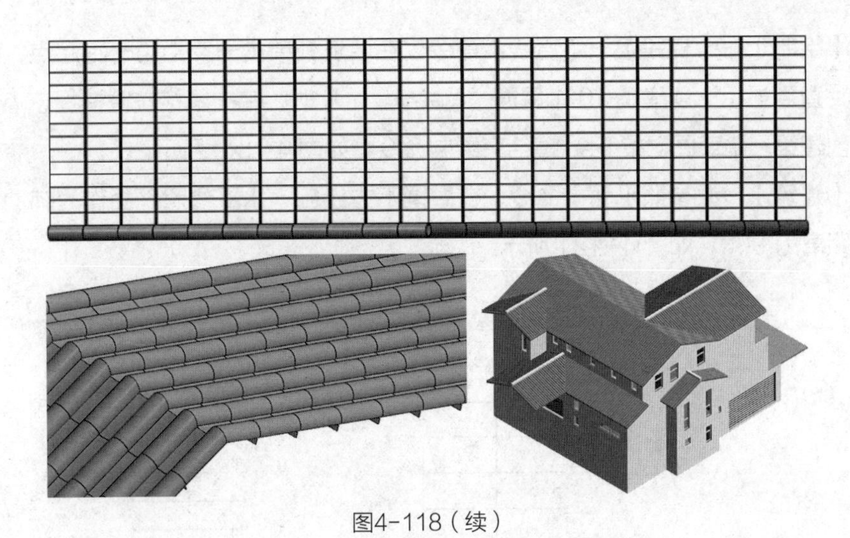

图4-118（续）

注意：以拉伸屋顶为例对其他两个迹线屋顶进行筒瓦屋顶绘制（方法与拉伸屋顶的方法一致）。

4.9 绘制楼梯、扶手及台阶

本章节采用功能命令和案例讲解相结合的方式，详细介绍了扶手楼梯和坡道的创建和编辑的方法，并对项目应用中可能遇到的各类问题进行了细致的讲解。

4.9.1 建室外楼梯

在项目浏览器中双击【楼层平面】项下的【F1】，打开一层平面视图。

单击【建筑】→【楼梯】→【楼梯（按草图）】命令，进入绘制草图模式。设置楼梯【实例属性】，选择楼梯类型为【整体浇筑楼梯】，设置楼梯的【底部标高】为【-F1-1】，【顶部标高】为【F1】、【宽度】为【1150】、【所需踢面数】为【20】、【实际踏板深度】为【280】，如图4-119所示。

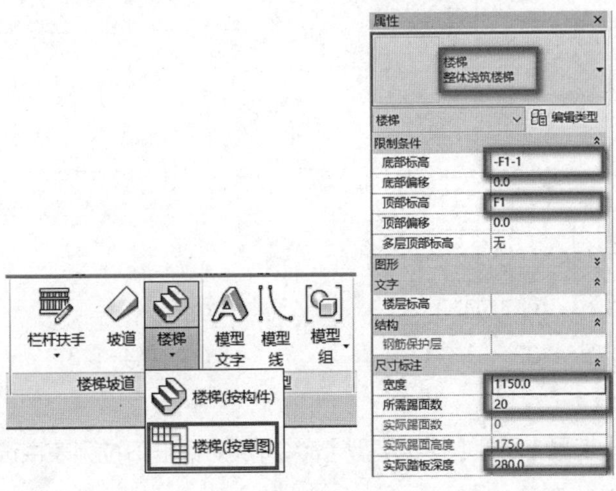

图4-119

单击【绘制】→【梯段】→【直线】命令，在建筑外单击一点为第一跑起点，垂直向下移动光标，直到显示【创建了 10 个踢面，剩余 10 个】时，单击鼠标左键捕捉该点作为第一跑终点，创建第一跑草图。按 Esc 键结束绘制命令，如图 4-120 所示。

单击【建筑】→【参照平面】命令，在草图下方绘制一水平参照平面作为辅助线，改变临时尺寸距离为 900，如图 4-121 所示。

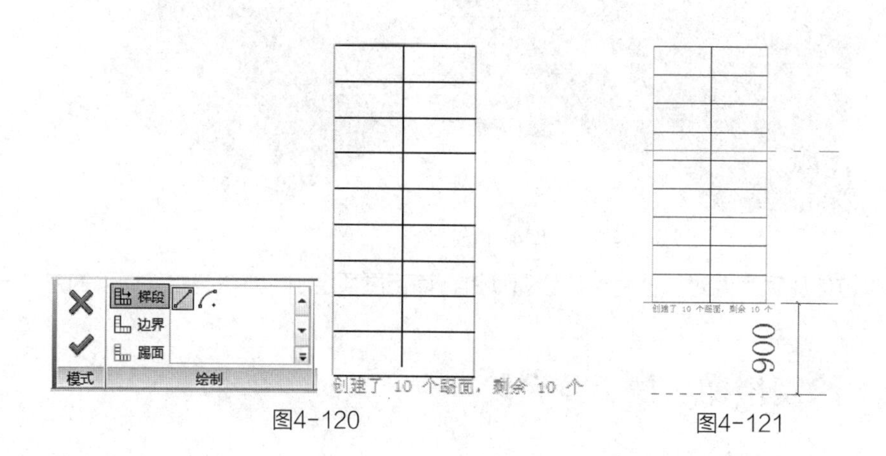

图4-120　　图4-121

继续选择【梯段】→【直线】命令，移动光标至水平参照平面上与梯段中心线延伸相交位置，当参照平面亮显并提示【交点】时单击捕捉交点作为第二跑起点位置，向下垂直移动光标到矩形预览框之外单击鼠标左键，创建剩余的踏步，结果如图 4-122 所示。

框选刚绘制的楼梯梯段草图，单击选项栏中【移动】命令，将草图移动到 5 轴【外墙 9-保温 - 无机建筑涂料 40 厚】外边缘位置如图 4-123 所示位置。

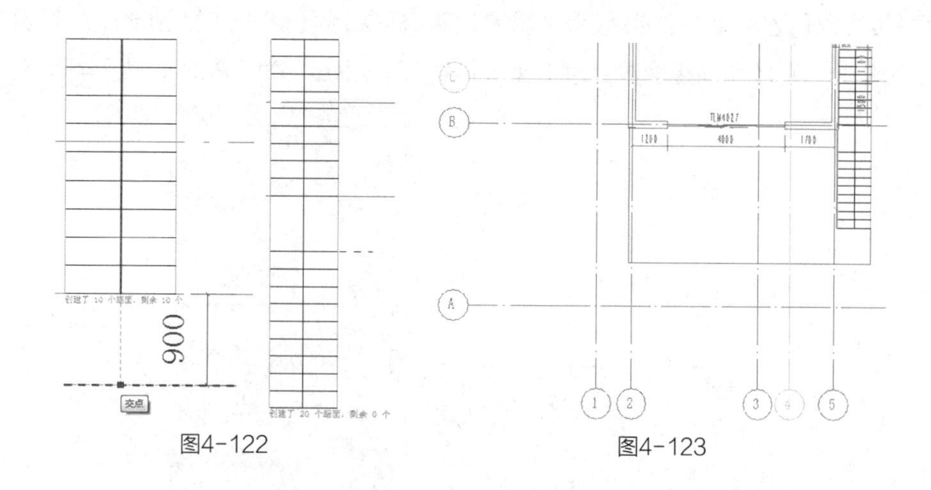

图4-122　　图4-123

扶手类型：单击【工具】面板【扶手类型】命令，从对话框下拉列表中选择扶手类型：栏杆 - 金属立杆，如图 4-124 所示。

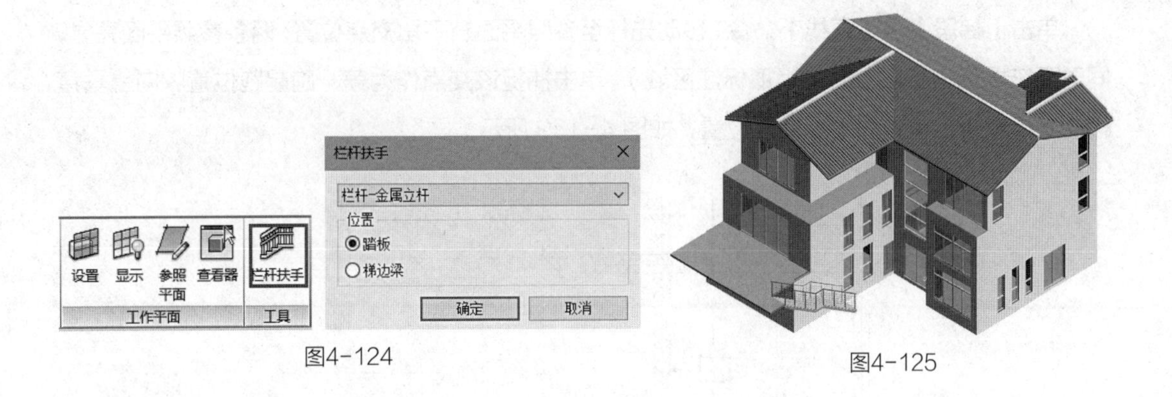

图4-124　　　　图4-125

单击【完成楼梯】完成创建室外楼梯，结果如图 4-125 所示。

4.9.2　创建室内楼梯

双击项目浏览器中【楼层平面】项下【-F1】，打开地下一层平面视图。

单击【建筑】→【楼梯】→【楼梯(按草图)】命令，进入绘制草图模式。单击【建筑】→【参照平面】命令，在地下一层如图 4-126 所示位置绘制四条参照平面。

接下来设置楼梯属性，在类型选择器中选择楼梯类型为【整体式楼梯】，设置楼梯的【底部标高】为【-F1】，【顶部标高】为【F1】，梯段【宽度】为【1150】、【所需踢面数】为【19】、【实际踏板深度】为【260】，如图 4-127 所示。

单击【编辑类型】打开【类型属性】对话框，在【梯边梁】项中设置参数【楼梯踏步梁高度】为【80】，【平台斜梁高度】为【100】，在【材质和装饰】项中设置楼梯的【整体式材质】参数为【C_ 钢筋砼 C30】，如图 4-128 所示。设置完成后单击【确定】关闭所有对话框。

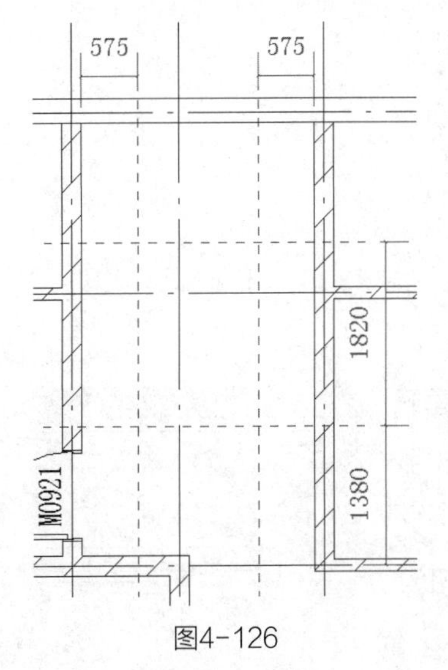

图4-126

属性	
楼梯 整体浇筑楼梯	
楼梯	编辑类型
限制条件	
底部标高	-F1
底部偏移	0.0
顶部标高	F1
顶部偏移	0.0
多层顶部标高	无
图形	
文字	
结构	
尺寸标注	
宽度	1150.0
所需踢面数	19
实际踢面数	0
实际踢面高度	173.7
实际踏板深度	260.0

图4-127

图4-128

单击【梯段】→【直线】命令，移动光标至参照平面右下角交点位置，两条参照平面亮显，同时系统提示【交点】时（矩形标注区域），单击捕捉该交点作为第一跑起跑位置，向上垂直移动光标至右上角参照平面交点位置，如图 4-129 所示。

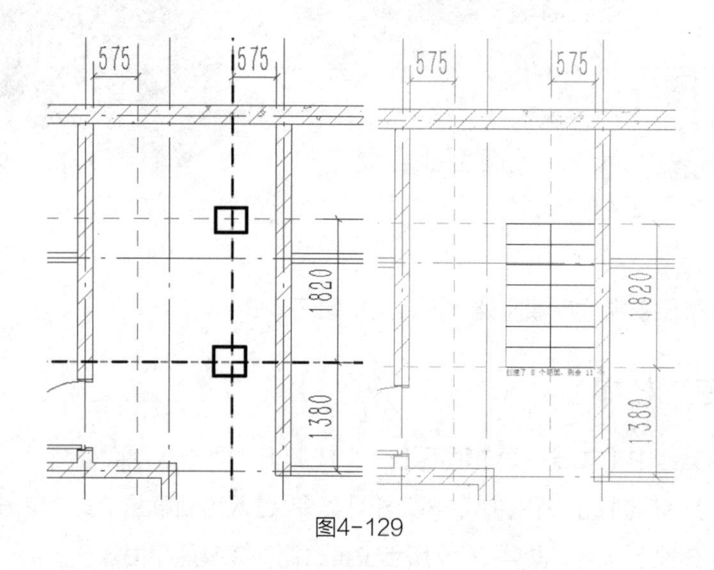

图4-129

移动光标到左上角参照平面交点位置，单击捕捉作为第二跑起点位置。向下垂直移动光标到矩形预览图形之外单击捕捉一点，系统会自动创建休息平台和第二跑梯段草图，如图 4-130 所示。

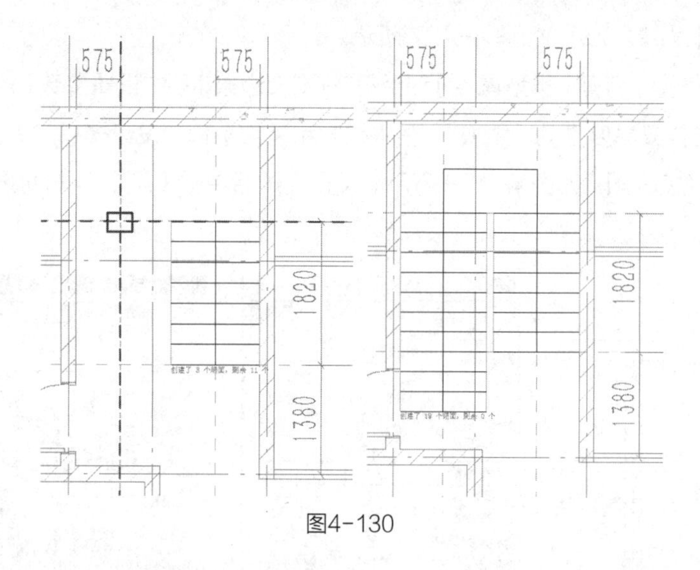

图4-130

扶手类型：单击【工具】面板【栏杆扶手】命令，从对话框下拉列表中选择需要的扶手类型。本案中选择【1100mm】的扶手类型，如图 4-131 所示。

图4-131

单击选择楼梯顶部的绿色边界线，鼠标拖拽其和顶部墙体内边界重合，如图 4-132 所示。

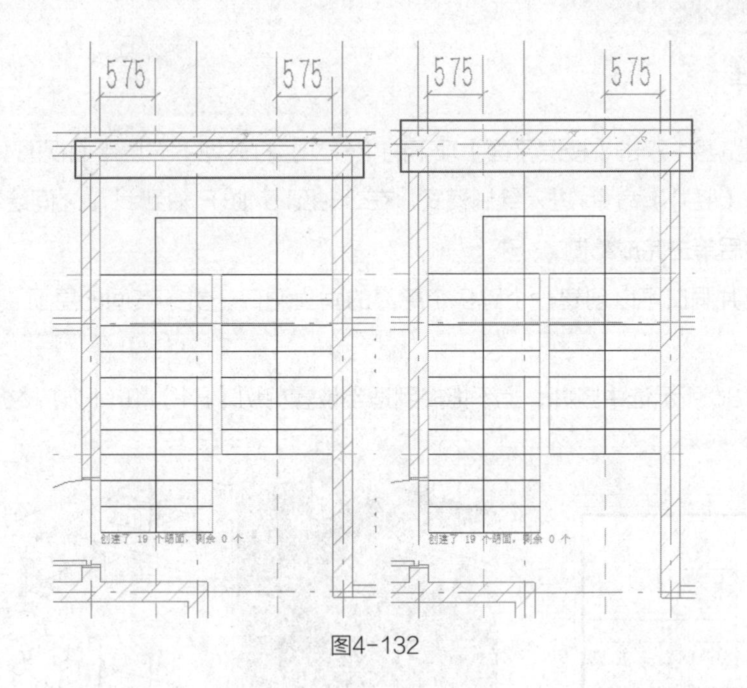

图4-132

单击【完成】命令，如图 4-133 所示。

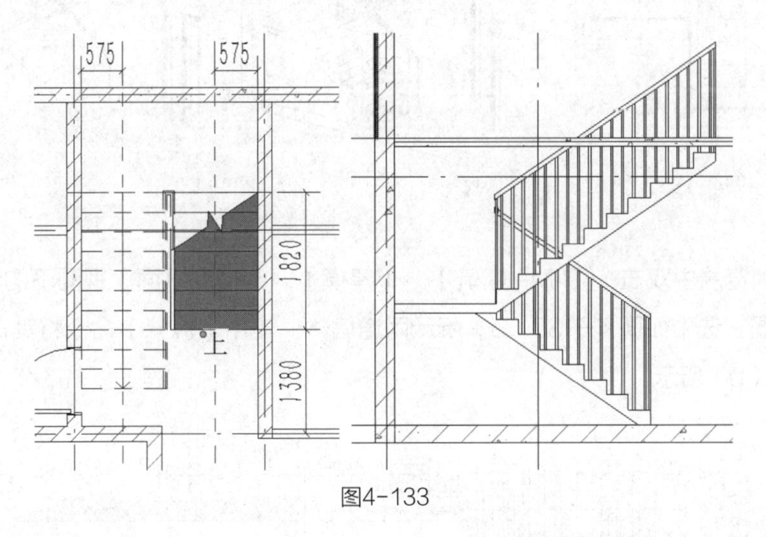

图4-133

4.9.3　绘制多层楼梯

在项目浏览器中双击【楼层平面】项下的【-F1】,打开地下一层平面视图。设置楼梯【实例属性】，如图 4-134 所示，设置参数【多层顶部标高】为【F2】，完成绘制多层楼梯并保存文件。

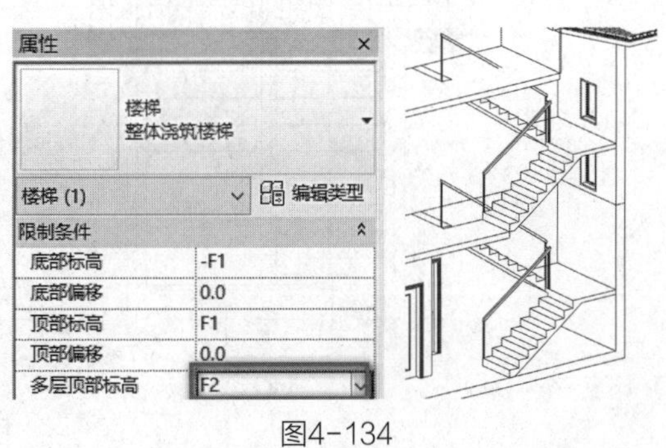

图4-134

4.9.4 竖井

在项目浏览器中双击【楼层平面】项下的【-F1】,打开地下一层平面视图。单击【建筑】→【洞口】→【竖井】命令,进入绘制模式。在3轴到5轴,F轴到H轴之间绘制如图4-135所示竖井，然后单击完成绘制。

注意：竖井洞口可以创建一个跨多个标高的垂直洞口，贯穿其间的屋顶、楼板和天花板进行剪切。

如图4-136所示选中竖井，上下拖拽到适当位置剪切【F1】和【F2】楼板。

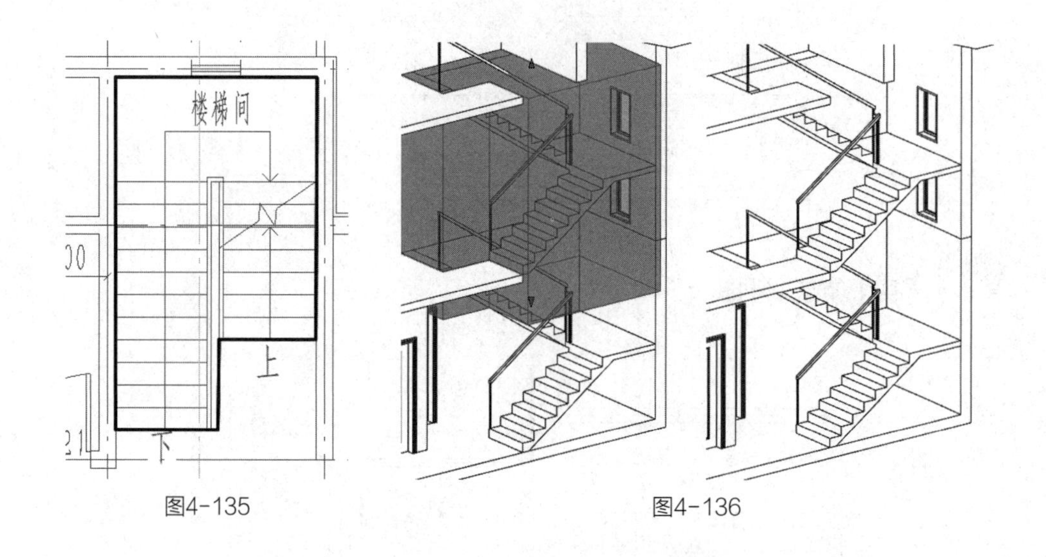

图4-135　　图4-136

在项目浏览器中双击:【BIM_建筑】→【建模】→【楼层平面】视图下的【F2】，打开二层平面视图，选中如图4-137（a）所示两道墙体，使用【拆分】命令将其拆分，完成后如图4-137（b）所示。

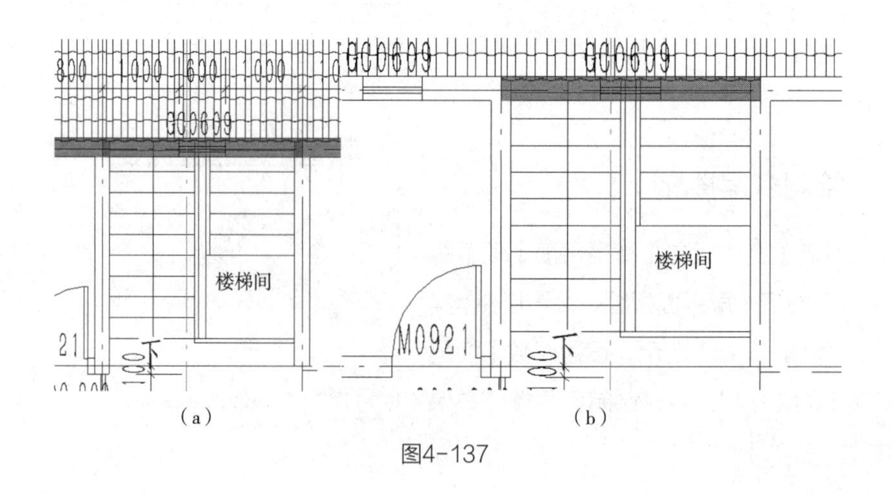

图4-137

选择图 4-137（b）所示墙体，修改其实例属性参数【底部限制条件】为【F2】,【底部偏移】为【900】，完成后如图 4-138 所示。

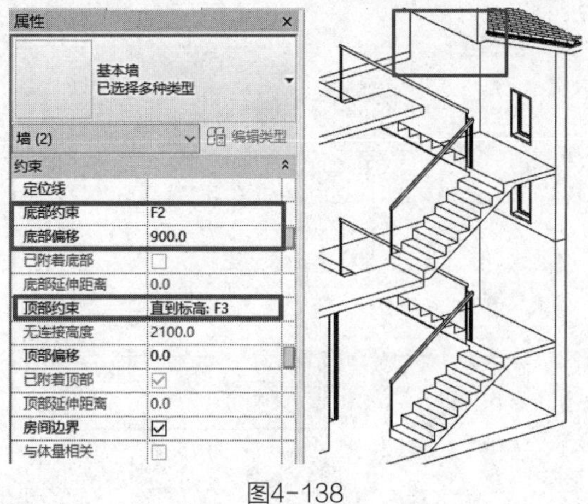

图4-138

4.9.5　编辑栏杆扶手

在项目浏览器中双击：【BIM- 建筑】→【建模】→【楼层平面】视图下的【F1】，打开首层平面视图。

修改室外楼梯的栏杆扶手。分别选择室外楼梯的两道栏杆，在选项栏中单击【编辑路径】命令，进入栏杆编辑草图模式，分别绘制路径如图 4-139（a）所示，单击【完成】命令，结果如图 4-139（b）所示。

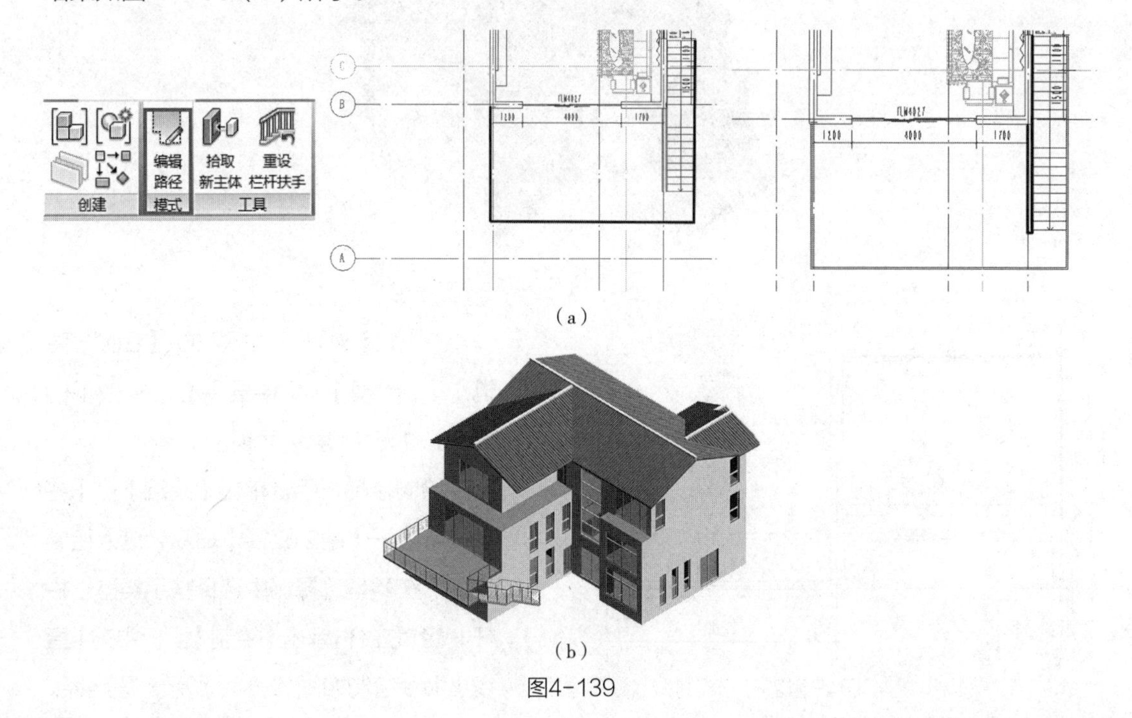

（a）

（b）

图4-139

绘制楼梯扶手。单击【建筑】→【栏杆扶手】→【绘制路径】命令，进入绘制模式。在类型选择器中选择扶手类型：栏杆 - 金属立杆，单击【绘制】面板中的【直线】命令绘制如图 4-140 所示一段路径。

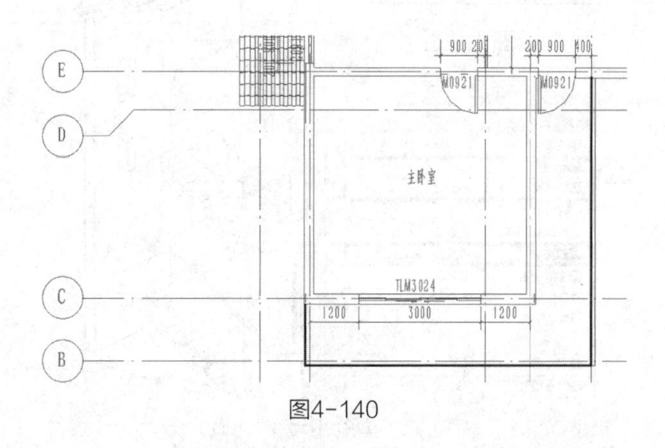

图4-140

同前所述绘制另一段栏杆，完成后模型如图 4-141 所示，保存文件。

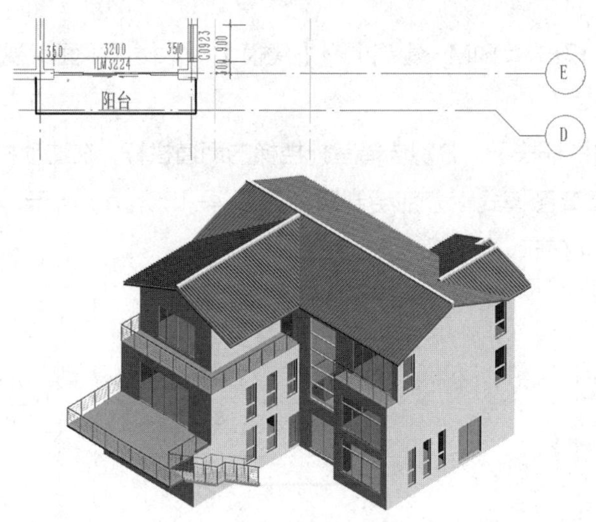

图4-141

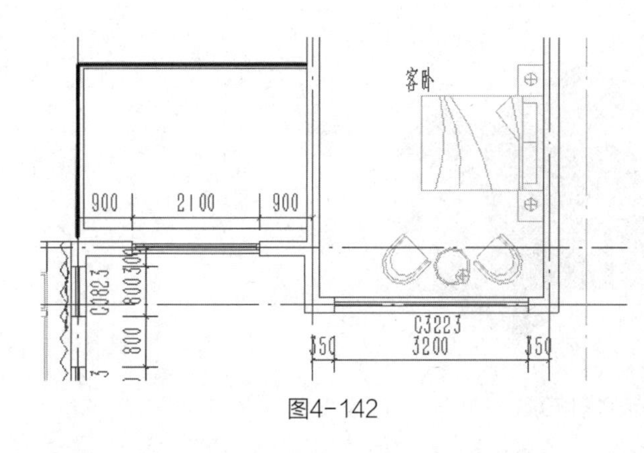

图4-142

在项目浏览器中双击：【BIM- 建筑】-【建模】-【楼层平面】视图下的【F1】，打开首层平面视图。

绘制楼梯扶手。单击【建筑】→【栏杆扶手】→【绘制路径】命令，进入绘制模式。在类型选择器中选择扶手类型：栏杆 - 金属立杆,单击【绘制】面板中的【直线】命令绘制如图 4-142 所示一段路径。

4.9.6 坡道

在项目浏览器中双击【楼层平面】项下的【-F1-1】，打开 -F1-1 平面视图。

单击【建筑】→【坡道】,进入绘制模式。设置【实例属性】参数【底部标高】和【顶部标高】都为【-F1-1】、【顶部偏移】为【200】、【宽度】为【3000】，如图 4-143 所示。

单击【编辑类型】按钮打开坡道【类型属性】对话框，设置参数【最大斜坡长度】为【6000】、【坡道最大坡度（1/X）】为【4】、【造型】为【实体】，如图 4-144 所示。

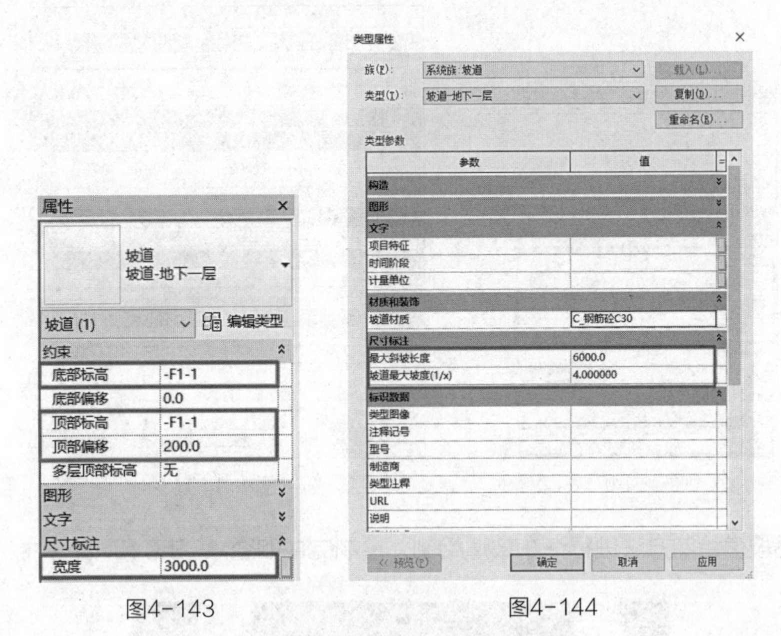

图4-143　　图4-144

单击【栏杆扶手】命令，设置【扶手类型】参数为【无】，单击【确定】，如图 4-145 所示。

移动光标到绘图区域中，从右向左拖拽光标绘制坡道梯段，如图 4-146 所示（可框选所有草图线，将其移动到图示位置）。

单击【完成坡道】命令，创建的坡道如图 4-147 所示。

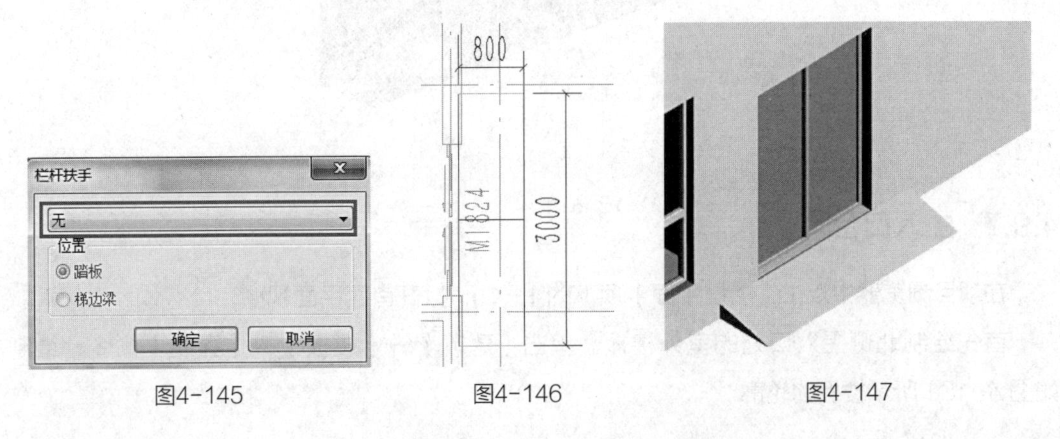

图4-145　　图4-146　　图4-147

单击【建筑】→【坡道】,进入绘制模式。设置【实例属性】参数【底部标高】和【顶部标高】都为【-F1-1】、【顶部偏移】为【200】、【宽度】为【8300】，如图4-148所示。

单击【编辑类型】按钮打开坡道【类型属性】对话框，设置参数【最大斜坡长度】为【1200】、【坡道最大坡度(1/X)】为【4】、【造型】为【实体】，如图4-149所示。

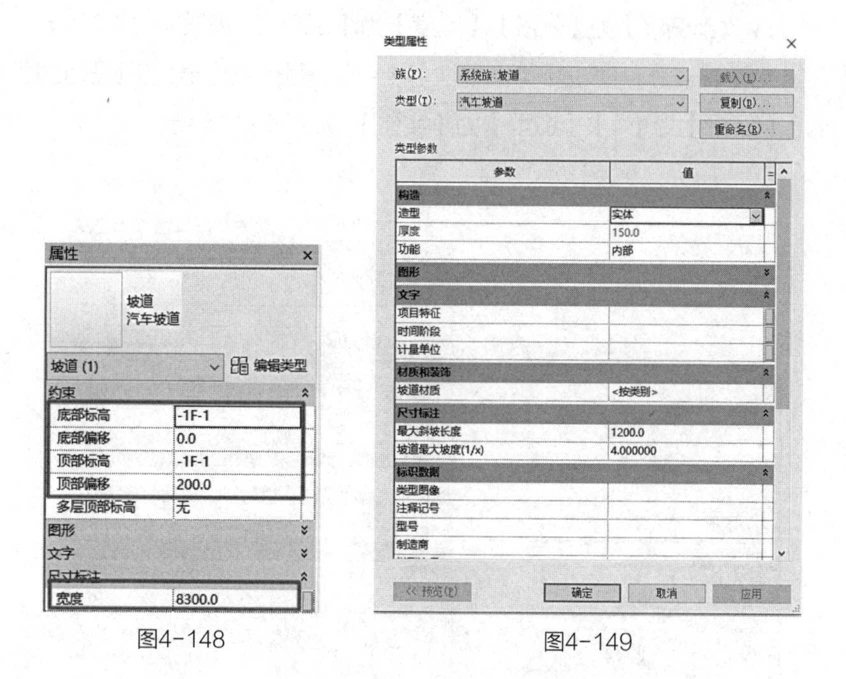

图4-148　　图4-149

依据上述坡道绘制方法进行汽车坡道绘制，绘制完成如图4-150所示，并保存文件。

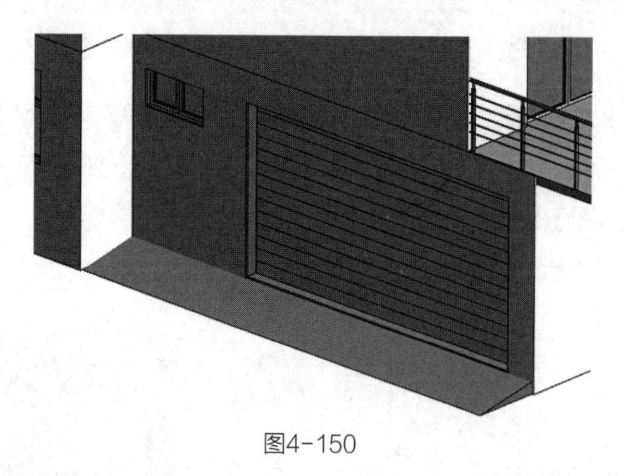

图4-150

4.9.7 主入口台阶

在项目浏览器中双击【楼层平面】项下的【F1】，打开首层平面视图。

首先绘制北侧主入口处的室外楼板。单击【建筑】→【楼板】→【直线】命令，绘制如图4-151所示楼板的轮廓。

根据设计需求，设置楼板属性，选择楼板类型为【无梁板 - 现浇钢筋混凝土 C30-100 厚】单击编辑类型进行复制并命名为【无梁板 - 现浇钢筋混凝土 C30-450 厚】，选择类型参数中的构造 - 结构 - 编辑进行厚度修改为【450 厚】两次确定完成楼板厚度编辑，单击【完成楼板】，完成后的室外楼板如图 4-152（a、b）所示。

打开三维视图，单击【建筑】→【楼板】→【楼板边】命令，在类型选择器中选择【楼板边缘 - 台阶】类型（在此创建轮廓族），如图 4-153 所示。

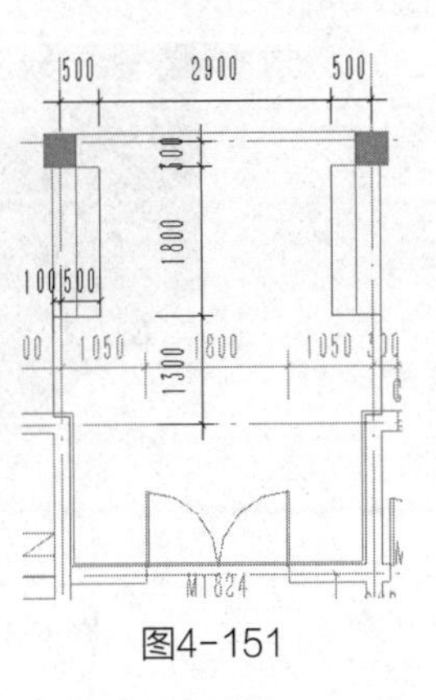

图4-151

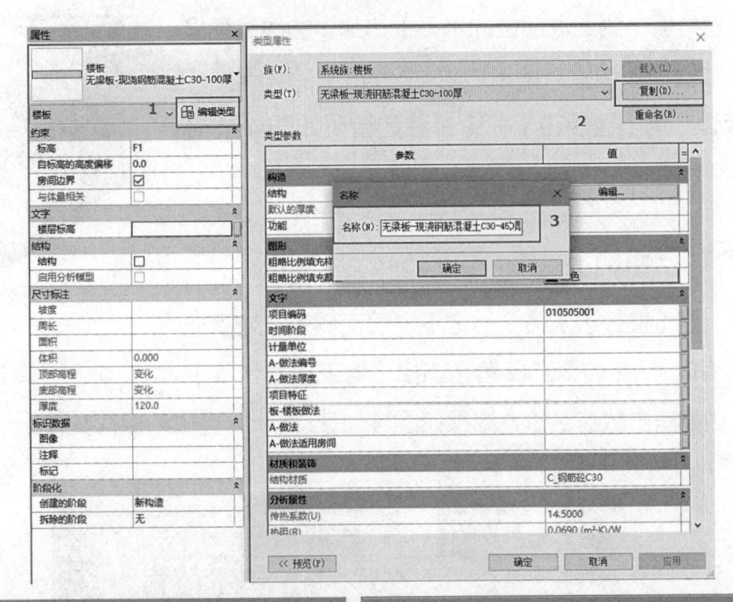

（a）

图4-152

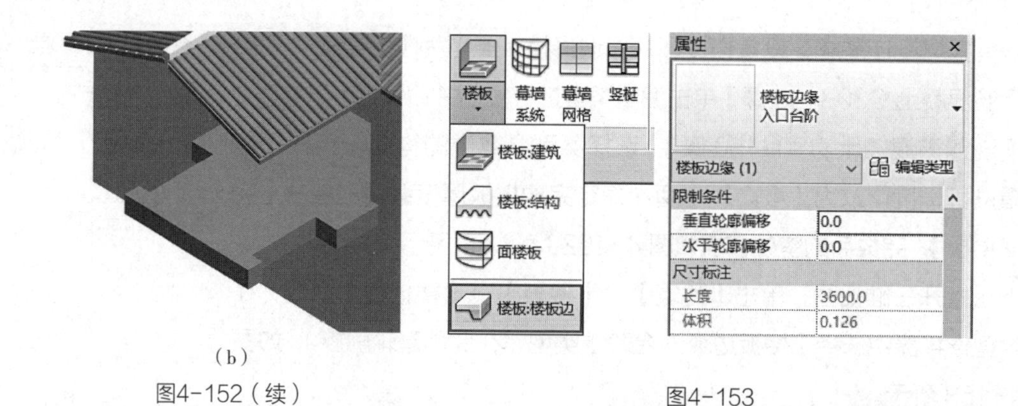

（b）

图4-152（续）

图4-153

移动光标到楼板一侧凹进部位的水平上边缘，边线高亮显示时单击鼠标放置楼板边缘。单击边时，Revit 会将其作为一个连续的楼板边。用【楼板边】命令生成的台阶如图 4-154 所示。

图4-154

4.9.8 地下一层台阶

同样方法，用【楼板边】命令给地下一层南侧入口处添加台阶（创建轮廓族）。在类型选择器中选择【地下一层台阶】，拾取楼板的上边缘单击放置台阶，结果如图 4-155 所示，完成后保存文件。

图4-155

4.10 柱、梁和结构构件

4.10.1 地下一层平面结构柱

在项目浏览器中双击【楼层平面】项下的【-F1-1】，打开 -F1-1 平面视图。

单击【插入】→【从库中载入】→【载入族】→【BM_现浇混凝土矩形柱 -C30、BM_混凝土 - 矩形柱】。

单击【建筑】→【柱】→【结构柱】，在类型选择器中选择柱类型【BM_现浇混凝土矩形柱 -C30：200×400mm】，如图 4-156 单击放置结构柱。

打开三维视图，选择刚绘制的结构柱，在选项栏中单击【附着】命令，再单击拾取一层楼板，将柱的顶部附着到楼板下面，如图 4-157 所示。保存文件。

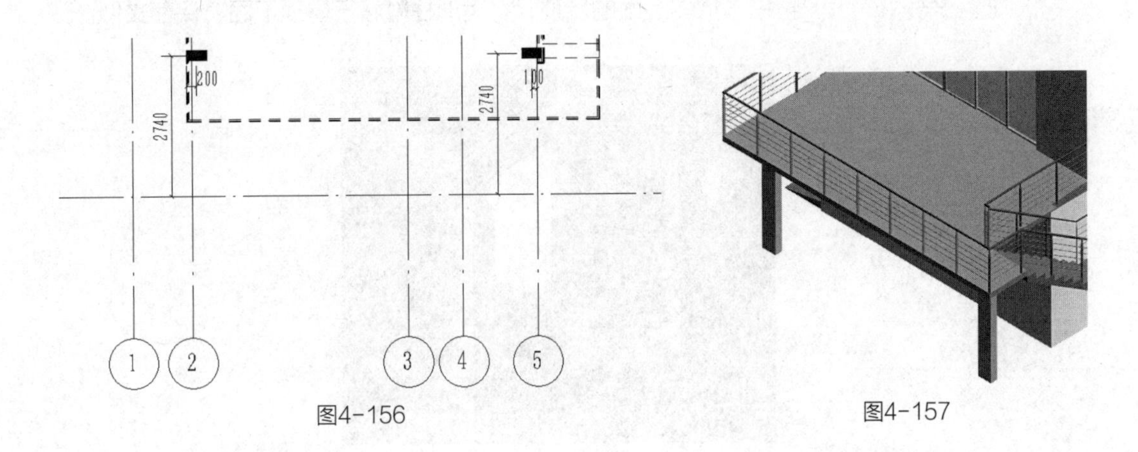

图4-156　　　　图4-157

4.10.2　一层平面结构柱

在项目浏览器中双击【楼层平面】项下的【F1】，打开首层平面视图，创建首层平面结构柱。

单击【建筑】→【柱】→【结构柱】命令，在类型选择器中选择柱类型【BM- 现浇混凝土矩形柱 -C30-350X350mm】，在如图 4-158 所示位置尺寸，在主入口上方单击放置两个结构柱。

选择两个结构柱，设置实例属性参数【底部标高】为【F0】，【顶部标高】为【F1】，【顶部偏移】为【2800】，如图 4-159 所示，单击【应用】。

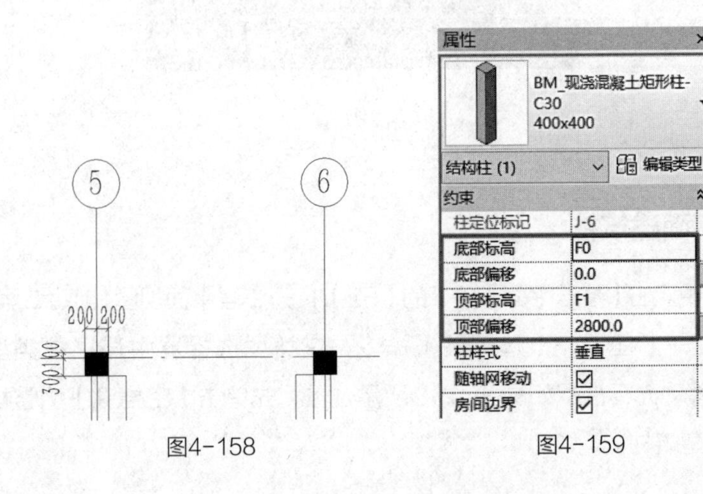

图4-158　　　　图4-159

图4-160

单击【建筑】→【柱】→【建筑柱】命令，在类型选择器中选择柱类型：【矩形柱：250X250mm】，在结构柱上方放置两个建筑柱。放置完成后，设置【底部偏移】为【2800】，如图4-160所示，单击【应用】（放置柱子之后单击柱子可显示标高）。

打开三维视图，选择两个矩形柱，选项栏中单击【附着】命令，【附着对正】选项选择【最大相交】，如图4-161（a、b）所示。再单击拾取上面的屋顶，将矩形柱附着于屋顶下面，保存文件。

（a）

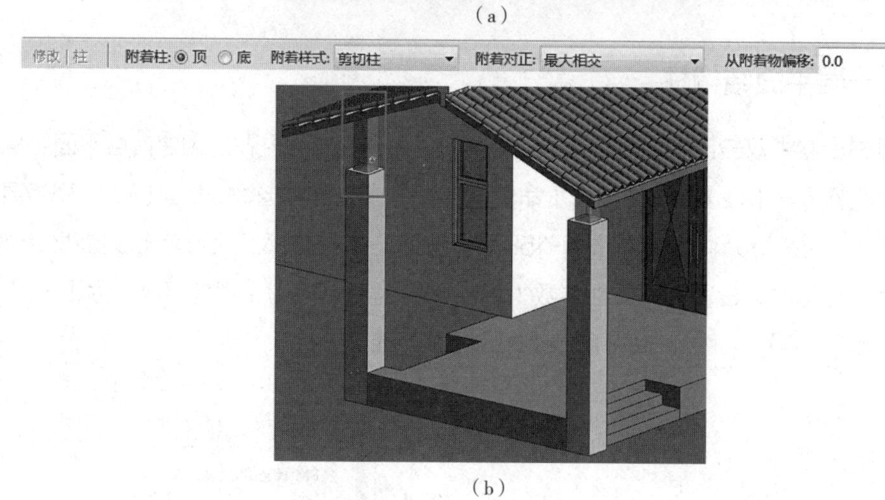

（b）

图4-161

4.10.3 二层平面建筑柱

在项目浏览器中双击【楼层平面】项下的【F2】，打开二层平面视图，创建二层平面建筑柱。

单击【建筑】→【柱】→【建筑柱】命令，在类型选择器中选择柱类型【矩形柱：300X200mm】。移动光标捕捉如图4-162所示位置，先单击【空格键】调整柱的方向，再单击鼠标左键放置建筑柱。

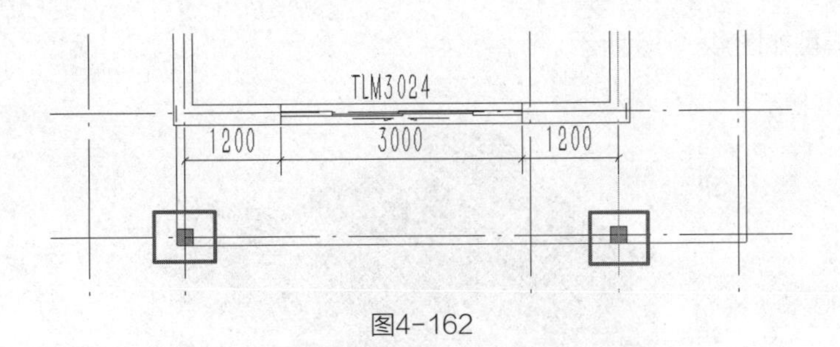

图4-162

完成后的模型如图 4-163 所示，保存文件。

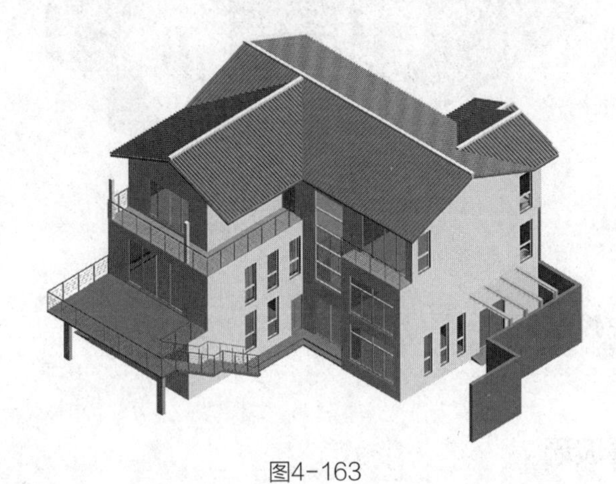

图4-163

4.10.4　室外平台梁

在项目浏览器中双击【楼层平面】项下的【F1】，打开首层平面视图，创建室外平台梁。单击【插入】→【从库中载入】→【载入族】→【BM_ 现浇混凝土矩形梁 -C30】。

单击【结构】→【梁】命令，在类型选择器中选择柱类型【BM_ 现浇混凝土矩形梁：200X400mm】。设置实例参数如图 4-164 所示。

单击绘制【直线】命令，在如图 4-165 位置绘制两道梁，完成后如图 4-165 所示。

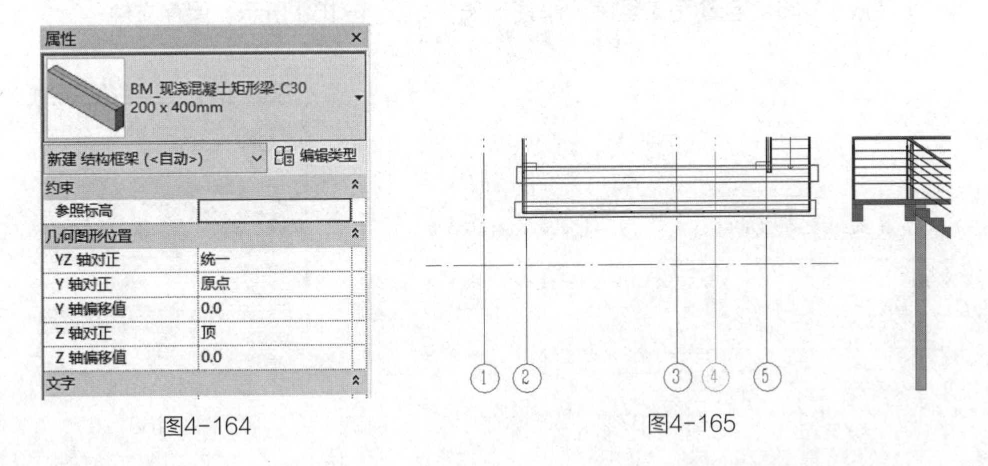

图4-164　　图4-165

最后完成模型如图 4-166 所示。

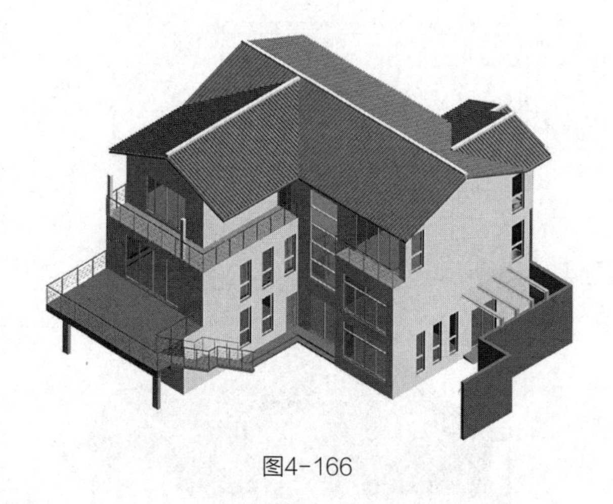

图4-166

4.11 内建模型

4.11.1 二层雨篷玻璃

本案例二层南侧雨篷的创建分顶部玻璃和工字钢梁两部分，顶部玻璃可以用【屋顶】→【玻璃斜窗】快速创建。

在项目浏览器中双击【楼层平面】项下的【F2】，打开二层平面视图。单击【建筑】→【屋顶】→【迹线屋顶】命令，进入绘制屋顶轮廓迹线草图模式。【绘制】面板选择【直线】命令，选项栏取消勾选【定义坡度】选项，如图 4-167 所示绘制屋顶迹线。

设置屋顶属性，在类型选择器中选择屋顶类型为【玻璃斜窗】，设置【底部标高】为【F2】，【自标高的底部偏移】为【2600】，如图 4-168 所示。

单击【完成】命令，创建了二层南侧雨篷玻璃，如图 4-169 所示，保存文件。

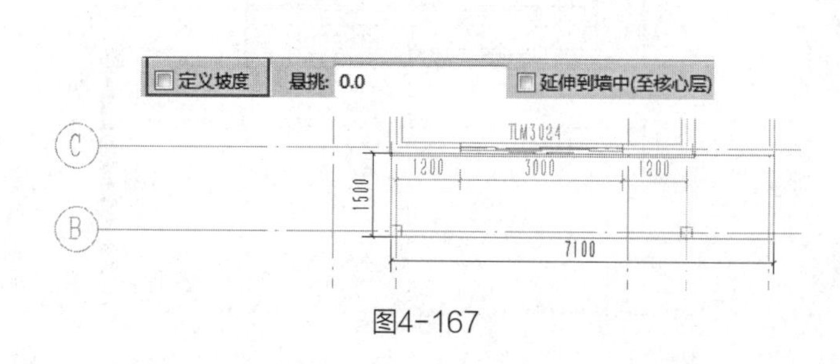

图4-167

图4-168

图4-169

4.11.2　二层雨篷工字钢梁

在项目浏览器中双击【楼层平面】项下的【F2】，打开【F2】平面视图。

单击【建筑】→【构件】→【内建模型】命令，在【族类别和族参数】对话框中选择【屋顶】，并命名为【二层雨篷工字钢梁】，进入族编辑器模式，如图 4-170 所示。

注意：案例中为了柱附着，新建族类别需要设置为【屋顶】或【楼板】。

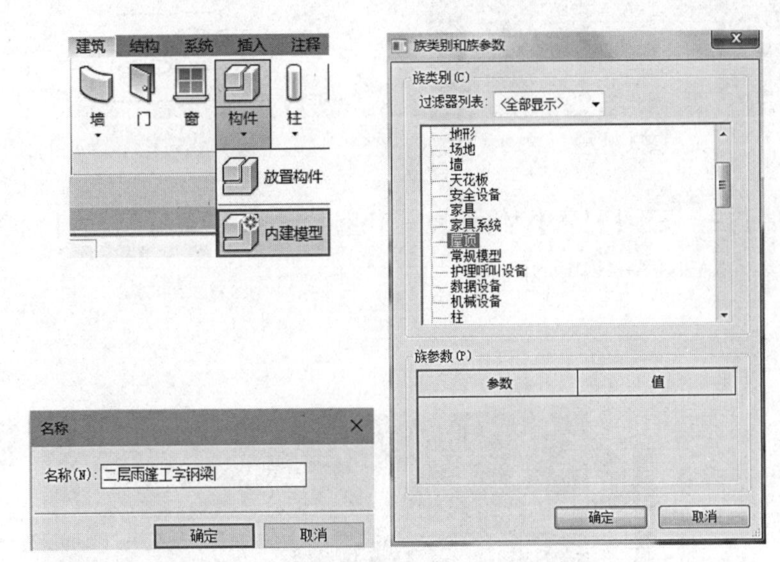

图4-170

转向【三维视图】，单击【创建】→【放样】命令，单击【工作平面】→【设置】，移动光标靠近玻璃斜窗，当玻璃斜窗下表面高亮显示时单击鼠标左键确定，如图 4-171 所示。

单击【绘制路径】→【拾取线】命令，拾取玻璃三个侧面即可，绘制如图 4-172 所示路径，单击✔完成。

双击项目浏览器【立面】项下【南】，进入南立面视图，单击【编辑轮廓】命令，绘制如图 4-173 所示工字钢梁轮廓。

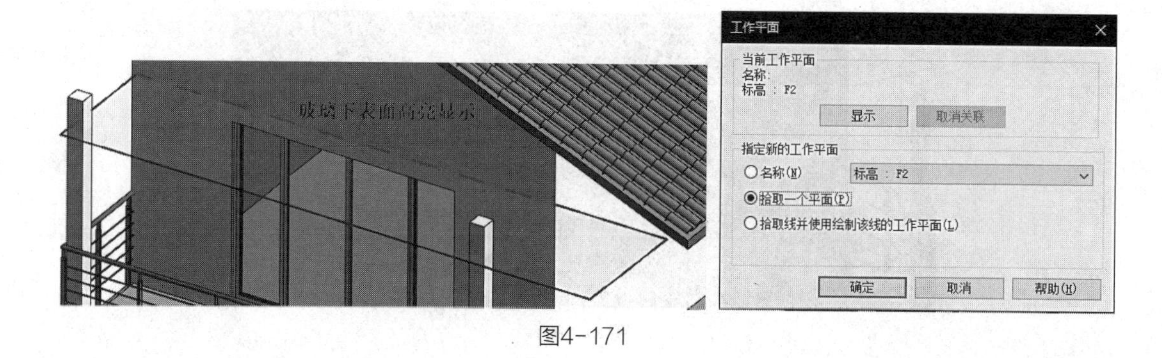

图4-171

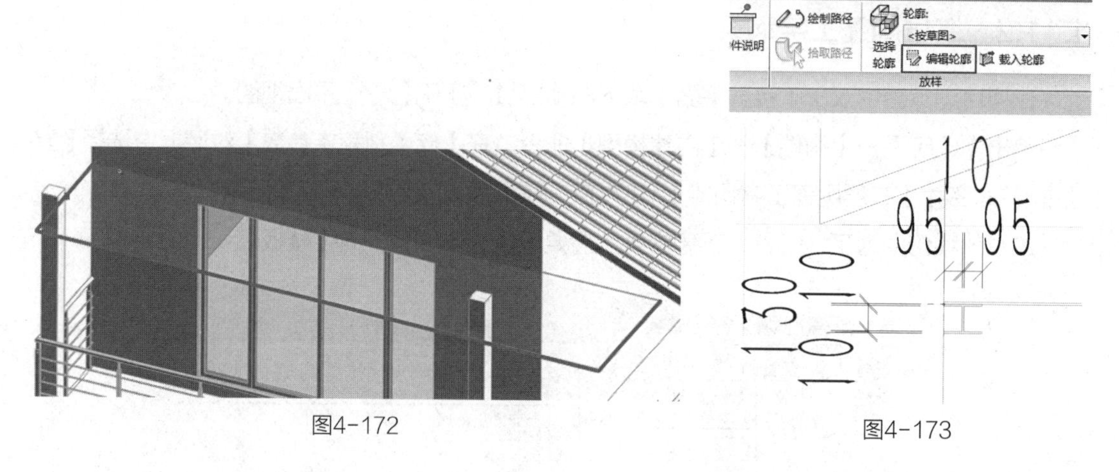

图4-172

图4-173

单击【属性】栏，设置【材质】为【金属 - 不锈钢，抛光】，单击【完成】命令✔，通过放样创建的工字钢梁如图 4-174 所示。

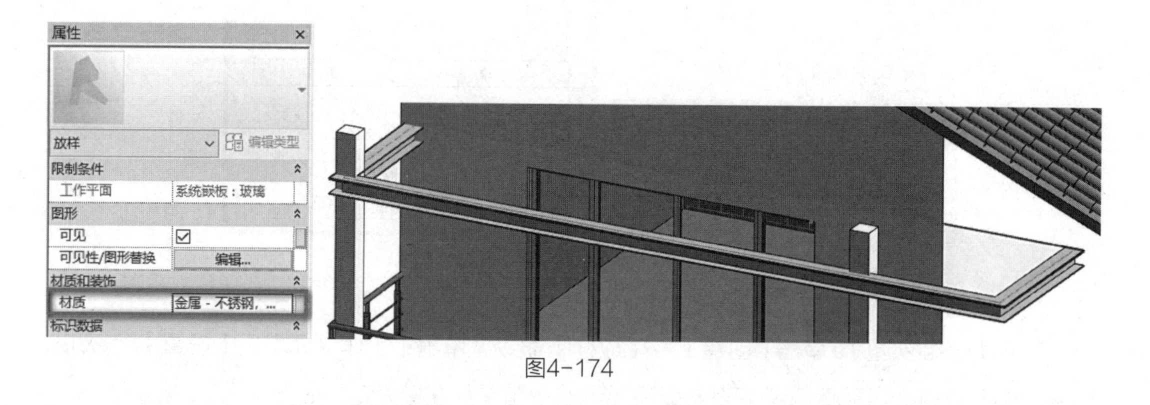

图4-174

在项目浏览器中双击【楼层平面】项下的【F2】，打开【F2】平面视图。单击【创建】→【拉伸】命令，然后单击【工作平面】→【设置】，在弹出的【工作平面】对话框中选择【拾取一个平面】项，在【F2】视图中单击拾取 B 轴，如图 4-175 所示在弹出的【进入视图】对话框中选择【立面 : 建筑 - 南】，单击【打开视图】切换至南立面视图。

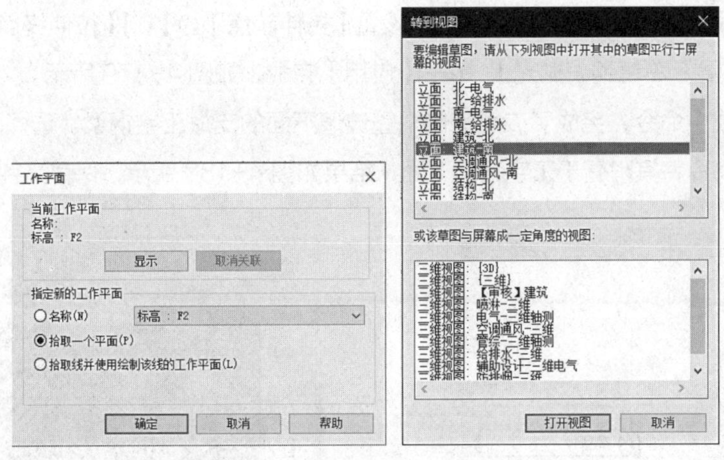

图4-175

在【绘制】面板中选择【直线】命令，并按照上述绘制的工字钢轮廓绘制，如图 4-176 所示工字钢的轮廓。

单击【完成】命令✔，拉伸创建的工字钢梁如图 4-177 所示。

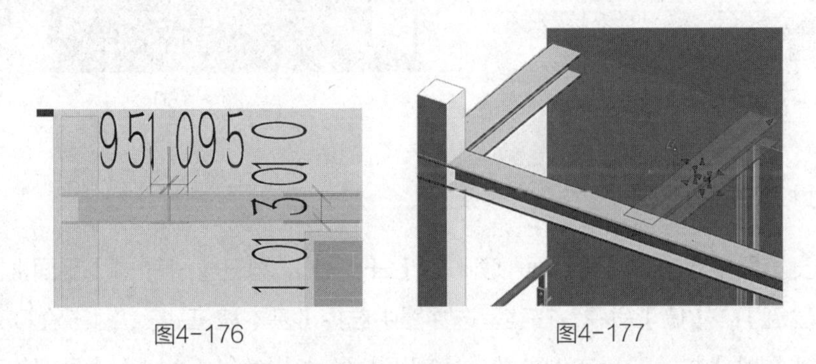

图4-176　　　　图4-177

注意：Revit 中的每个视图都有相关的工作平面。在某些视图（如楼层平面、三维视图、图纸视图）中，工作平面是自动定义的。而在其他视图（如立面和剖面视图）中，必须自定义工作平面。工作平面必须用于某些绘制操作（如创建拉伸屋顶）和在视图中启用某些命令，如在三维视图中启用旋转和镜像。

选择拉伸的工字钢梁，使用【复制】命令，往右复制间距为【1180】的四根工字钢梁，如图 4-178 所示。

图4-178

选择这三根工字钢梁，单击【属性】栏，设置【拉伸起点】为【0】，【拉伸终点】为【1400】，【材质】为【金属 - 不锈钢，抛光】，单击【应用】完成，如图 4-179 所示。

单击【完成】命令，完成了二层南侧雨篷玻璃下面的支撑工字钢梁。选择雨篷下方的柱，使用【附着】命令将其附着于工字钢梁下面，结果如图 4-180 所示，保存文件。

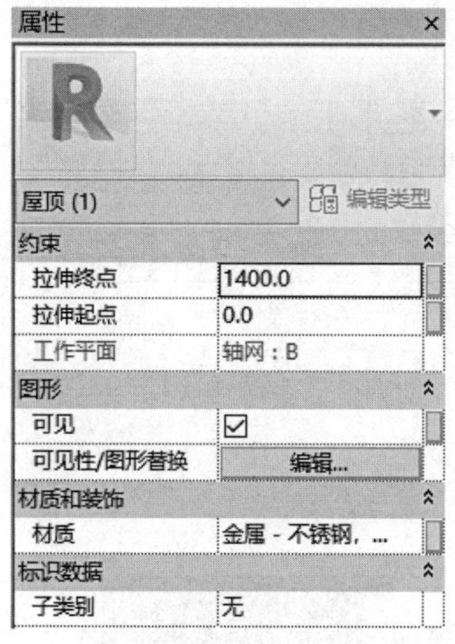

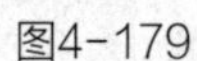

图4-179

图4-180

4.11.3　地下一层雨篷

在项目浏览器中双击“楼层平面”项下的【-F1-1】，打开【-F1-1】平面视图。

单击【建筑】→【墙】命令。在类型选择器中选择【基本墙:基墙 _ 钢筋砼 C30-200 厚】类型，单击【属性】栏，设置实例参数【底部限制条件】为【-F1-1】，【顶部约束】为【直到标高 F1】，单击【应用】。在模型右侧按图 4-181 所示位置绘制 4 面墙体。

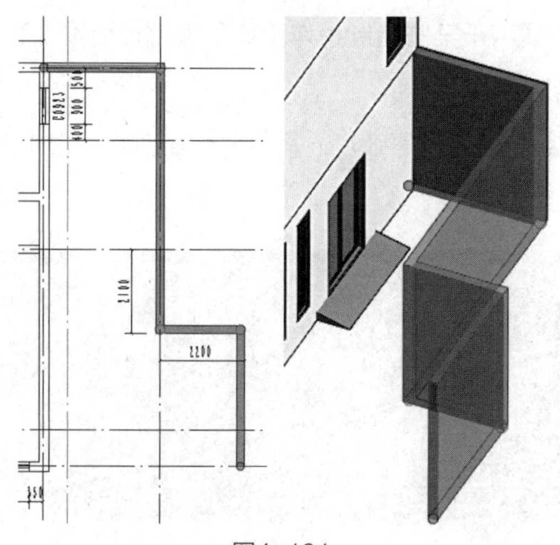

图4-181

接下来绘制雨篷玻璃。单击【建筑】→【屋顶】→【迹线屋顶】命令，进入绘制屋顶轮廓迹线草图模式。【绘制】面板选择【直线】命令，选项栏中取消勾选【定义坡度】选项，如图4-182所示绘制屋顶迹线。

在类型选择器中选择屋顶类型为【玻璃斜窗】，设置【底部标高】为【F1】，【自标高的底部偏移】为【550】，如图4-183所示。

单击【完成】命令，完成创建地下一层雨篷玻璃，保存文件。

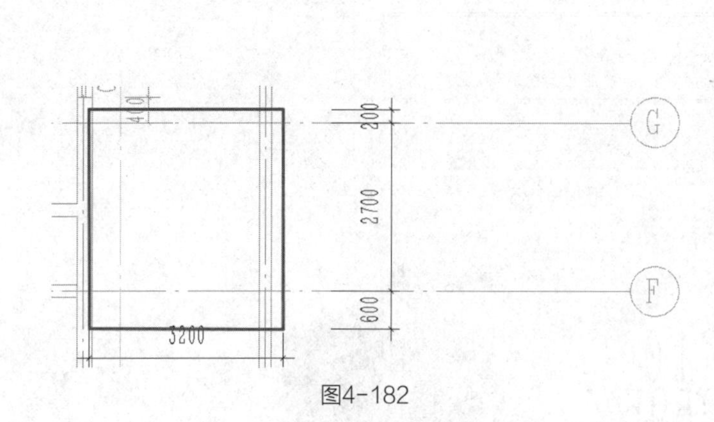

图4-182

图4-183

4.11.4　地下一层雨篷工字钢梁

单击【创建】→【放样】命令，单击【工作平面】→【设置】，在弹出的【工作平面】对话框中选择【拾取一个平面】项，在【-F1-1】视图中单击拾取F轴，如图4-184所示在弹出的【进入视图】对话框中选择【立面：建筑-南】，单击【打开视图】切换至南立面视图。

单击【绘制路径】，绘制如图4-185所示路径，单击【完成】。

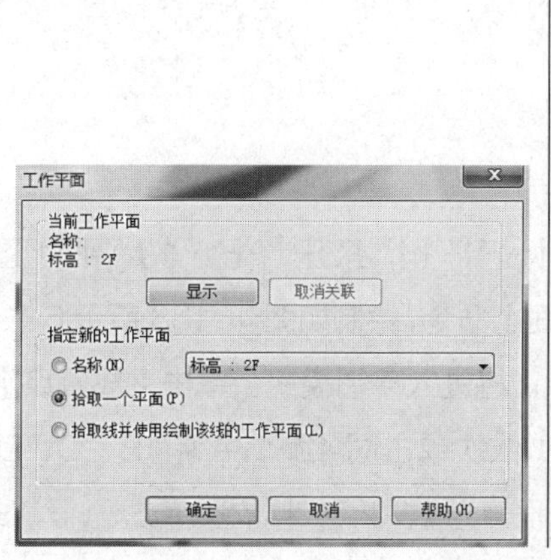

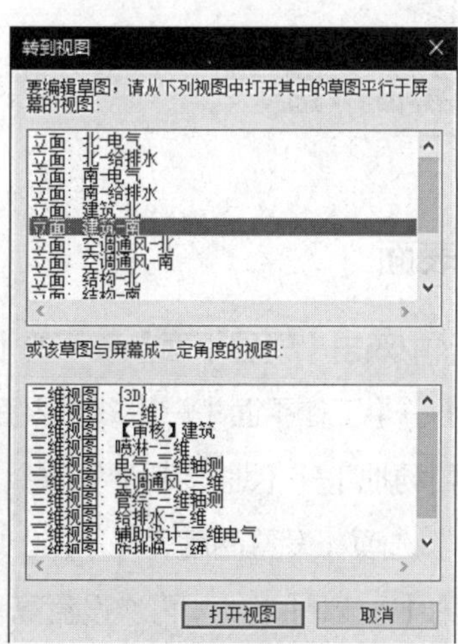

图4-184

单击【编辑轮廓】命令，跳转至窗口【转到视图 - 立面：建筑 - 西】，绘制如图 4-186 所示工字钢梁轮廓，单击【属性】栏，设置【材质】为【金属 - 不锈钢，抛光】，单击【完成】命令。

选择放样的工字钢梁，使用【对齐】命令将其移动到雨篷边缘，使用【复制】命令，往右复制间距为【900】的四根工字钢梁，如图 4-187 所示。

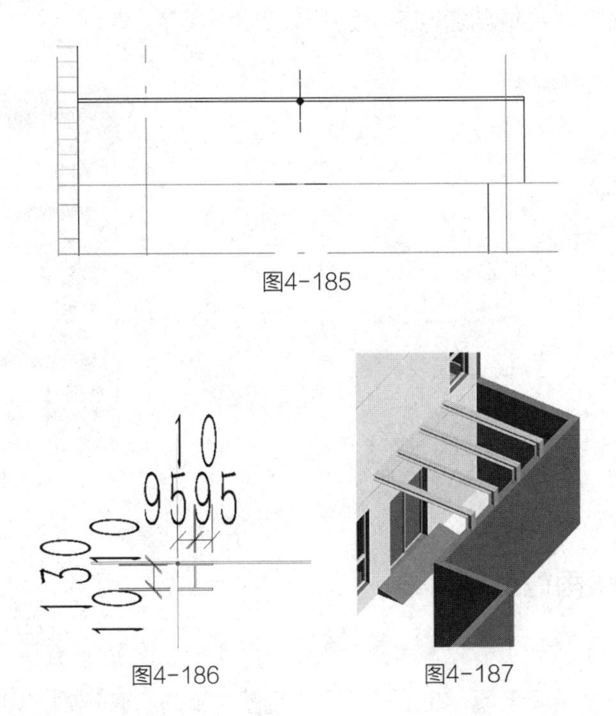

图4-185

图4-186

图4-187

通过本章节的学习，我们将了解场地的相关设置与地形表面、场地构件的创建与编辑的基本方法和相关应用技巧。

4.12 场地布置

4.12.1 地形表面

在项目浏览器中双击【楼层平面】项下的【-F1-1】，打开【-F1-1】平面视图。

单击【建筑】→【工作平面】→【参照平面】命令，绘制如图 4-188 所示 6 条参照平面。

单击【体量和场地】→【地形表面】命令，将进入草图模式。单击【放置点】命令，选项栏显示【高程】选项，设置高程为【-450】依次单击图 42-1 中 A、B、C、D 四点，即放置了 4 个高程为【-450】的点，再次设置高程值为【-3500】，依次单击 E、F、G、H 四点，放置四个高程为【-3500】的点，设置如图 4-189 所示。

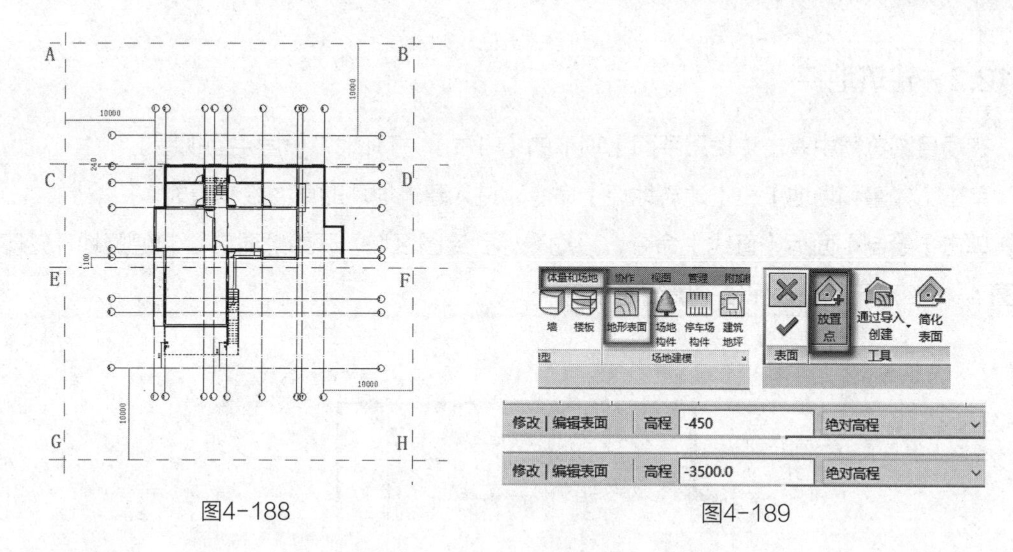

图4-188　　图4-189

单击【属性】栏，设置【材质】为【O_草】，单击【应用】，如图 4-190 所示。

单击【完成】命令创建地形表面，结果如图 4-191 所示，保存文件。

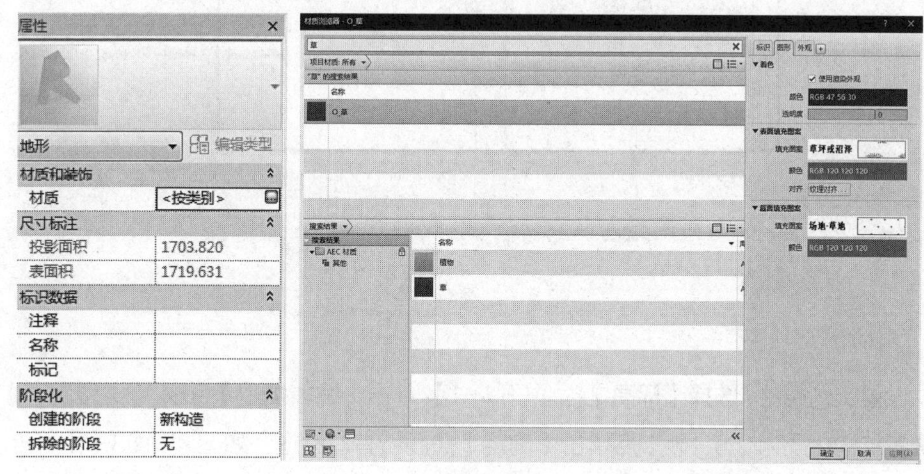

图4-190

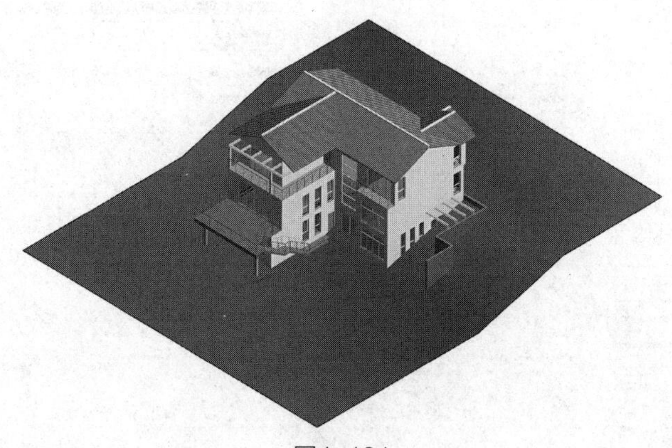

图4-191

4.12.2 建筑地坪

在项目浏览器中双击【楼层平面】项下的【-F1】，打开地下一层平面视图。

单击【体量和场地】→【建筑地坪】命令，进入建筑地坪的草图绘制模式。

单击【绘制】面板【直线】命令，移动光标到绘图区域，开始顺时针绘制建筑地坪轮廓，如图 4-192 所示，必须保证轮廓线闭合。

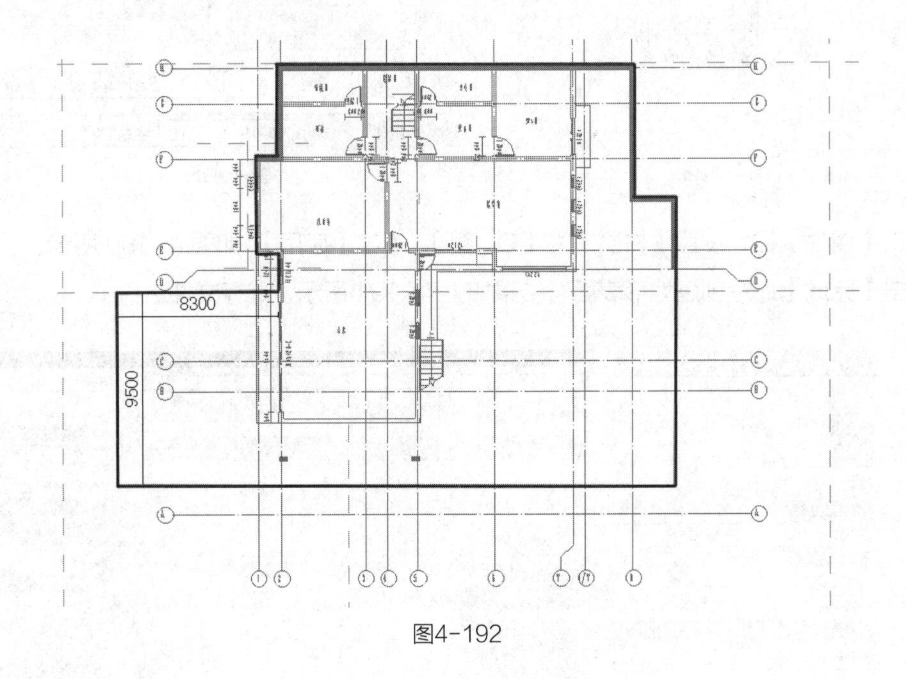

图4-192

设置实例属性，选择【标高】为【-F1-1】，单击【编辑类型】，进入【类型属性】对话框，编辑其结构材质为【S_砂】后单击【确定】关闭所有对话框。如图 4-193（a、b）所示。

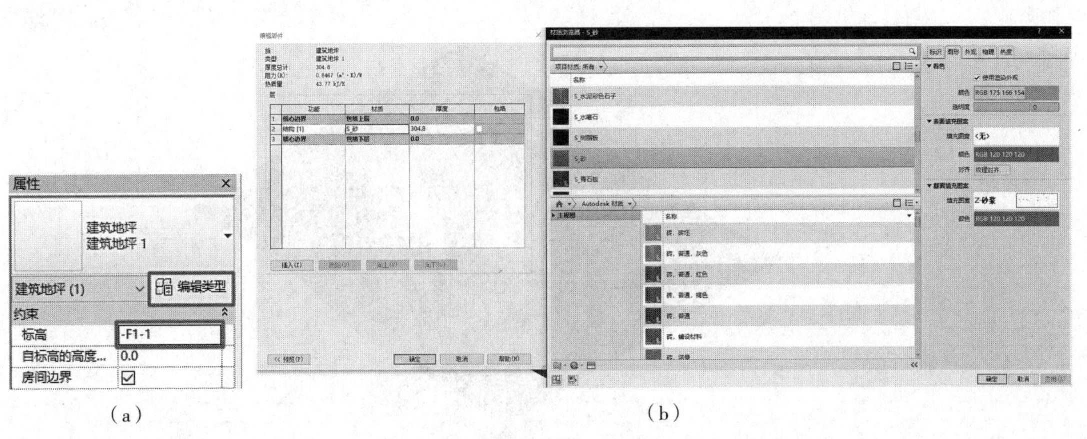

（a） （b）

图4-193

单击【完成】命令创建建筑地坪。如图 4-194 所示，保存文件。

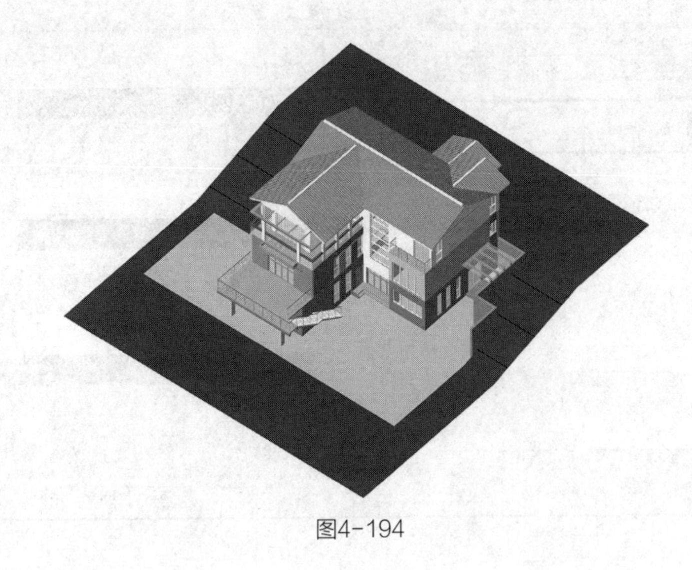

图4-194

4.12.3　地形子面域（道路）

在项目浏览器中双击【楼层平面】项下的【-F1-1】，打开【-F1-1】平面视图。

单击【体量和场地】→【子面域】命令，进入草图绘制模式。单击【绘制】面板【直线】命令，绘制如图 4-195 所示子面域轮廓。

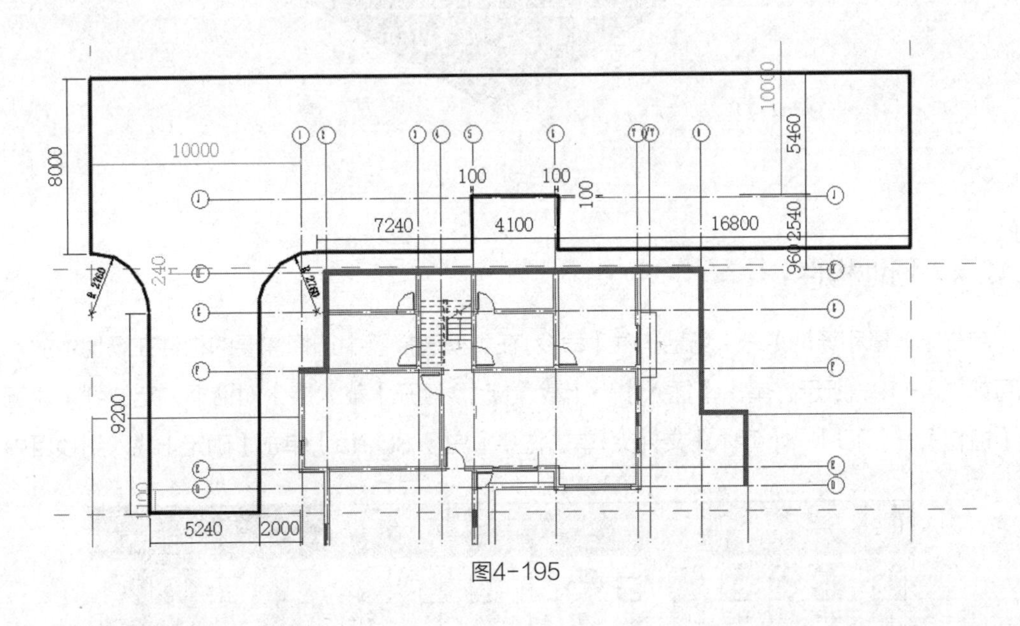

图4-195

单击【属性】栏，设置【材质】为【场地 - 柏油路】，单击【应用】。单击【完成】命令，至此完成了子面域道路的绘制，如图 4-196（a、b）所示，保存文件。

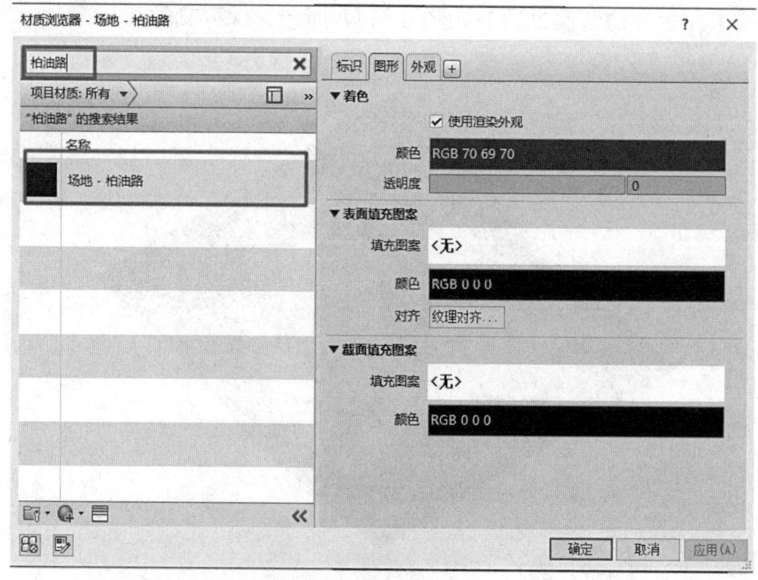

(a)

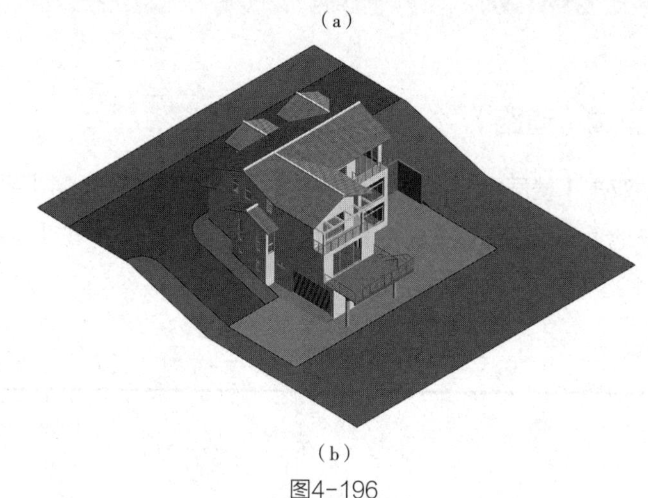

(b)

图4-196

4.12.4 场地构件

单击【体量和场地】→【场地构件】命令，在类型选择器中选择需要的构件在场地中放置。也可如图 4-197 所示，单击【插入】→【载入族】，打开【载入族】对话框，定位到【建筑】→【植物】→【3D】→【乔木】文件夹，单击选择【白杨 3D.rfa】，单击【确定】载入到项目中。

图4-197

在场地中根据自己的需要在道路及别墅周围添加场地构件 - 树。

至此，完成整个小别墅项目案例的模型创建，如图 4-198 所示，保存文件。

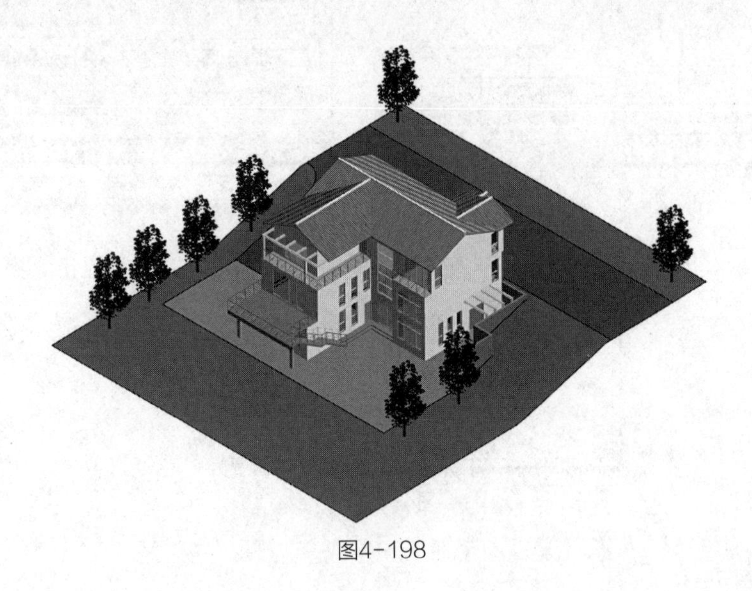

图4-198

4.13 方案图深化

4.13.1 平面图深化

在完成了小别墅模型搭建之后，本节内容讲解如何将搭建的模型转变为方案阶段的平面图进行输出。各楼层平面图处理方法基本一致，本章节以首层平面图为例详细说明。

1）复制相应出图平面

在项目浏览器中选择【楼层平面】项下的【F1】，单击鼠标右键弹出如图所示对话框，单击【复制视图】→【带细节复制】，重命名视图名称为【出图 _1- 首层平面图】，并在属性当中通过视图分类 - 父、子将平面图移动至【出图】项下，如图 4-199 所示。

【复制】【带细节复制】【复制作为相关】的区别

复制：只能复制项目的三维模型文件，而二维标注等注释信息无法进行复制。

带细节复制：可以将项目的三维模型文件和二维标注等注释信息同时复制到“子”视图当中。

复制作为相关：会将项目的模型文件和二维标注复制到【子】视图当中，新复制出来的【子】视图会显示裁剪区域和注释裁剪。在【子】视图中任意添加和修改二维标注，【父】视图也会随着一起改变。

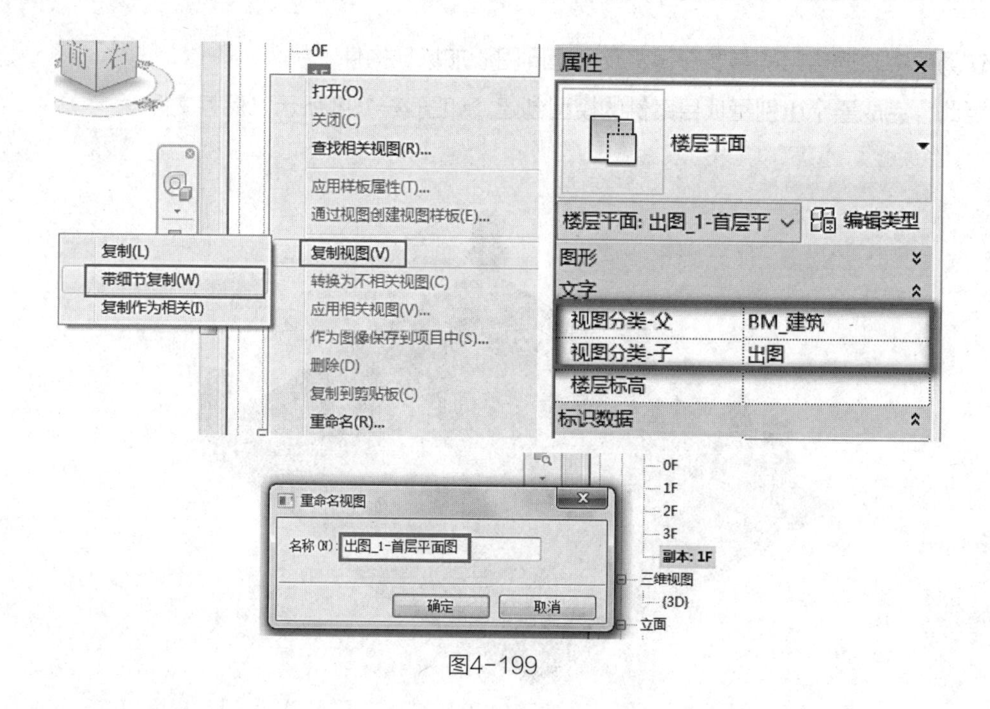

图4-199

2）应用样板属性

在项目浏览器中选择【出图】项下的【出图_1-首层平面图】，单击鼠标右键弹出对话框中，单击【应用样板属性】，弹出如图对话框，单击选择【BM_建-平面图出图】视图样板，如图4-200所示，单击【应用属性】关闭对话框并保存文件。

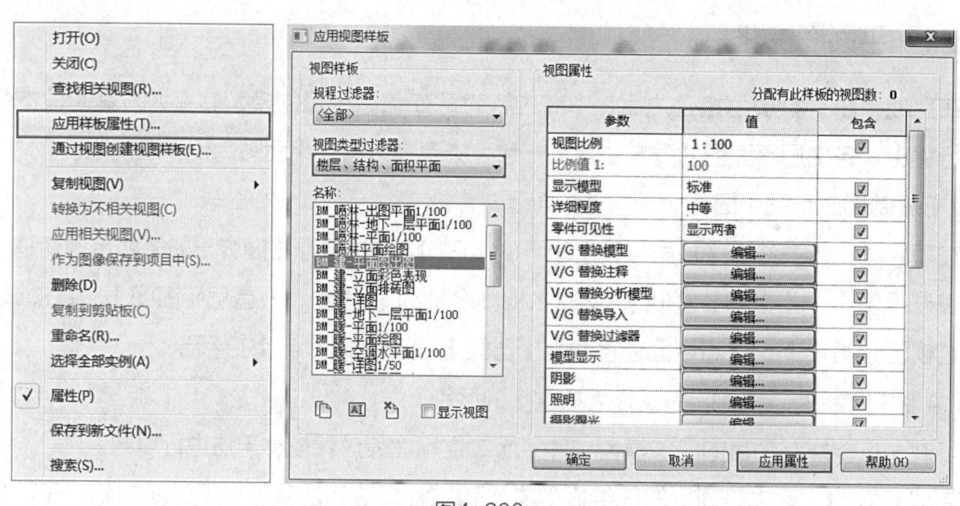

图4-200

注意：柏慕软件设置了多种样板供用户选择。

3）尺寸标注

在项目浏览器中双击【出图】项下【出图_1-首层平面图】，进入视图，使用【过滤器】

命令选择视图中所有轴网，单击选项栏【影响范围】命令，弹出如图所示对话框，选择所有平面视图，如图 4-201 所示，单击【确定】完成。

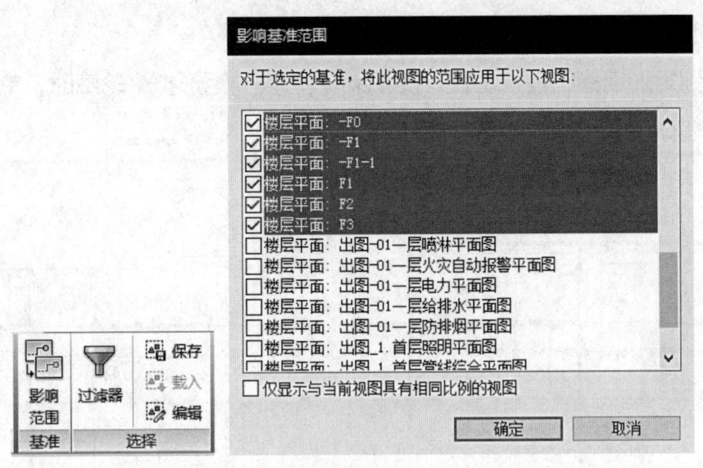

图4-201

为了快速为轴网添加尺寸标注，需要单击【建筑】→【墙】命令，【绘制】面板选择【矩形】命令，从左上至右下绘制如图所示的矩形墙体，保证跨越所有轴网，绘制完成后【Esc】键退出墙体绘制，完成后如图 4-202 所示。

单击【注释】→【尺寸标注】→【对齐】命令，设置选项栏【拾取】为【整个墙】，单击【选项】按钮，在弹出的【自动尺寸标注选项】对话框中，勾选【洞口】【宽度】【相交轴网】选项，如图 4-203 所示。

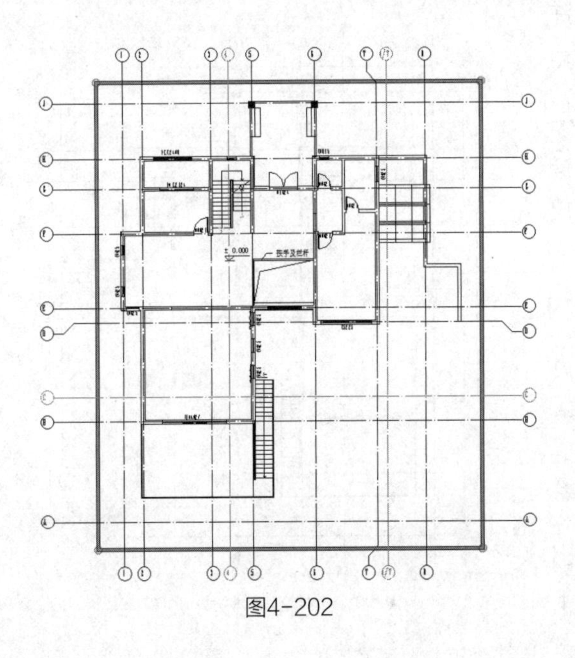

图4-202

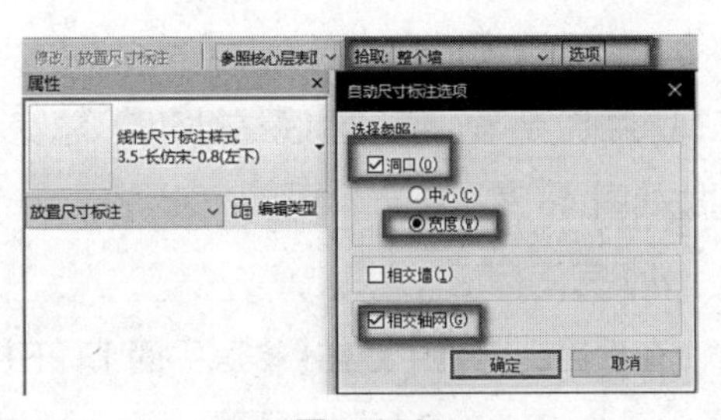

图4-203

在类型选择器中【标注样式】选择【4.4- 长仿宋 -0.8(左下)】【4.4- 长仿宋 -0.8(上右)】，在绘图区域移动光标到刚绘制的矩形墙体一侧单击将创建整面墙以及与该墙所有相交轴网的尺寸标注，在适当位置单击放置尺寸标注，同样的方法借助矩形墙体标注另外三面墙体的轴网，如图 4-204 所示。

移动光标到矩形墙体的任意位置，按 Tab 键切换到矩形整个轮廓时，单击选中矩形轮廓，将选中的四道墙体删除，完成如图 4-205 所示。

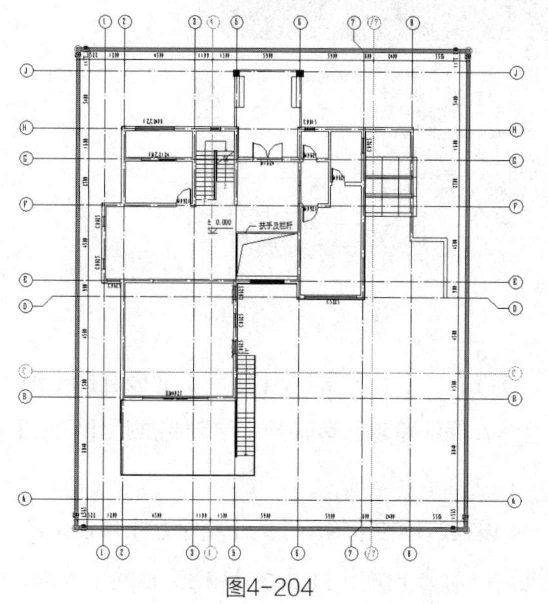

图4-204

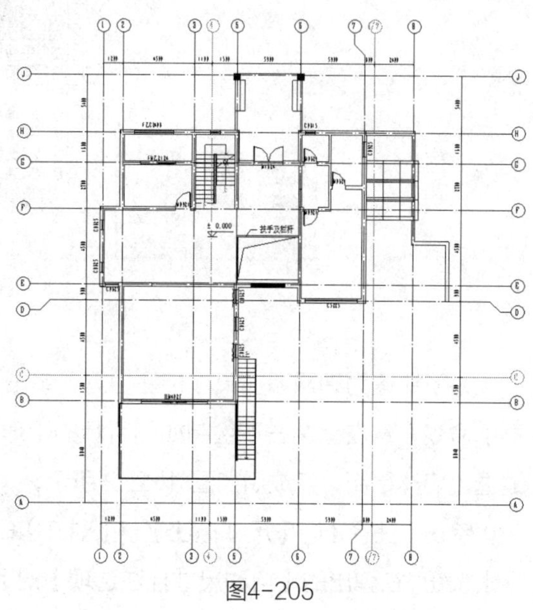

图4-205

注意：在 Revit 中尺寸标注依附于其标注的图元存在，当参照图元删除后，其依附的尺寸标注也被删除，而上步操作中添加的尺寸是借助墙体来捕捉到关联轴线，只有端部尺寸标注依附于墙体存在，所以当墙体删除以后，尺寸标注只有端部尺寸被删除。

单击【注释】→【尺寸标注】→【对齐】命令，设置选项栏【拾取】为【单个参照点】，在视图中绘制第一道尺寸线：总长度、总宽度，完成如图 4-206 所示。

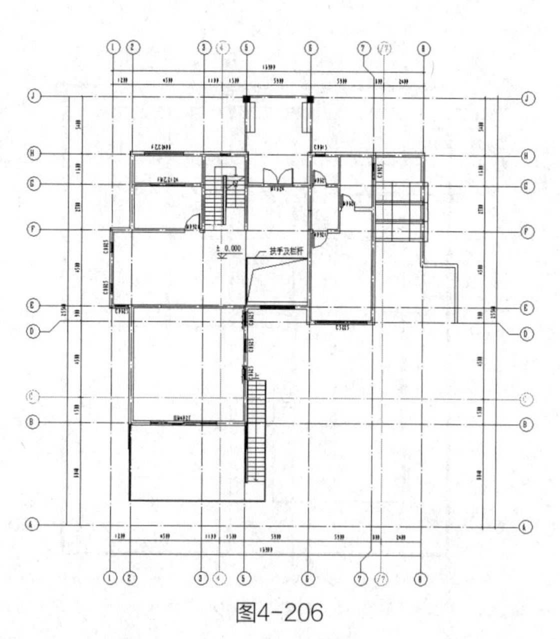

图4-206

4）房间标记

在项目浏览器中双击【楼层平面】项下【出图 _1- 首层平面图】，进入视图，单击选项卡

【建筑】→【房间和面积】→【房间】命令，单击【属性】栏，在类型选择器中选择【BM_ 标记 - 房间：名称】，在视图中的房间放置房间标记，如图 4-207 所示。

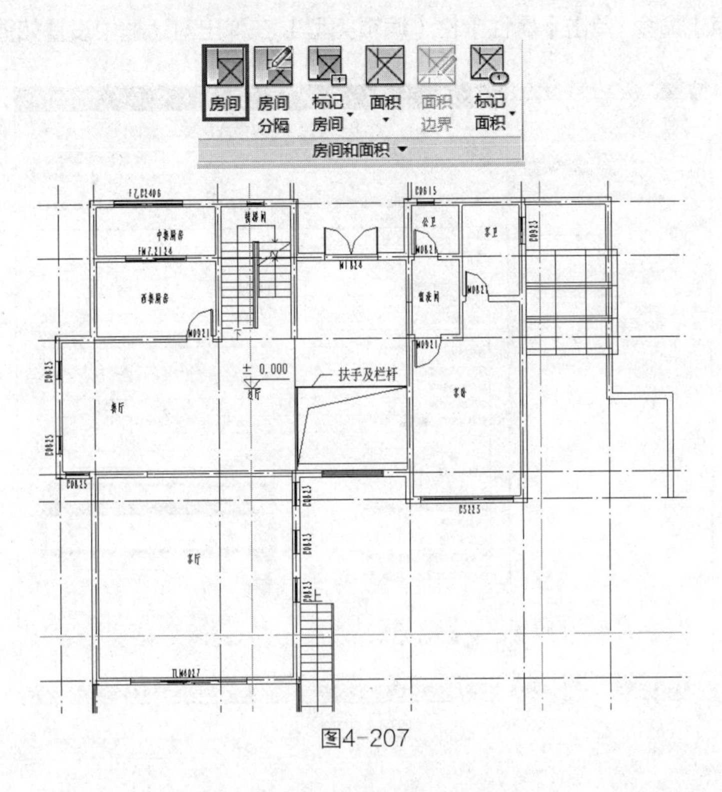

图4-207

对于开敞性房间需要进行【房间分隔】，单击选项栏【建筑】→【房间分隔】命令，【绘制】面板选择【直线】命令，在如图 4-208 所示位置画【房间分隔】。

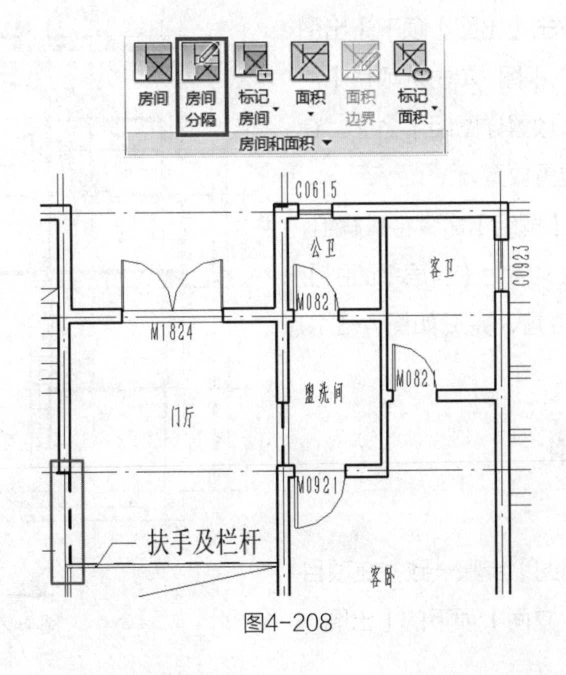

图4-208

5）高程点标注

在项目浏览器中双击【楼层平面】项下【出图 _1- 首层平面图】,进入视图,单击选项栏【注释】→【高程点】命令,单击【属性】栏【编辑类型】,在弹出对话框中设置如图 4-209 所示。

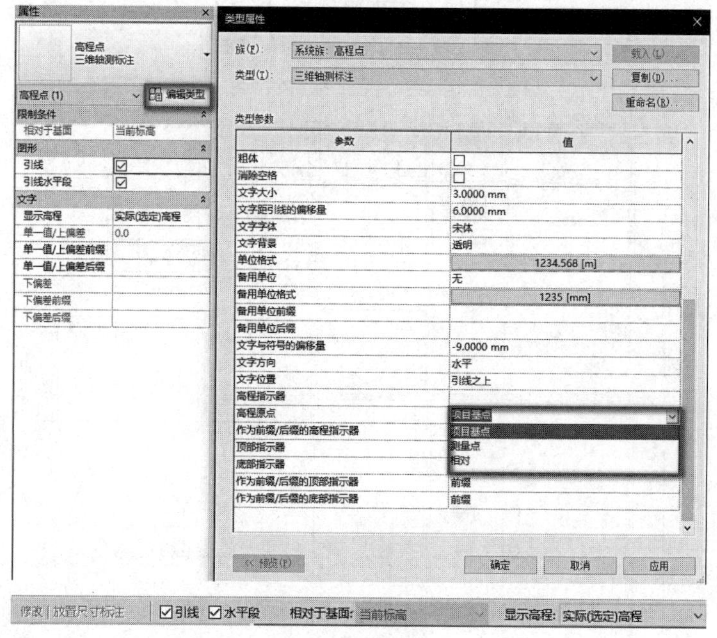

图4-209

在平面视图如图所示位置放置高程点，完成后保存文件。

6）图名标注

在项目浏览器中双击【出图】项下【出图 _1- 首层平面图】, 进入视图, 单击选项栏【注释】→【详图组】→【放置详图组】命令，在平面视图中如图所示位置放置。

选择详图组,单击【解组】命令将其解组,双击【视图名称】修改文字为【首层平面图】,移动【比例】至适当位置，完成如图 4-210 所示。

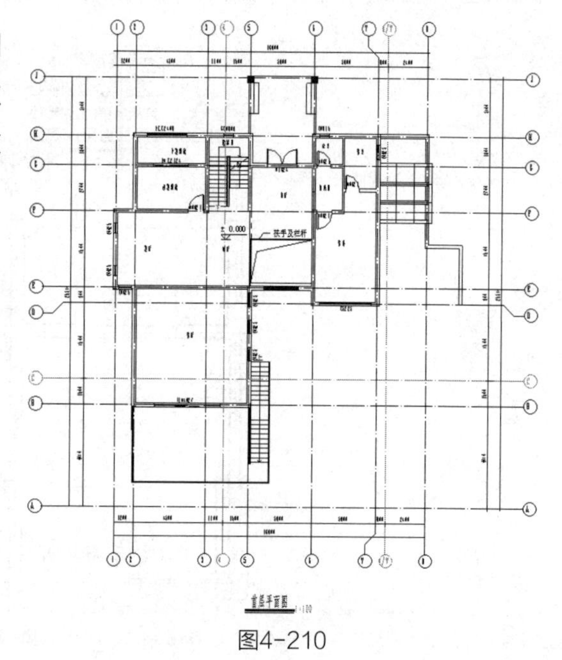
图4-210

4.13.2 立面图深化

1）应用视图样板

同上述【首层平面图】步骤一致，在项目浏览器中选择【出图 - 立面】项下的【出图 _

建筑－东】，进入视图，单击鼠标右键弹出对话框中，单击【应用样板属性】，弹出如图 4-211 所示对话框，单击选择【BM_ 建－立面图出图】视图样板，单击【应用属性】关闭对话框保存文件。

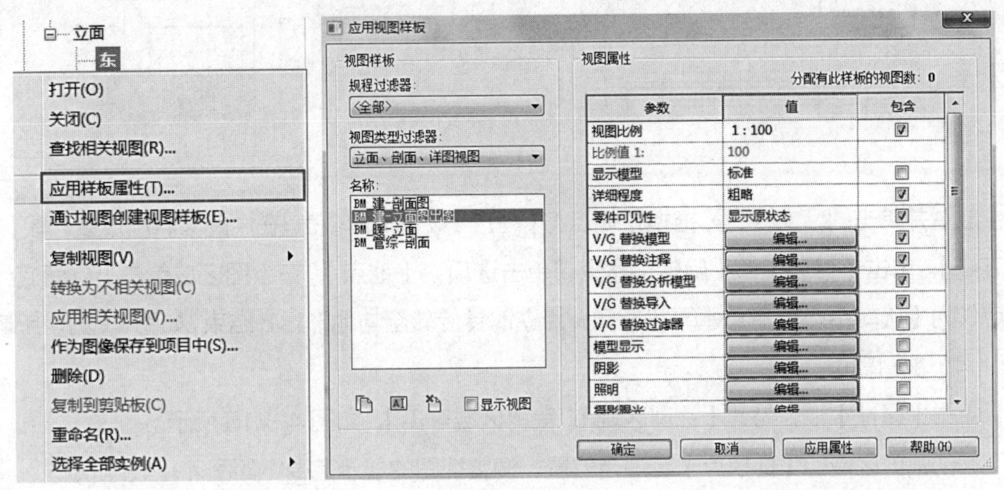

图4-211

2）尺寸标注

（1）尺寸标注

单击【注释】→【尺寸标注】→【对齐】命令，在类型选择器中【标注样式】选择【4.4-长仿宋 -0.8（左下）】，对视图中的轴网及标高进行尺寸标注，完成如图 4-212 所示。

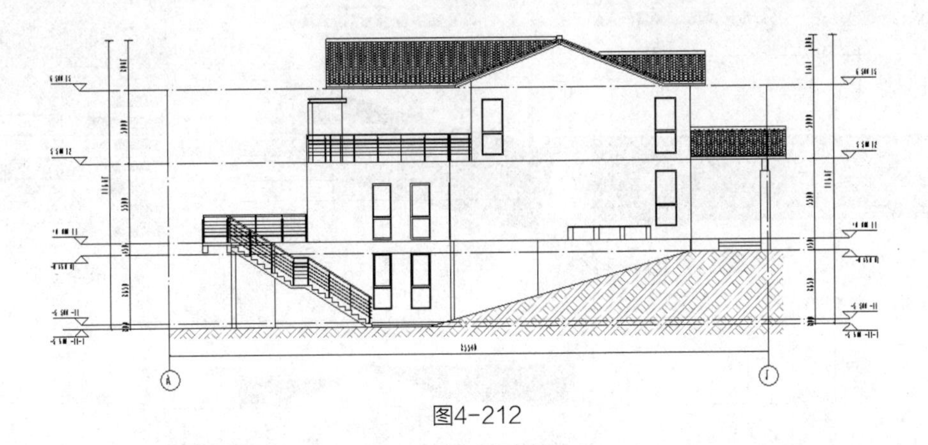

图4-212

（2）高程点标注

在项目浏览器中选择【立面】项下的【东】，进入视图，单击选项栏【注释】→【高程点】命令，在立面视图如图 4-213 所示位置放置高程点。

（3）立面底线

单击【注释】→【构件】→【详图构件】，在类型选择器中选择【BM_ 立面底线】，在视

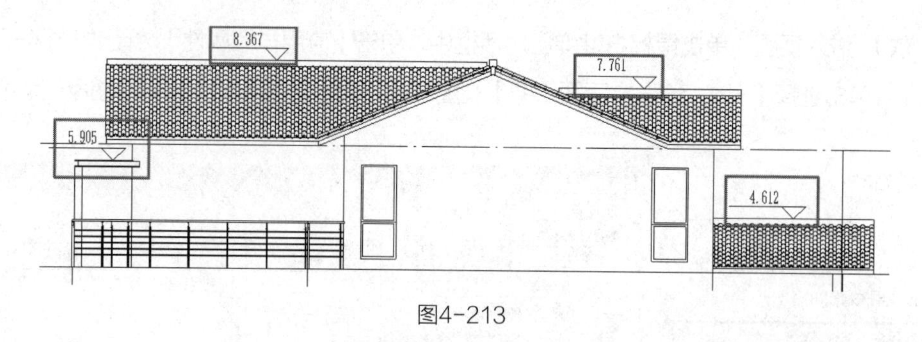

图4-213

图中放置并单击“翻转”符号，拖拽拉伸点将【地形】以下范围覆盖，在中间倾斜段放置一段【立面底线】，单击【修改】→【旋转】命令，单击选项栏【地点】，在绘图区域单击【立面底线】端点作为【旋转中心】，单击水平线右侧一点逆时针旋转至与地形对齐结束，如图 4-214 所示。

（4）视图裁剪

单击【属性】栏，勾选【裁剪区域】【裁剪区域可见】，如图 4-215 所示。

移动裁剪区域的【拖拽点】至适当位置，调整视图的显示范围，如图 4-216 所示。

单击【属性】栏，取消勾选【裁剪区域可见】，如图 4-217 所示。

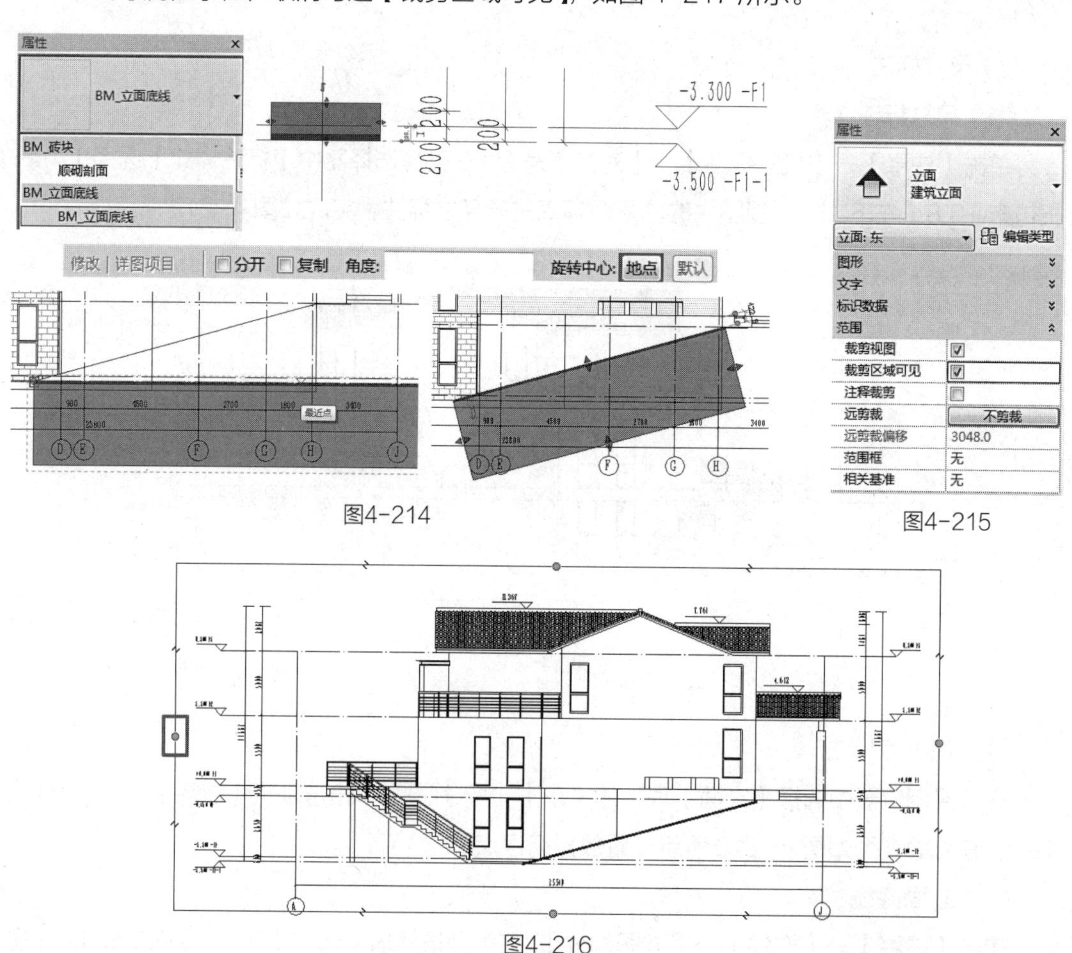

图4-214

图4-215

图4-216

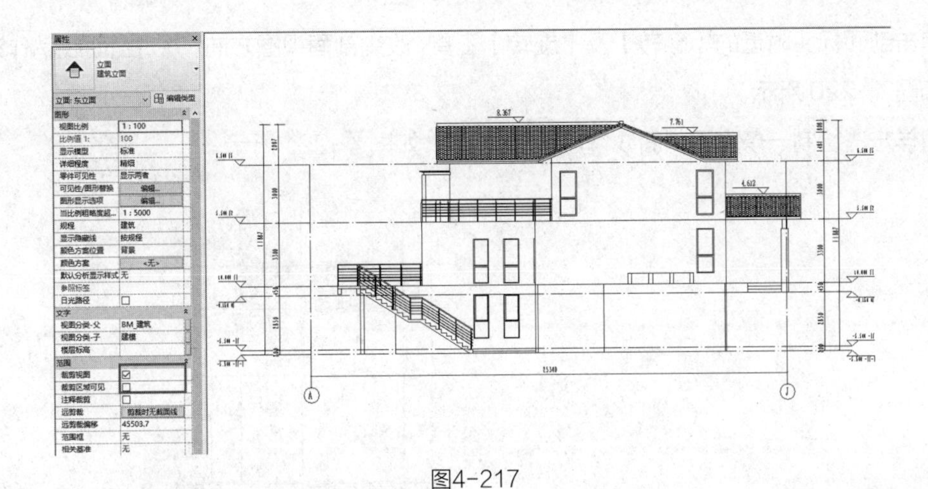

图4-217

4.13.3　剖面图深化

1）创建剖面

在项目浏览器中双击【出图 - 楼层平面】项下【出图 _1- 首层平面图】，进入视图，单击选项栏【视图】→【剖面】命令，在如图 4-218 所示位置绘制一条剖面线。

单击选择该剖面线，单击【修改 | 视图】→【拆分线段】命令，在剖面线中部拆分线段，完成如图 4-219 所示。

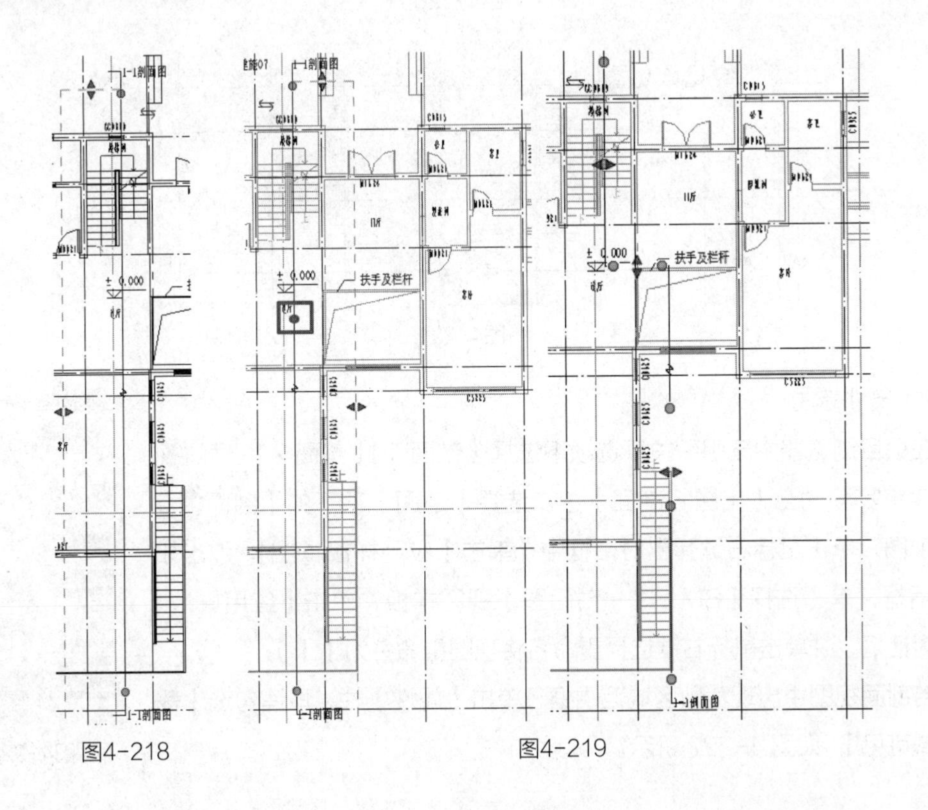

图4-218　　　　图4-219

单击剖面标头附近的【翻转】及【旋转】工具，改变剖面视图方向，并对剖面线稍作调整，完成如图 4-220 所示。

同样方法绘制一条水平剖面线创建【剖面 2】，如图 4-221 所示。

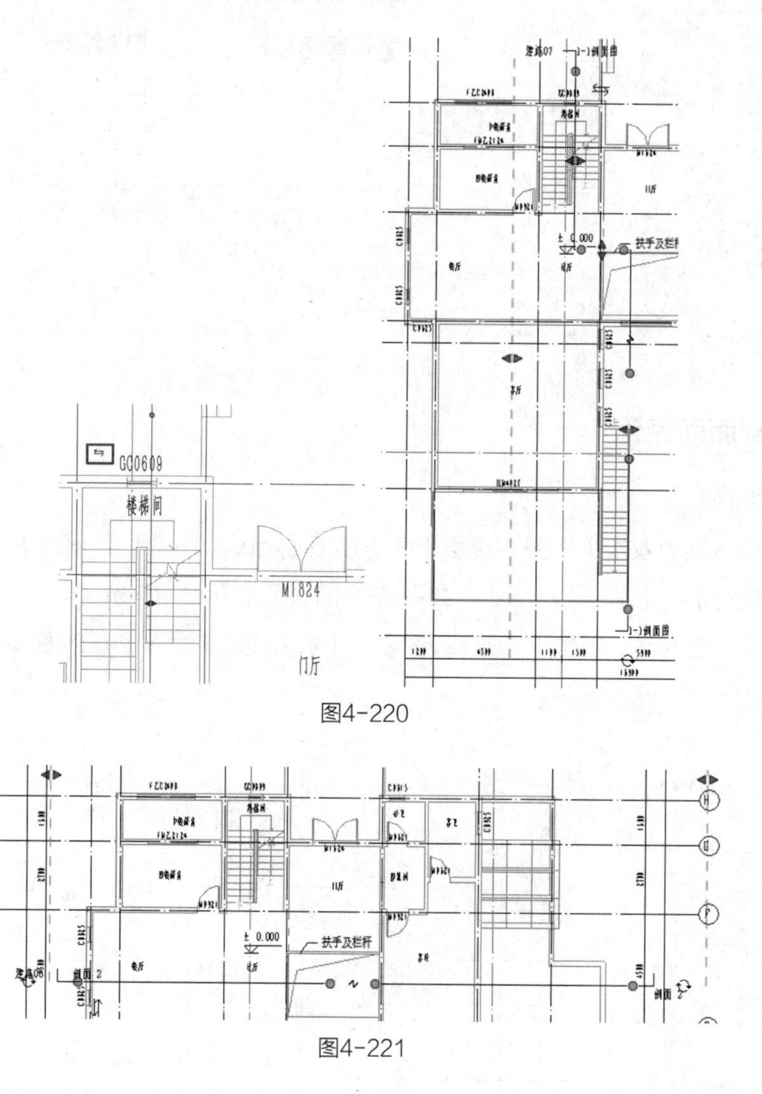

图4-220

图4-221

2）尺寸标注

在项目浏览器中无组织关系选项下选择【剖面 1】【剖面 2】，通过视图分类将其移动至【出图 - 剖面】中。选择【剖面】项下的【剖面 1】，进入视图，单击鼠标右键弹出对话框中，单击【应用样板属性】，弹出如图对话框，单击选择【BM_建 - 剖面图】视图样板，单击【应用属性】关闭对话框，并单击鼠标右键选择重命名将视图重命名为【 I 】。

若剖面视图中出现裁剪区域范围框，单击【属性】栏，取消勾选【裁剪区域可见】，如图 4-222 所示。

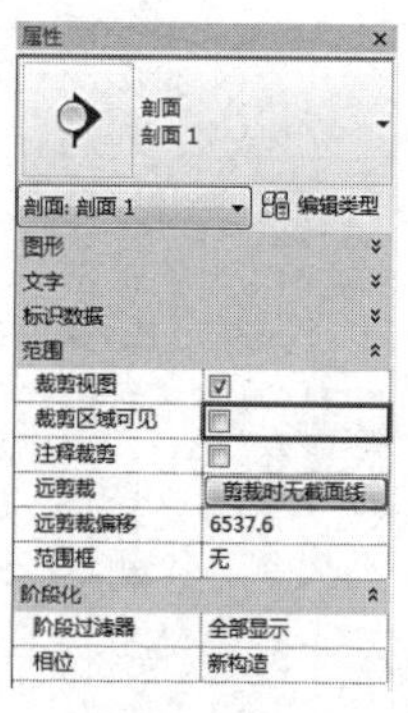

图4-222

单击【注释】→【尺寸标注】→【对齐】命令，在类型选择器中【标注样式】选择【4.4-长仿宋 -0.8（左下）】，对视图中的轴网及标高进行尺寸标注。

将【剖面 2】重命名为【Ⅱ】，并对视图进行尺寸标注。

3）高程点标注

单击选项栏【注释】→【高程点】命令，在Ⅰ－Ⅰ、Ⅱ－Ⅱ剖面视图中放置高程点，完成如图 4-223 所示。

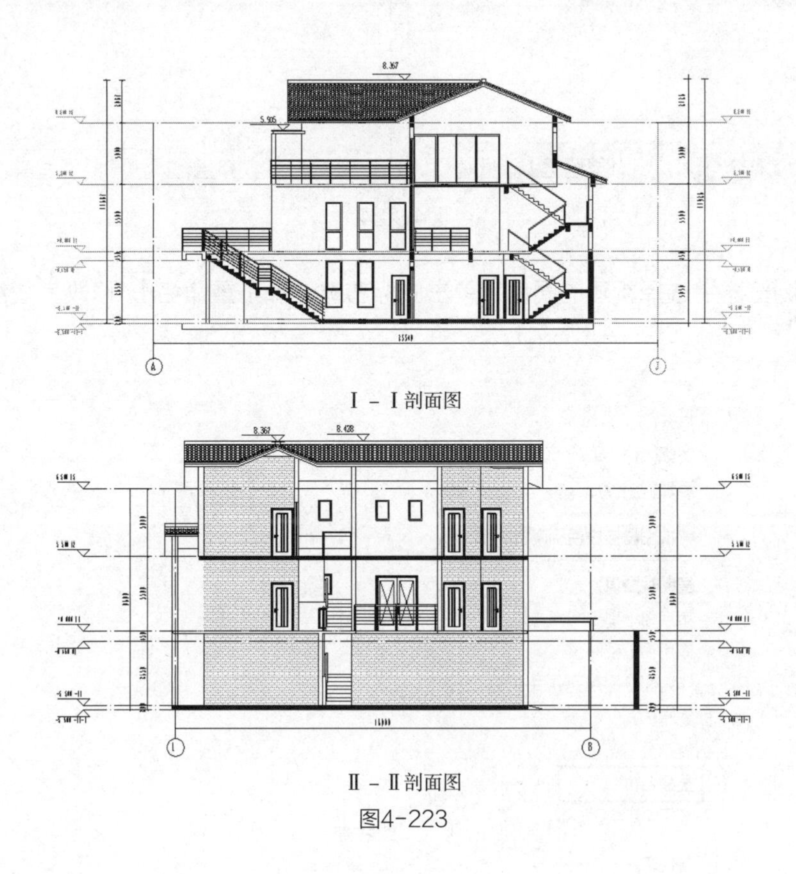

Ⅰ－Ⅰ剖面图

Ⅱ－Ⅱ剖面图

图4-223

4）剖面处理

同前所述，对【Ⅰ－Ⅰ】【Ⅱ－Ⅱ】剖面视图绘制立面底线和调整裁剪区域，完成后保存文件。

4.14　成果输出

4.14.1　创建图纸

单击选项卡【视图】面板【图纸组合】→【图纸】命令，在弹出对话框中选择【BM_ 图框 - 标准标题栏 - 横式：A2】，完成如图 4-224 所示。

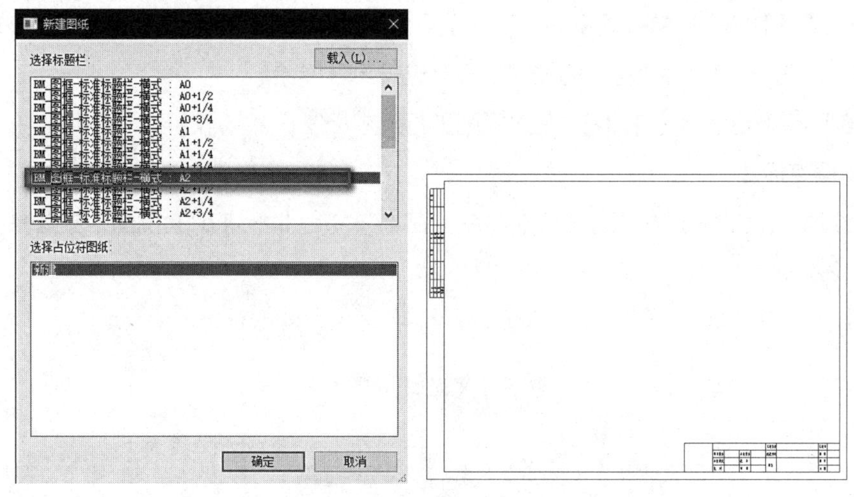

图4-224

在项目浏览器中选择新建的图纸，单击鼠标右键选择【重命名】，修改其图纸标题如图4-225所示。

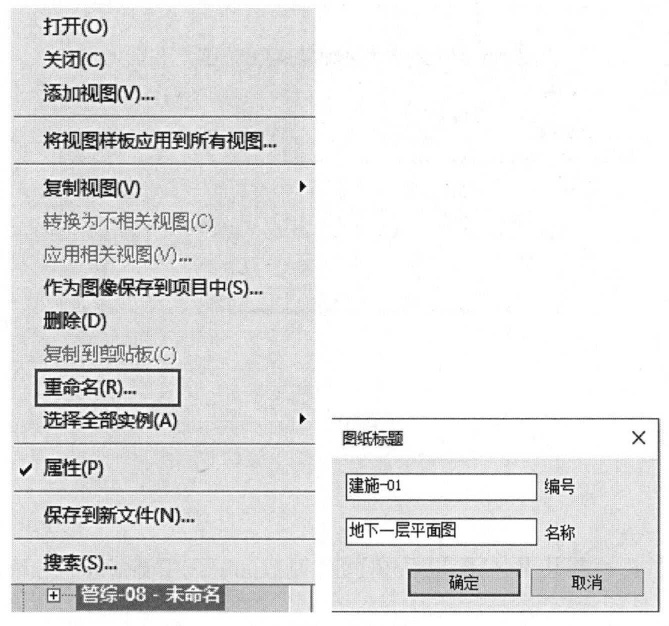

图4-225

在项目浏览器中双击【图纸（柏慕 - 制图）】项下的【建施 -01- 地下一层】进入视图，选择【出图 _0- 地下一层平面图】拖拽至绘图区域的图纸中。

同样方法新建图纸【建施 -02 - 首层平面图】【建施 -03 - 二层平面图】【建施 -04 - 屋顶层平面图】【建施 -05- 东、北立面图】【建施 -06- 南、西立面图】【建施 -07 - Ⅰ - Ⅰ、Ⅱ - Ⅱ剖面图】，如图 4-226 所示。

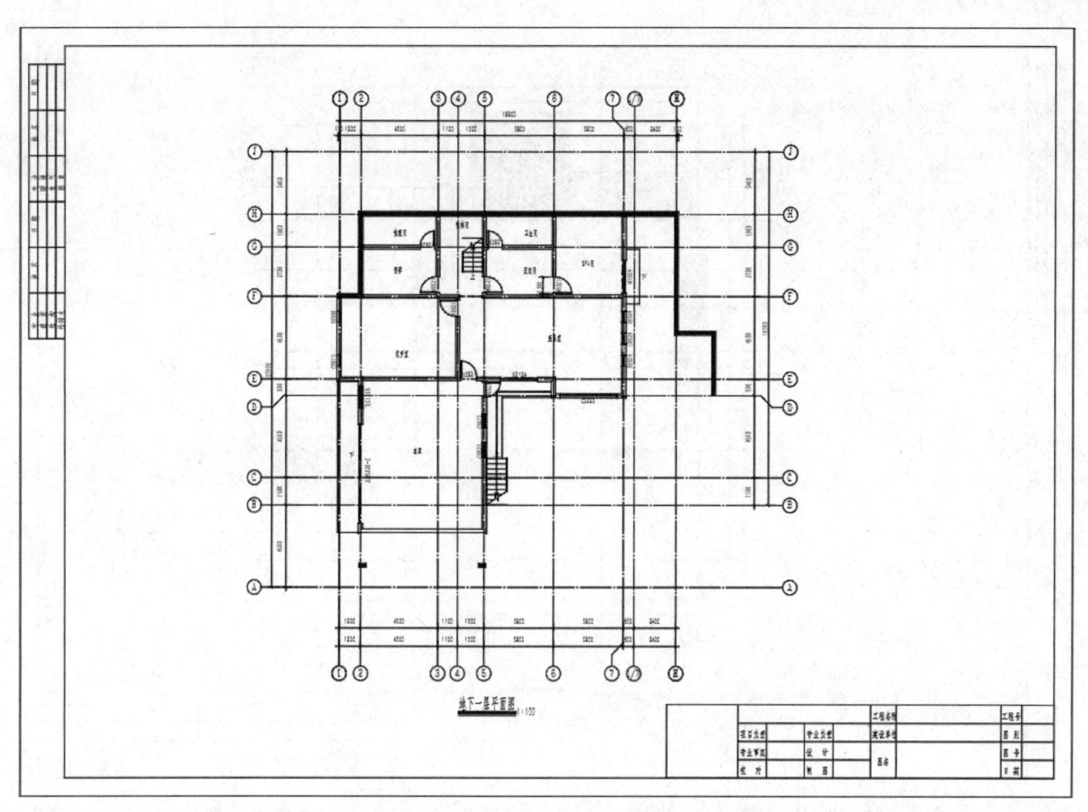

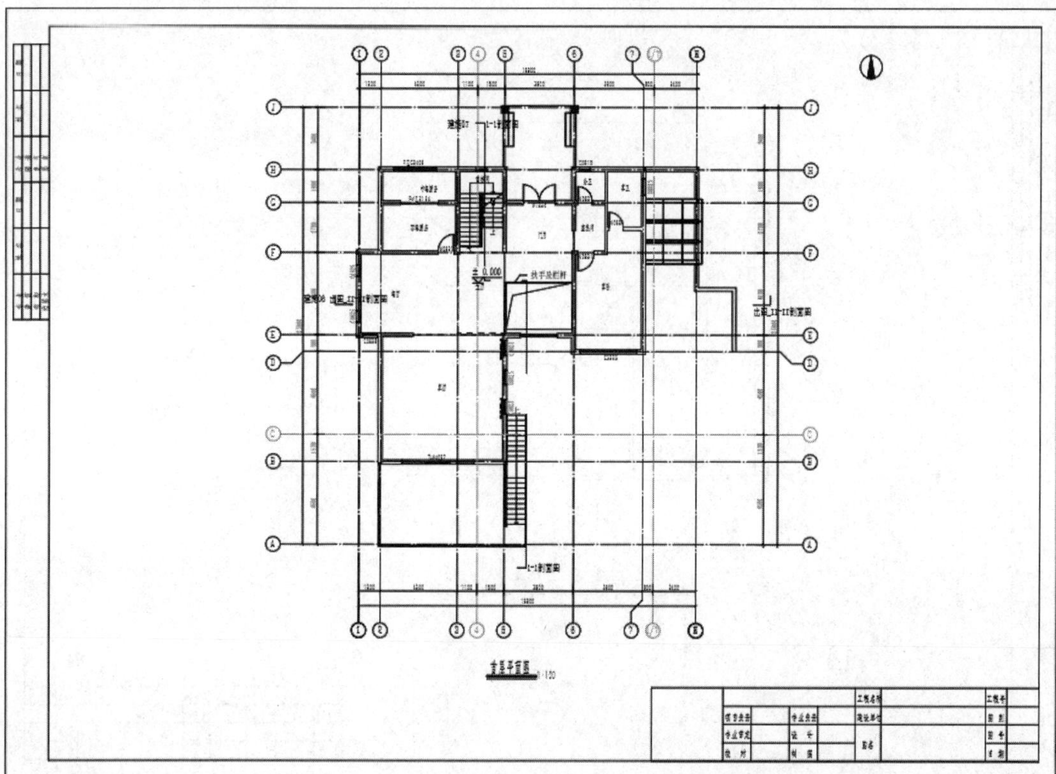

图4-226

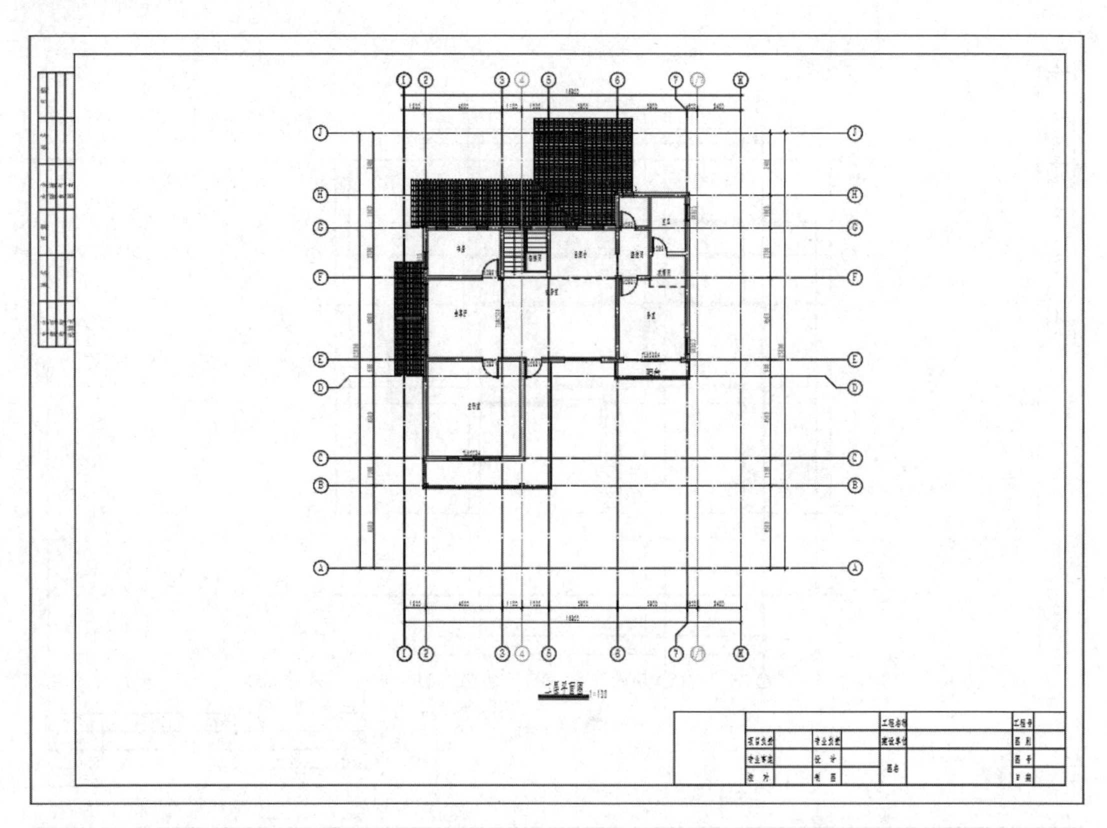

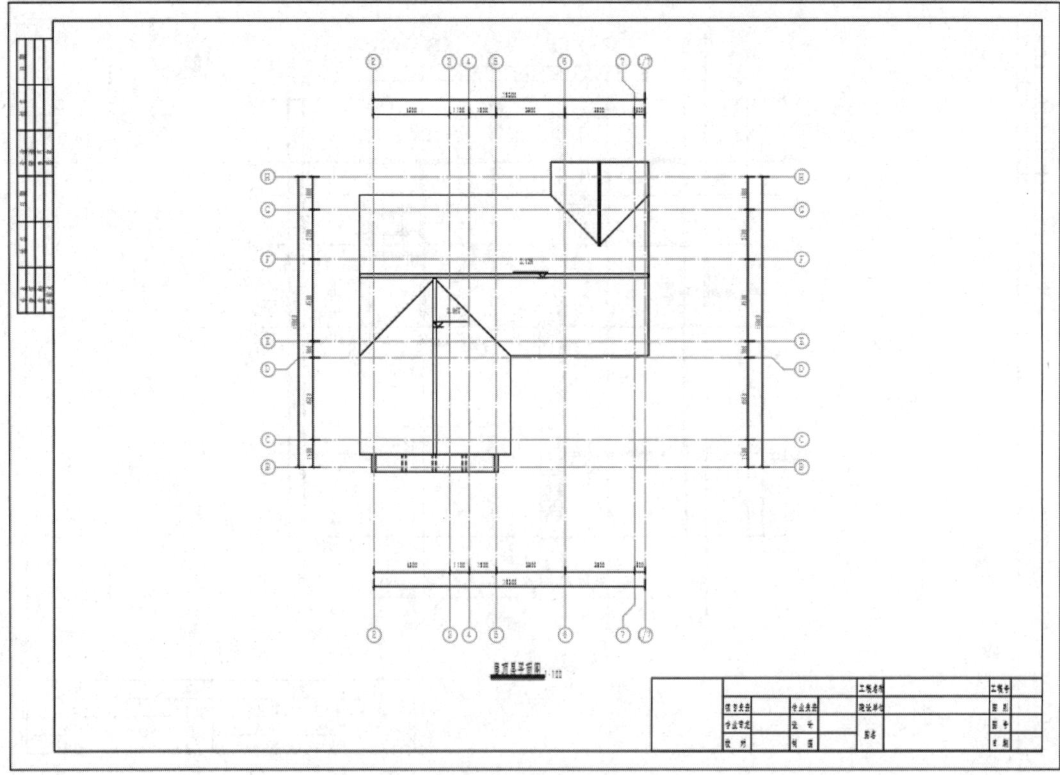

图4-226（续）

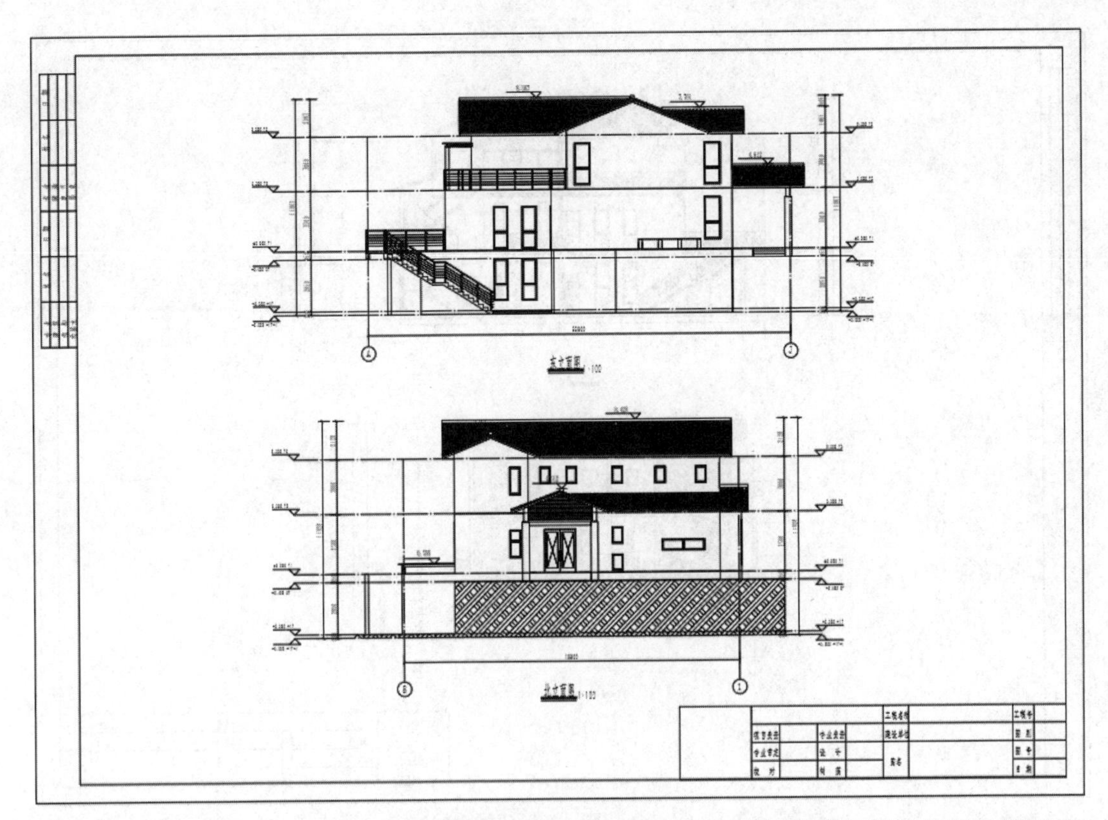

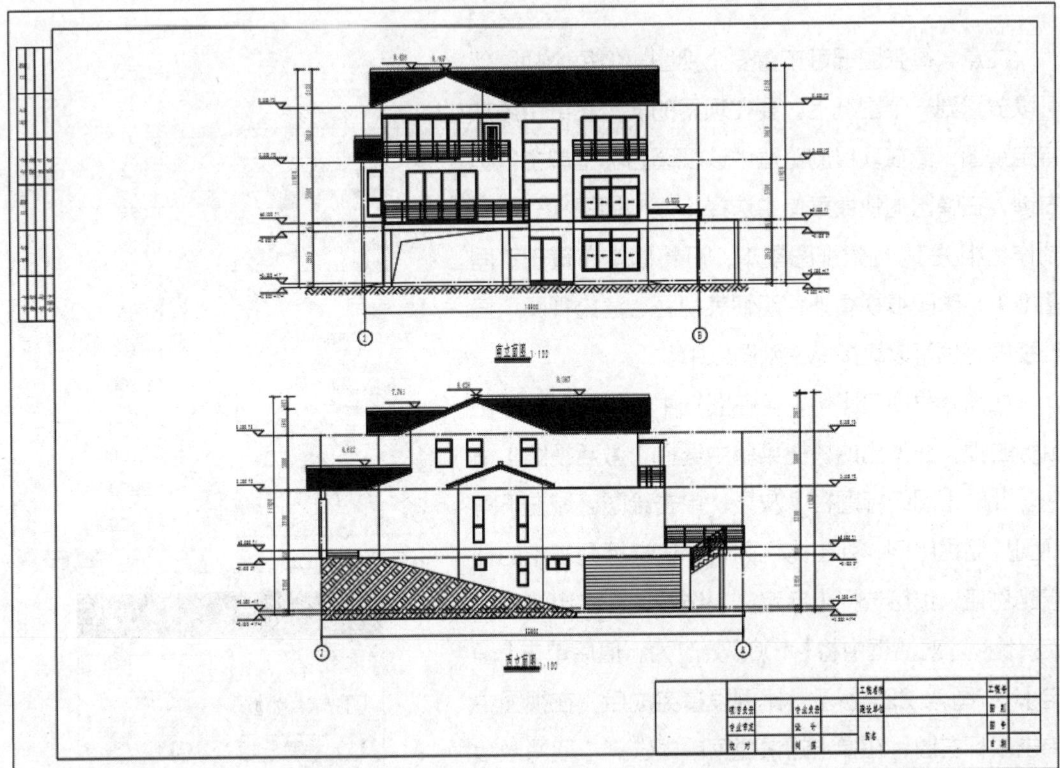

图4-226（续）

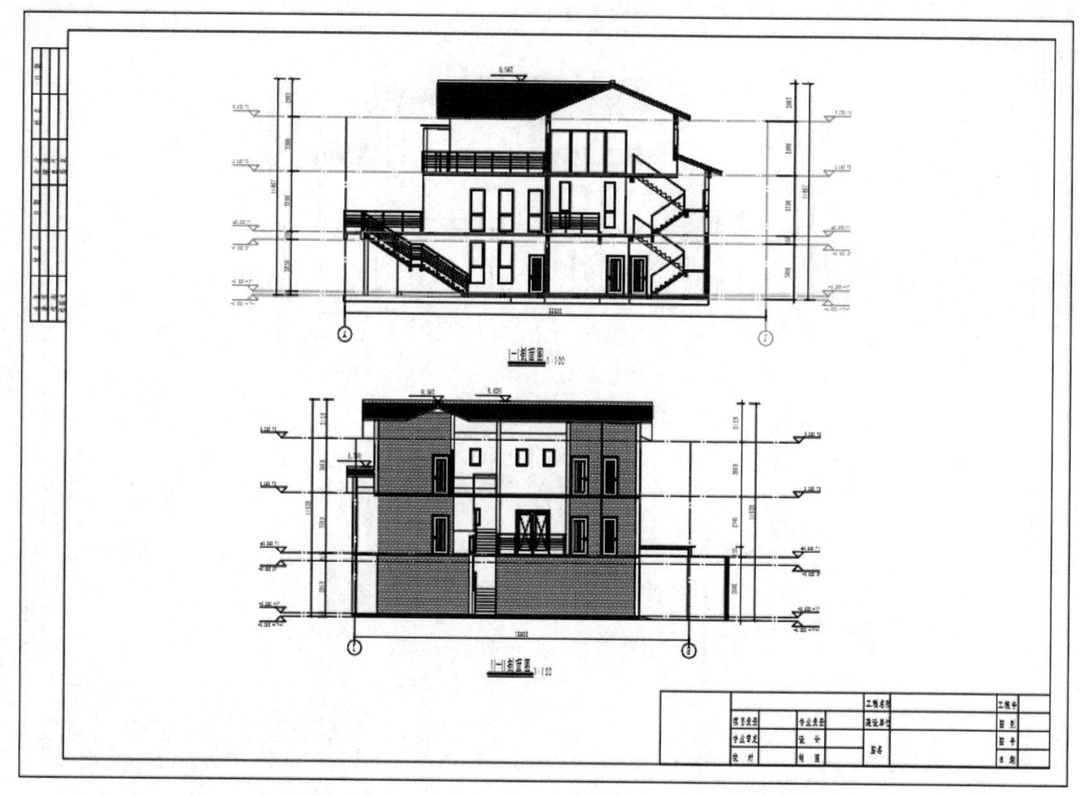

图4-226（续）

注意：每张图纸可布置多个视图，但每个视图仅可以放置到一个图纸上。要在项目的多个图纸中添加特定视图，请在项目浏览器中该视图名称上单击鼠标右键，在弹出的快捷菜单中选择【复制视图】→【复制作为相关】，创建视图副本，可将副本布置于不同图纸上。除图纸视图外，明细表视图、渲染视图、三维视图等也可以直接拖拽到图纸中。

如需修改视口比例，可在图纸中选择视口并单击鼠标右键，在弹出的快捷菜单中选择【激活视图】命令。此时【图纸标题栏】灰显，单击绘图区域左下角视图控制栏比例，弹出比例列表，可选择列表中的任意比例值，也可选择【自定义】选项，在弹出的【自定义比例】对话框中将【100】更改为新值后单击【确定】，如图4-227所示。比例设置完成后，在视图中单击鼠标右键，在弹出的快捷菜单中选择【取消激活视图】命令完成比例的设置，保存文件。

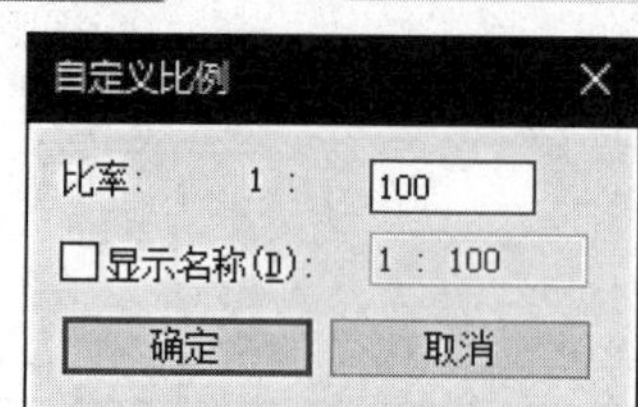

图4-227

4.14.2　图纸处理

在项目浏览器中双击【图纸（柏幕 - 制图）】项下的【建施 -01- 地下一层、首层平面图】，进入视图，选择地下一层平面图，单击【属性】栏，视口选择【无标题】，单击【应用】，如图 4-228 所示。

双击视口，激活视图，调整裁剪区域，对轴网及尺寸标注调整至适当位置，使视口在图纸位置适中。

同样方法对其他图纸的视口进行调整，完成保存文件。

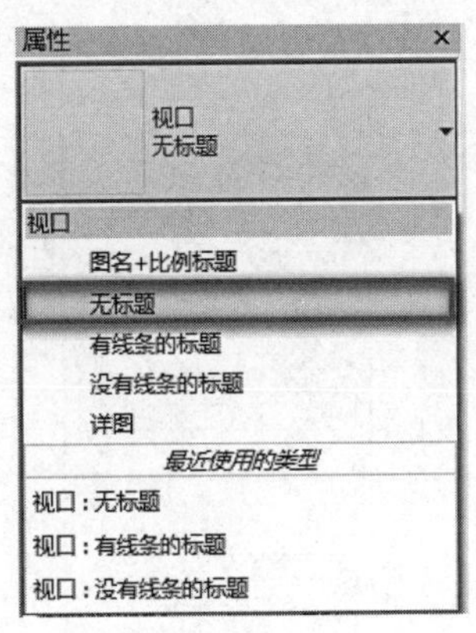

图4-228

4.14.3　设置项目信息

单击【管理】→【设置】→【项目信息】命令，在如图 4-229 所示对话框中录入项目信息，单击【确定】完成录入。

图纸里的设计人、审核人等内容可在图纸属性中进行修改，如图 4-230 所示。

至此完成了项目信息的设置。

项目属性

族(F)：系统族：项目信息　　载入(L)...

类型(T)：　　编辑类型(E)...

实例参数 - 控制所选或要生成的实例

参数	值
文字	
楼层标高	
工程负责人	
工程名称	
建设单位	
施工图审查批准单位	
施工图审查批准书证号	
图别	
备注	
工程编号	
日期	
设计单位名称	
标识数据	
组织名称	
组织描述	
建筑名称	
作者	
能量分析	
能量设置	编辑...
其他	
项目发布日期	发布日期
项目状态	项目状态
客户姓名	所有者
项目地址	编辑...
项目名称	项目名称
项目编号	项目编号

确定　取消

图4-229

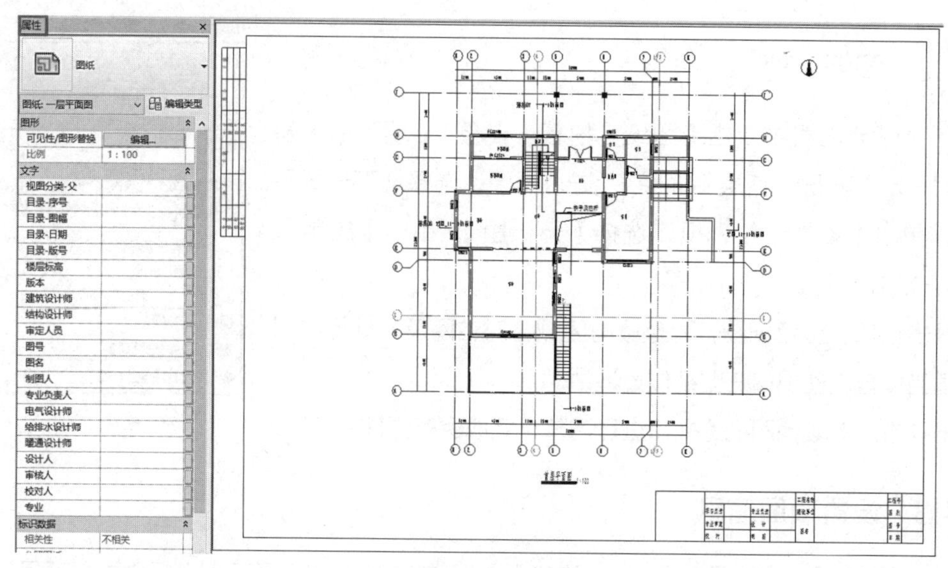

图4-230

4.14.4 图例视图

创建图例视图：单击【视图】→【图例】→【图例】，在弹出的【新图例视图】对话框中输入名称为【图例 1】，单击【确定】完成图例视图的创建，如图 4-231 所示。

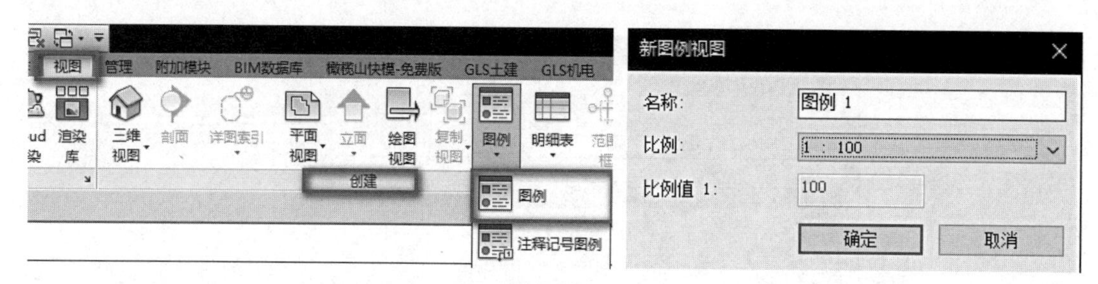

图4-231

选取图例构件：进入新建图例视图，单击【注释】→【构件】→【图例构件】，按图示内容进行选项栏设置，完成后在视图中放置图例，如图 4-232 所示。

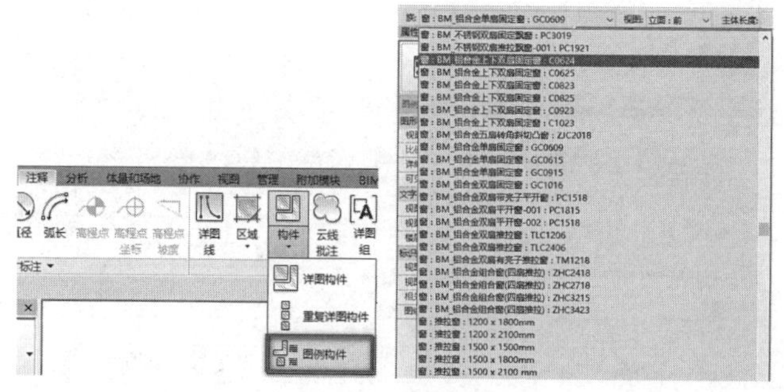

图4-232

重复以上操作，分别修改选项栏中的族为窗族、门族，在图中进行放置，如图 4-233 所示。

添加图例注释：使用文字及尺寸标注命令，按图示内容为其添加注释说明，如图 4-234 所示。

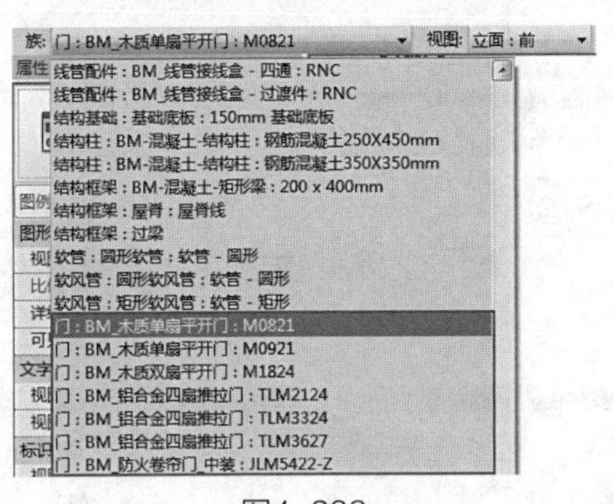

图4-233

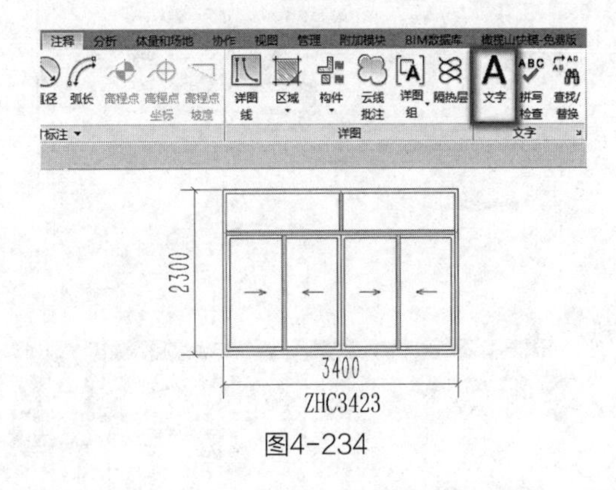

图4-234

4.14.5　图纸目录、措施表及设计说明

单击【柏慕软件】→【标准明细表】→【导入明细表】选项，在弹出的【导出明细表定义】对话框中选择模板【柏慕软件土建明细表】→【出图 _01 图纸目录】，如图 4-235 所示。

若可用的字段中没有需要字段，可以单击【添加参数】为项目添加参数。

切换到【排序 / 成组】选项卡，根据要求选择明细表的排序方式，切换到【外观】选项卡，取消勾选【数据前的空行】，单击【确定】完成图纸目录的创建，如图 4-236 所示。

进入图例视图，单击【注释】→【文字】，根据项目要求添加设计说明，如图 4-237 所示。

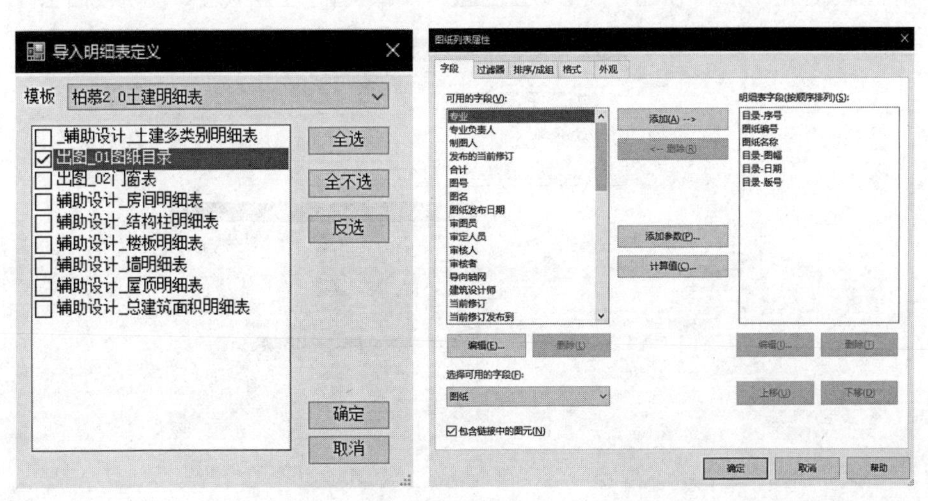

图4-235

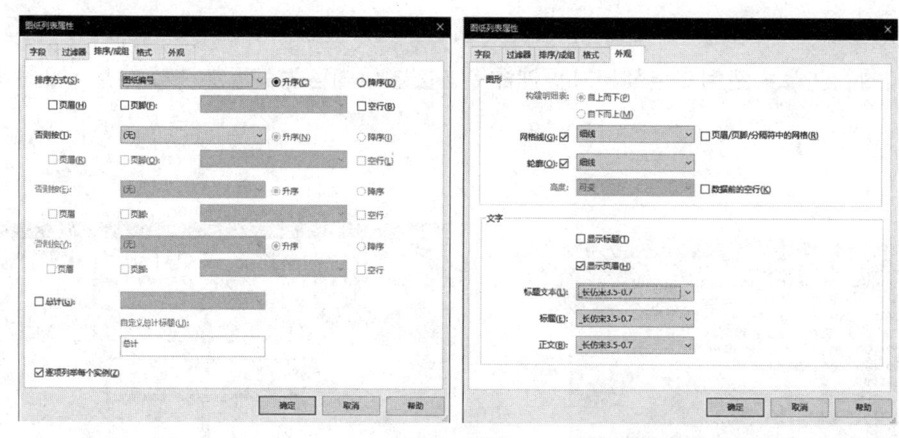

图4-236

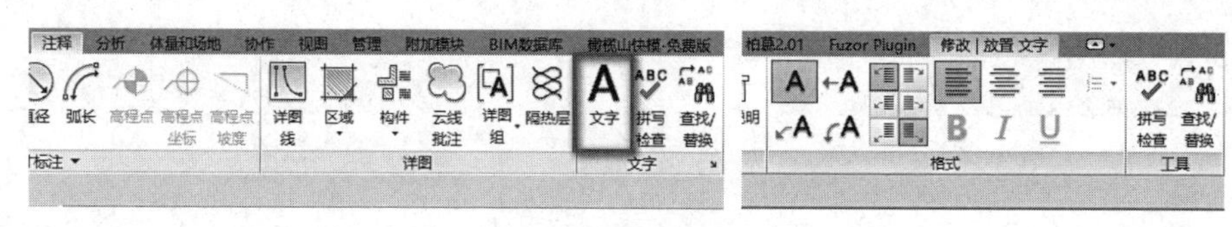

图4-237

4.14.6 图纸导出

新建图纸【建施 -0A- 设计说明】在项目浏览器中分别把设计说明、图纸目录拖拽到新建图纸中。

创建图纸之后，可以直接导出图纸。

接上节练习，选择【柏慕软件】→【导出 DWG 文件】→【导出中国规范的 DWG】命令，弹出【Export DWG】对话框，单击另存为后方的【 】进行图纸位置确认，针对下方【视图范围】可导出当前所选图纸或导出所有的施工图图纸，如图 4-238 所示。（图纸：项目浏览器中所创建的图纸视口。视图：是指平立剖面，节点详图、三维视图、图例视口）。

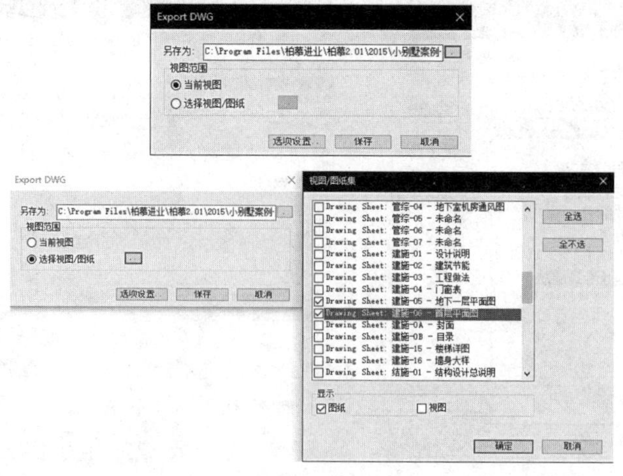

图4-238

单击【选项设置】会弹出【导出 DWG 选项】对话框。

修改【图层和属性】【线型比例】【DWG 单位】并单击确定，如图 4-239 所示。

图层和属性的三种不同之处：

按图层导出类别属性，并按图元导出替换：具有视图专有图形替换的 Revit 图元将在 CAD 应用程序中将保留这些替换，但将与同一 Revit 类别中的其他图元位于同一 CAD 图层上。

按图层导出所有属性，但不导出替换：视图专有图形替换在 CAD 应用程序中将被忽略。任何导出的 Revit 图元将与同一 Revit 类别中的其他图元位于同一 CAD 图层上。通过强制使所有实体显示由其图层定义的视觉属性，此选项所产生的图层数量较少，并允许按图层控制所导出的 DWG/DXF 文件。

按图层导出所有属性，并创建新图层用于替换：具有视图专有图形的 Revit 图元将被放置在其自己的 CAD 图层上。使用此选项，可以按图层控制所导出的 DWG/DXF 文件并保留图形意图。但是，这样将增加导出的 DWG 文件中的图层数量。

线型比例的三种不同之处：

比例线型定义：此选项通过导出以前按视图比例缩放的线型，可保留图形意图。

模型空间（PSLTSCALE=0）：此选项将 LTSCALE 参数设为视图比例，并将 PSLTSCALE 设为 0。

图纸空间（PSLTSCALE = 1）：此选项将 LTSCALE 和 PSLTSCALE 的值均设为 1。将缩放 Revit 线型定义以反映项目单位的变化；如果项目单位没有变化，则按原样导出。

合并所有视图到一个文件（通过外部参照 XRefs）：包含链接模型。

单击 Export DWG 对话框中【保存】按钮，即可导出图纸。

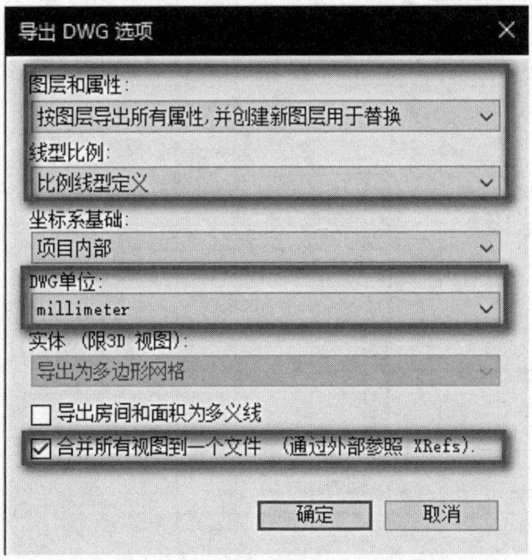

图4-239

第 5 章　施工图深化设计

概述：以方案阶段完成的模型为基础，进行施工图的深化设计。如何将方案深度的模型转化为施工图设计深度的模型，并从模型中提取数据作为此阶段的成果进行输出，这便是此章内容需要解决的问题。

本章内容中，在方案图的基础上进行了图面处理、节点大样构造做法的深化，以此满足施工图设计的标准；同时，通过一定的二维修饰作为构造定制的补充，达到施工图表达深度。最终完成全部施工图设计工作。

5.1　平、立、剖面图深化

选择图中轴线尺寸，单击编辑尺寸界限，对其进行修补，单击【注释】选项卡→【尺寸标注】面板→【对齐】工具，在图示位置添加第三道洞口尺寸和控制尺寸标注，家具布置，如图 5-1 所示。

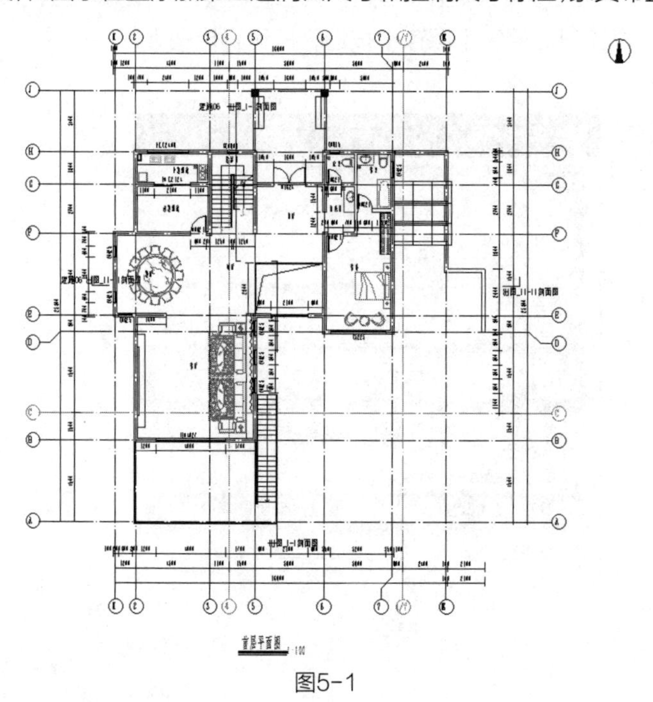

图5-1

单击【注释】选项卡→【文字】面板→【文字】命令，打开类型选择器，选择文字类型为长仿宋 3.5-0.7，如图 5-2 所示。

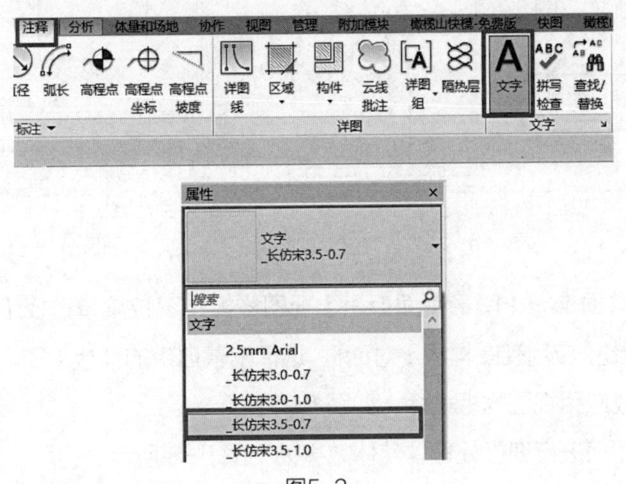

图5-2

在图示位置放置，并修改其内容，如图 5-3 所示。

单击【注释】选项卡→【尺寸标注】面板→【高程点】工具，类型选择器选择使用【高程点 - 平面】标注图示位置的高程，如图 5-4 所示。

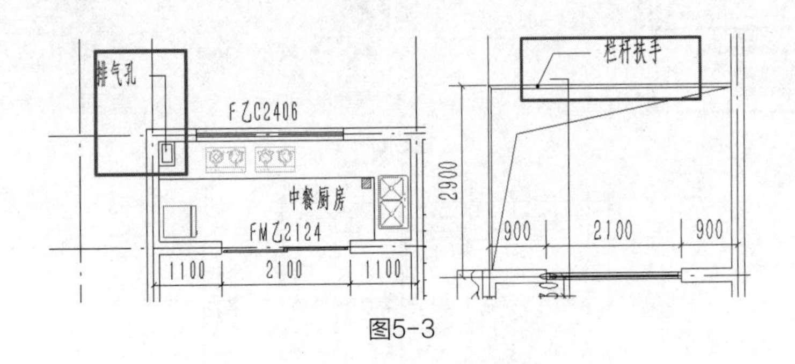

图5-3

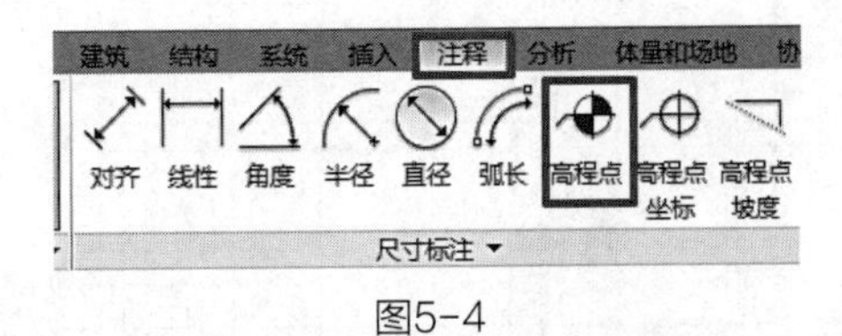

图5-4

单击鼠标在适当位置放置标高符号，鼠标向上或者向下完成放置，如图 5-5 所示。

因为室外地坪无可参照的图元放置高程点，所以选择使用符号中的【BM_ 高程点符号（平面）来进行相应的标注】单击【注释】选项卡→【符号】面板→【符号】工具，在图示位置上放置，并单击文字处修改内容为【-0.450】，如图 5-6 所示。

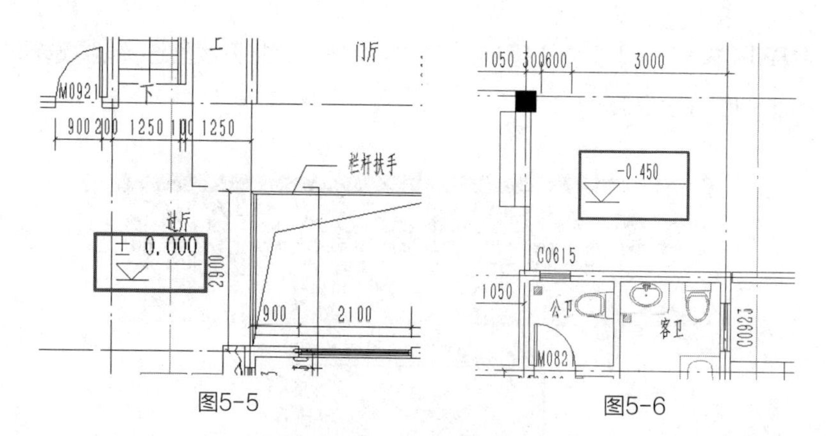

图5-5　　图5-6

单击【视图】选项卡→【图形】面板→【视图样板】下拉菜单选择【将样板属性应用于当前视图】工具，弹出【应用视图样板】对话框，选择柏慕自带的样板【BM_建－平面图出图】并单击【确定】完成应用视图样板命令，如图5-7所示。

应用之后，对图面进行细微处理，整体效果如下图5-8所示。

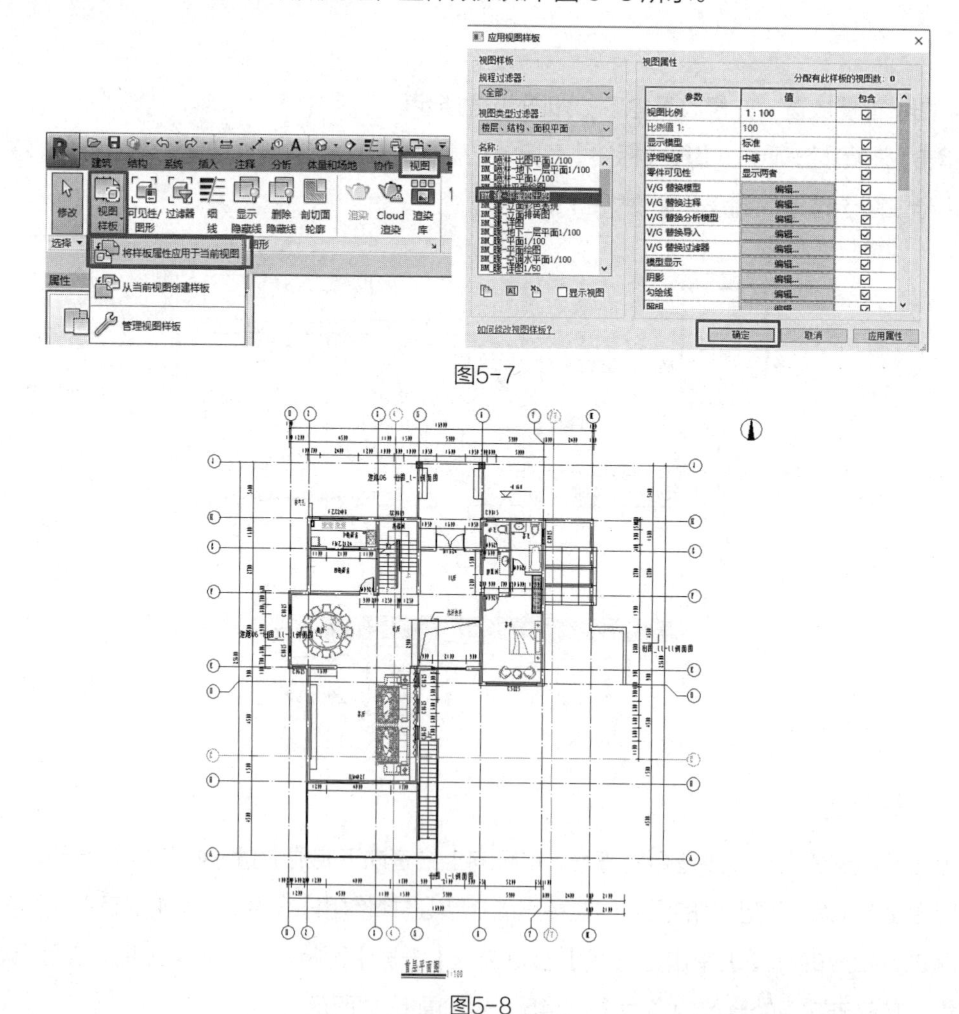

图5-7

图5-8

执行【F1】视图中类似操作，添加尺寸标注和添加高程并且在门厅位置添加【符号】及【文字】【材质标记】【门窗标记】【二维家具布置】。对【地下一层平面图】【二层平面图】【屋顶层平面图】【东西立面图】和【南北立面图】【I-I】和【II-II】剖面图进行图面处理。

5.2 详图与大样设计

5.2.1 卫生间详图设计

进入平面视图 F1，单击【视图】选项卡→【详图索引】工具，在类型选择器中选择【详图视图 - 详图】，在图示所示位置进行框选生成【详图 0】，如图 5-9 所示。

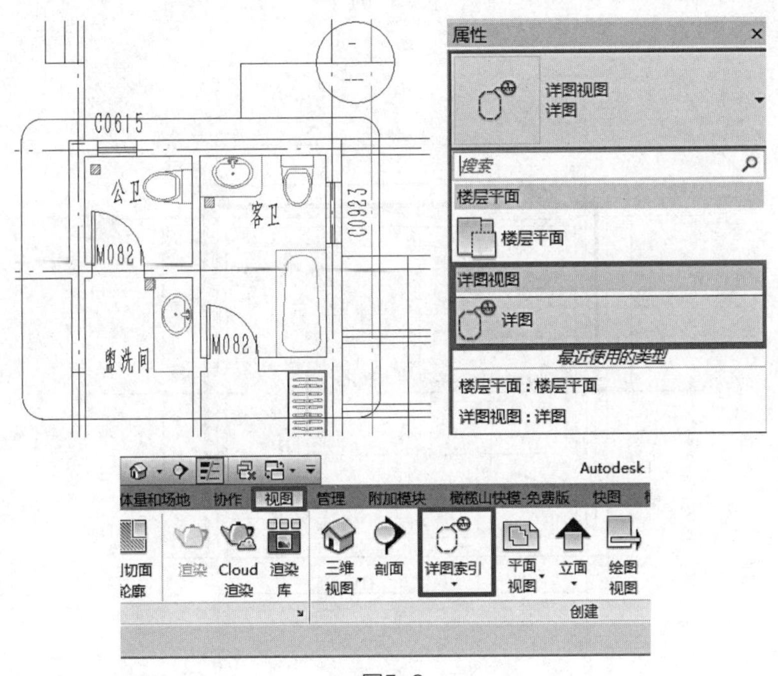

图5-9

在项目浏览器中，鼠标右键单击新生成的【详图 0】平面，在弹出菜单中选择【重命名】，输入【2#_卫生间大样图】，单击【确定】，完成修改如图 5-10 所示。

双击进入【2#_卫生间大样图】平面视图，按照图示内容在当前视图中，添加尺寸标注，剖断线等，并在【2D】模式下修改轴网标头位置，如图 5-11 所示。

注意：可通过裁剪区域的调整，将轴网标头置于裁剪区域外，轴网标头便会自动转变为【2D】模式。

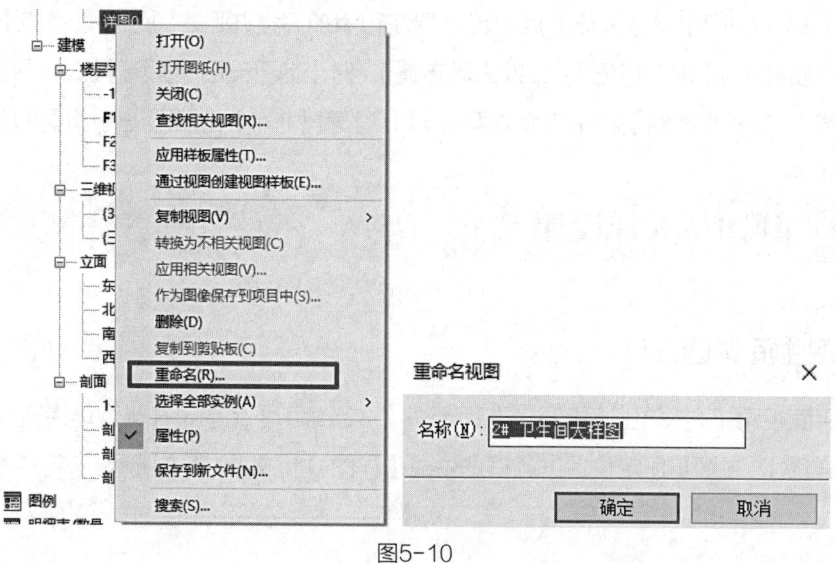

图5-10

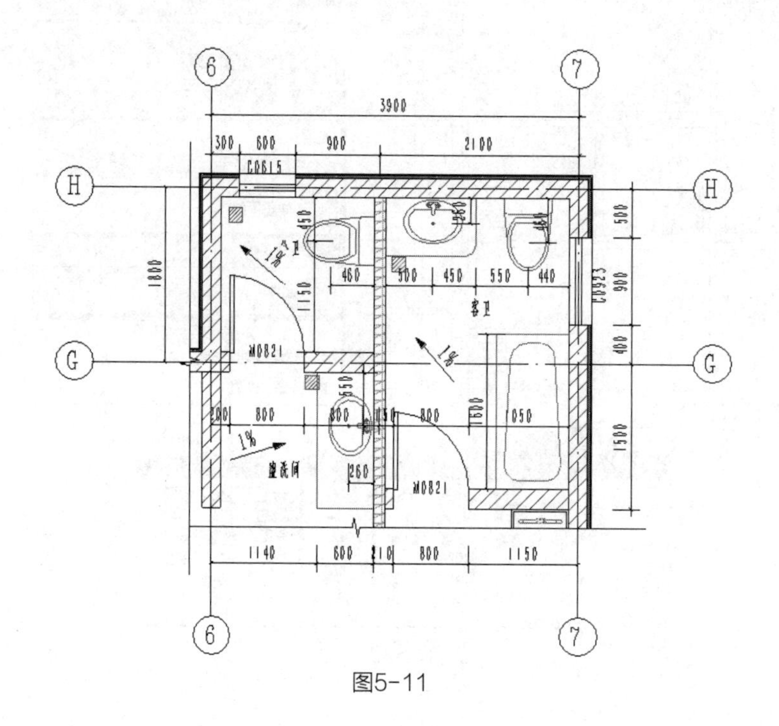

图5-11

5.2.2 楼梯大样设计

进入平面视图 -F1，单击【视图】选项卡→【剖面】工具，在类型选择器中选择【详图视图 - 详图】，在图示所示位置进行框选生成【详图 0】，如图 5-12 所示。

在项目浏览器中，鼠标右键单击新生成的【详图 0】平面，在弹出菜单中选择【重命名】，输入【楼梯大样图】，单击【确定】，完成修改如图 5-13 所示。

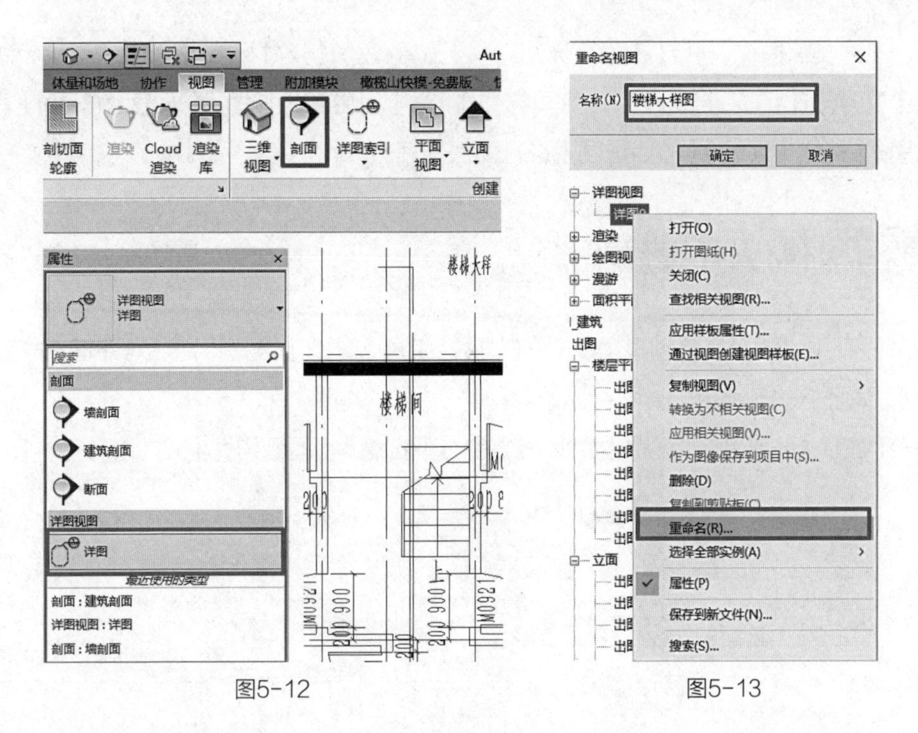

图5-12　　　　图5-13

双击进入【楼梯大样图】平面视图，按照图示内容在当前视图中，添加尺寸标注，剖断线，文字等，并在【2D】模式下修改轴网标头位置，如图 5-14 所示。

注意：可通过裁剪区域的调整，将轴网标头置于裁剪区域外，轴网标头便会自动转变为【2D】模式。

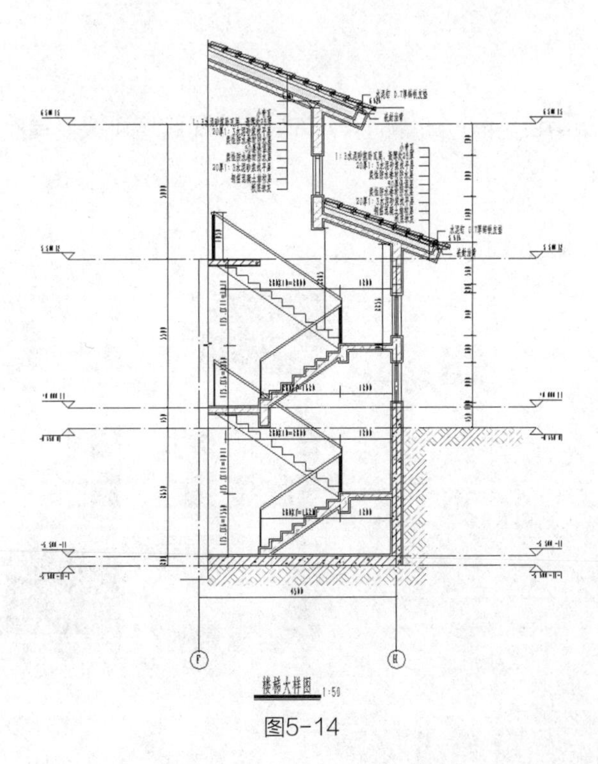

图5-14

执行上述类似操作，利用【剖面及详图索引】工具，添加【尺寸标注】、添加【高程】、添加【符号】及【文字】，【门窗标记】【二维家具布置】。对【卫生间大样图】【厨房大样图】【雨棚分格大样图】【楼梯平面图】【节点详图】进行图面处理。

5.3 门窗大样设计

单击【视图】选项卡→【创建】面板→【图例】工具，弹出【新图例视图】对话框，命名为【门窗大样】，如图5-15所示。

单击【注释】选项卡→【详图】面板→【构件】下拉菜单【图例构件】工具，如图5-16所示。

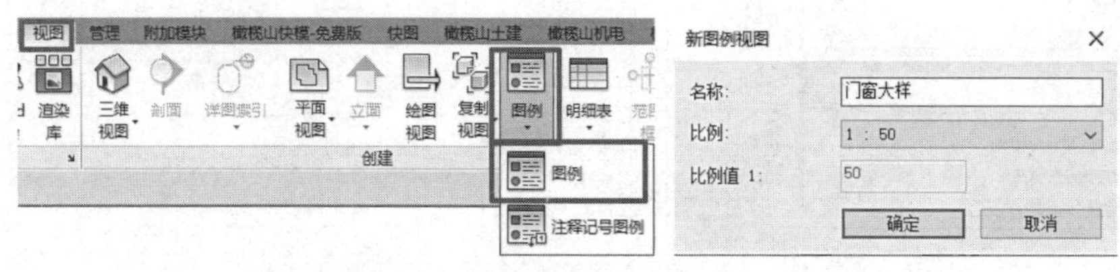

图5-15

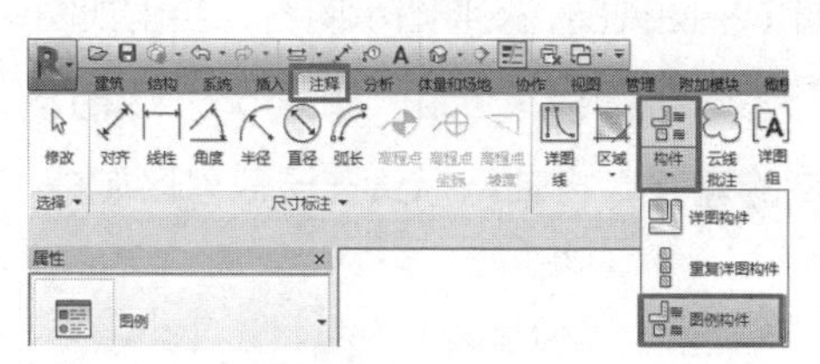

图5-16

在【族】下拉菜单中找到自己所需的族，同时调整【视图】改变其显示样式，如图5-17所示。完成后保存文件。

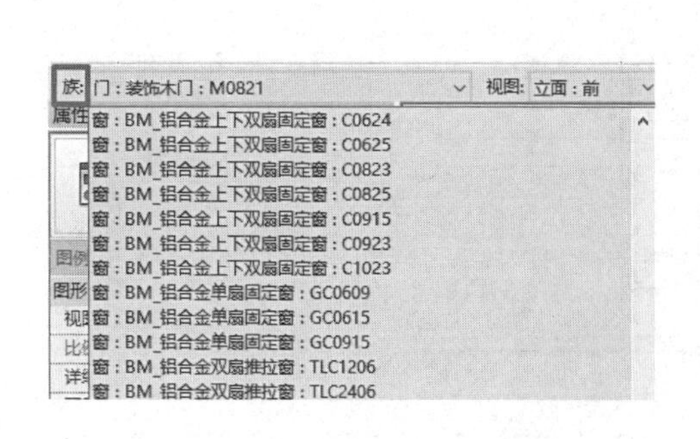

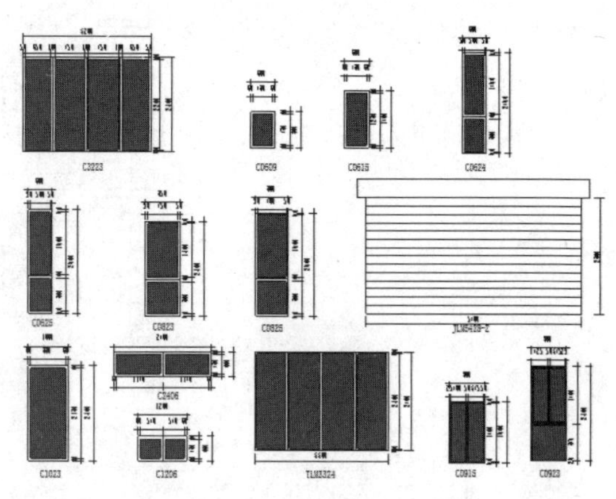

图5-17

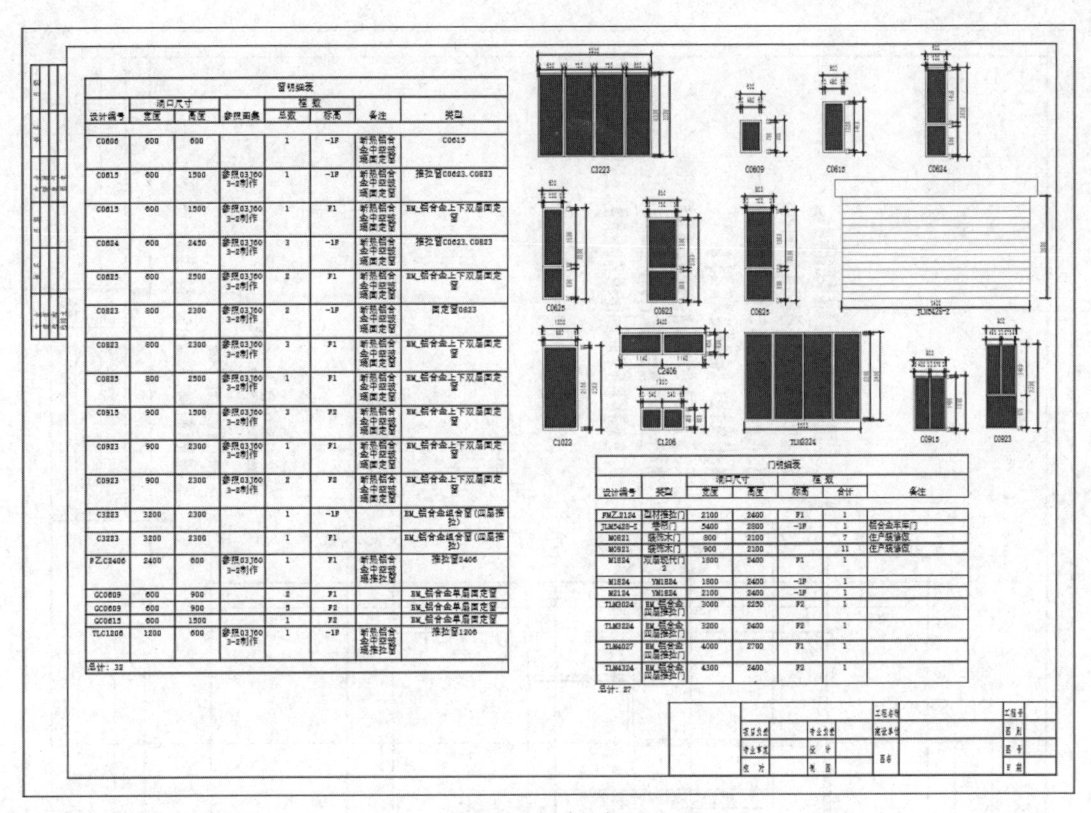

图5-17（续）

5.4　成果展示

上述深化设计最终成果展示：如图 5-18~ 图 5-26 所示。

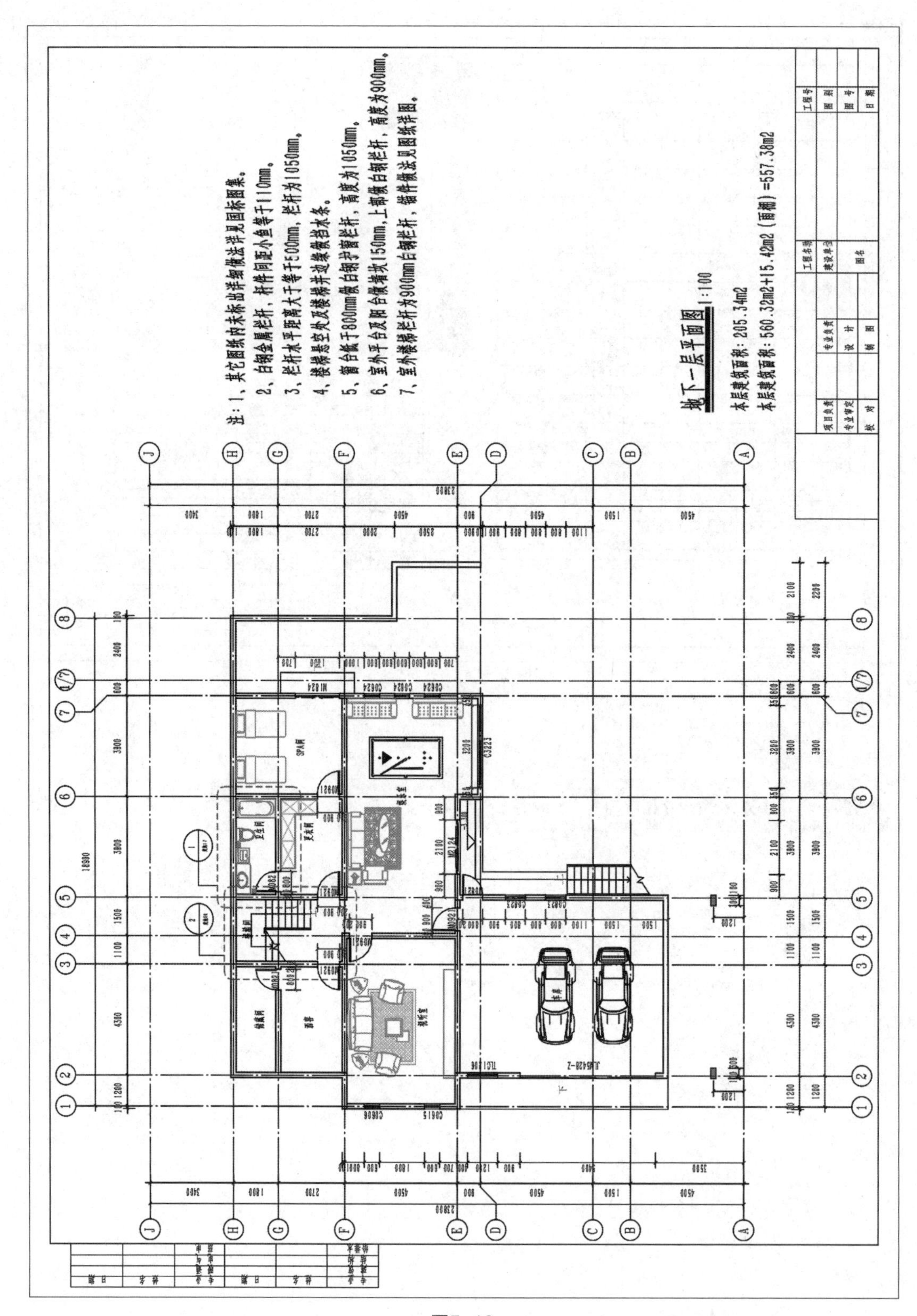
地下一层平面图 1:100
本层建筑面积：205.34m2
本层建筑面积：560.32m2+15.42m2（雨棚）=557.38m2

图5-18

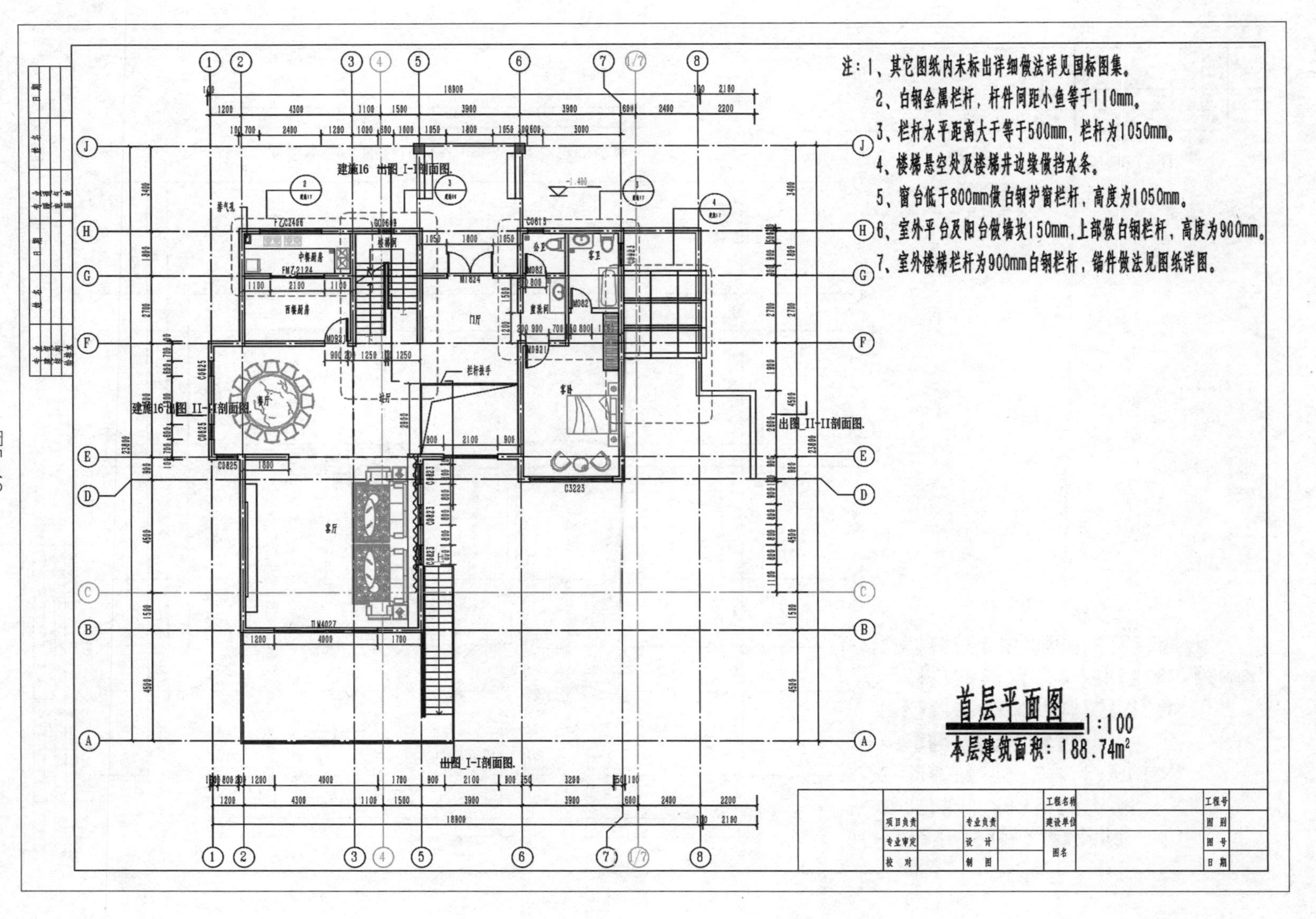
注：1、其它图纸内未标出详细做法详见国标图集。
2、白钢金属栏杆，杆件间距小鱼等于110mm。
3、栏杆水平距离大于等于500mm，栏杆为1050mm。
4、楼梯悬空处及楼梯井边缘做挡水条。
5、窗台低于800mm做白钢护窗栏杆，高度为1050mm。
6、室外平台及阳台做墙坎150mm，上部做白钢栏杆，高度为900mm。
7、室外楼梯栏杆为900mm白钢栏杆，锚件做法见图纸详图。
首层平面图 1：100
本层建筑面积：188.74m2

图5-19

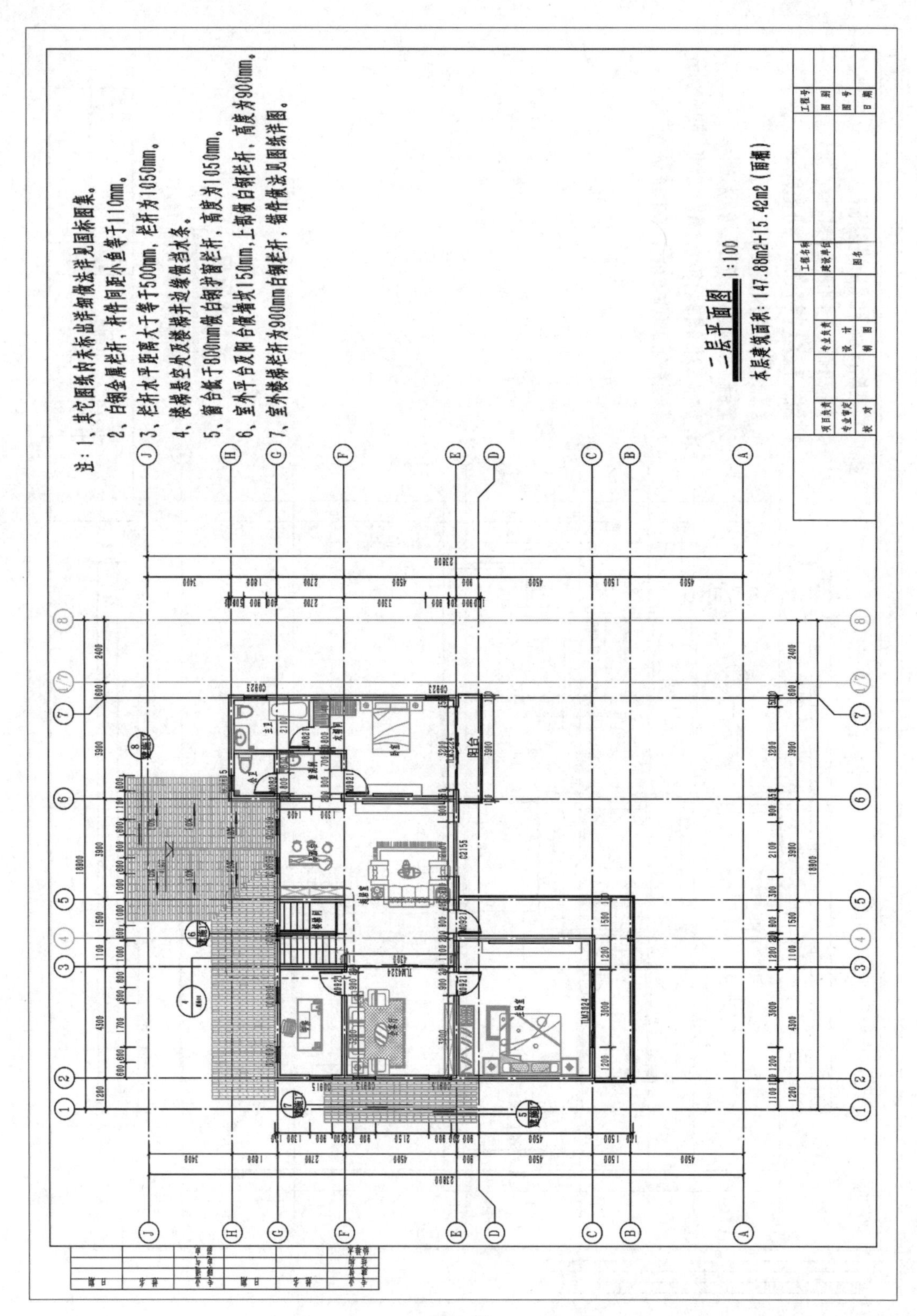
注：1、其它图纸内未标出详细做法详见图标图集。
2、白钢金属栏杆，杆件间距小鱼等于110mm。
3、栏杆水平距离大于等于500mm，栏杆为1050mm。
4、楼梯悬空处及楼梯井边缘做挡水条。
5、窗台低于800mm做白钢护窗栏杆，高度为1050mm。
6、室外平台及阳台做墙垛150mm，上部做白钢栏杆，高度为900mm。
7、室外楼梯栏杆为900mm白钢栏杆，栏杆做法见图纸详图。
二层平面图 1:100
本层建筑面积：147.88m2+15.42m2（面雨）

图5-20

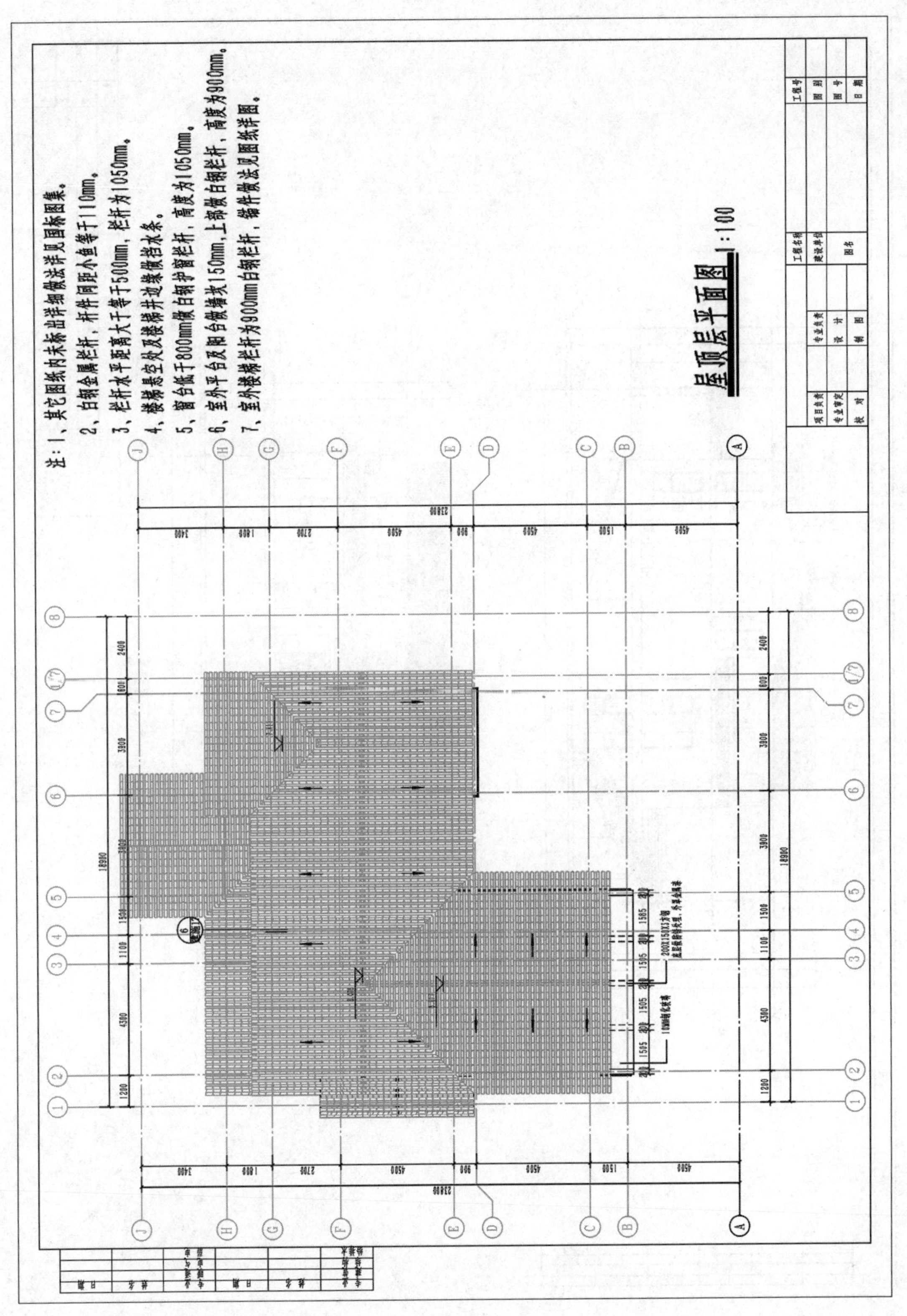

注：1、其它图纸内未标出详细做法详见国标图集。
2、白钢金属栏杆，杆件间距小鱼等于110mm。
3、栏杆水平距离大于等于500mm，栏杆为1050mm。
4、楼梯悬空处及楼梯井边缘做挡水条。
5、窗台低于800mm做白钢护窗栏杆，高度为1050mm。
6、室外平台及阳台做墙拔150mm，上部做白钢栏杆，高度为900mm。
7、室外楼梯栏杆为900mm白钢栏杆，锚件做法见图纸详图。
屋顶层平面图 1:100

图5-21

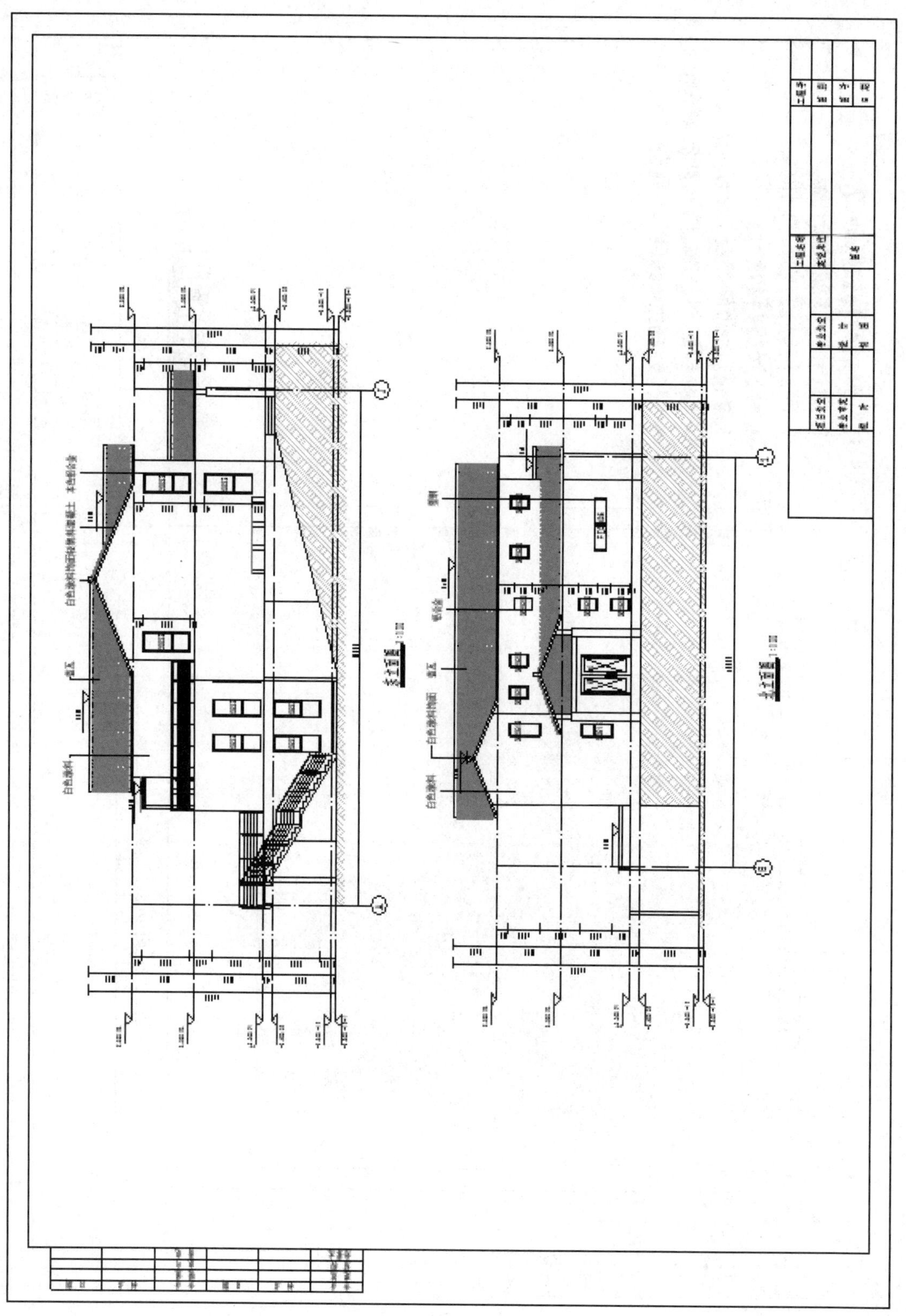

图5-22

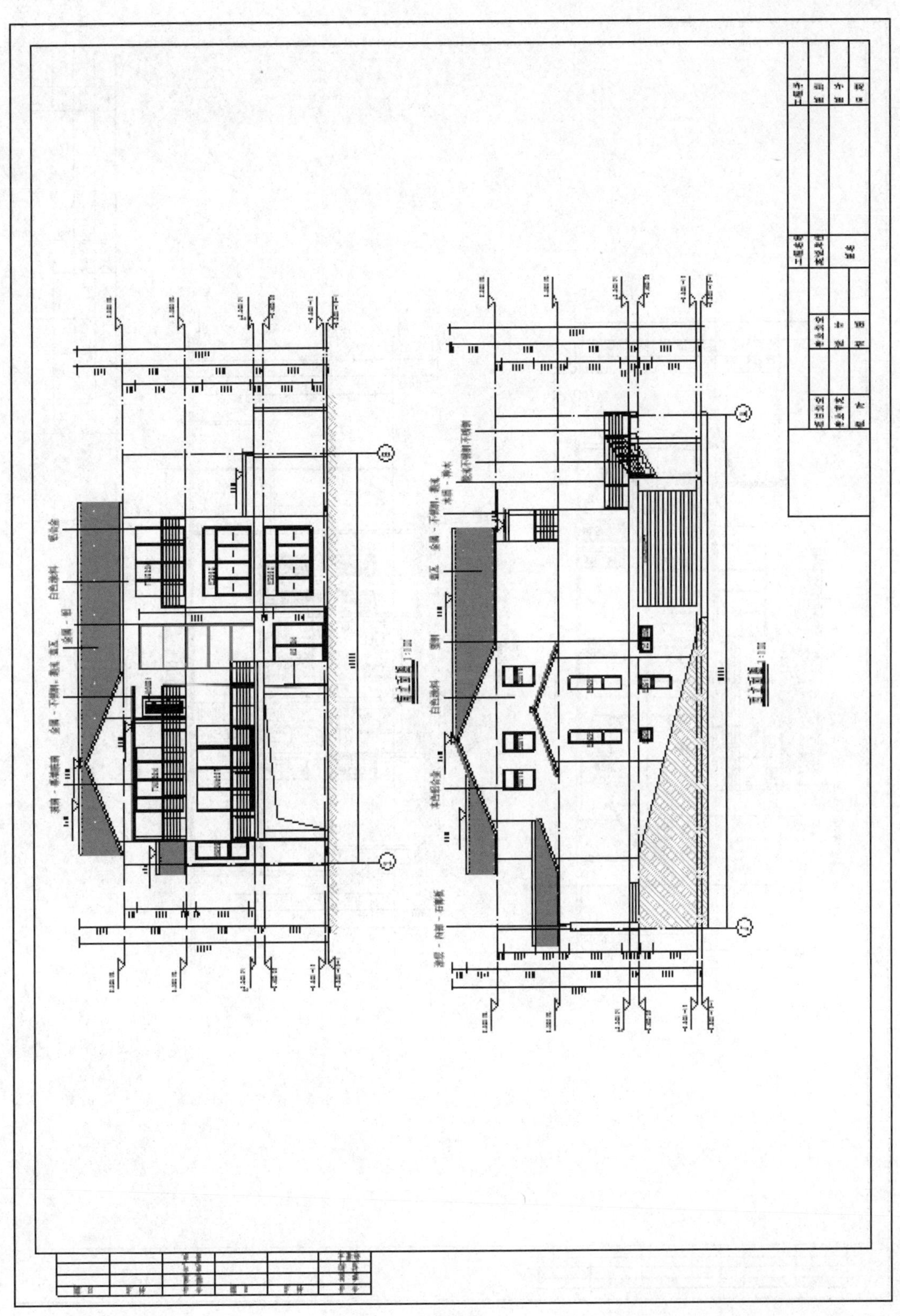

图5-23

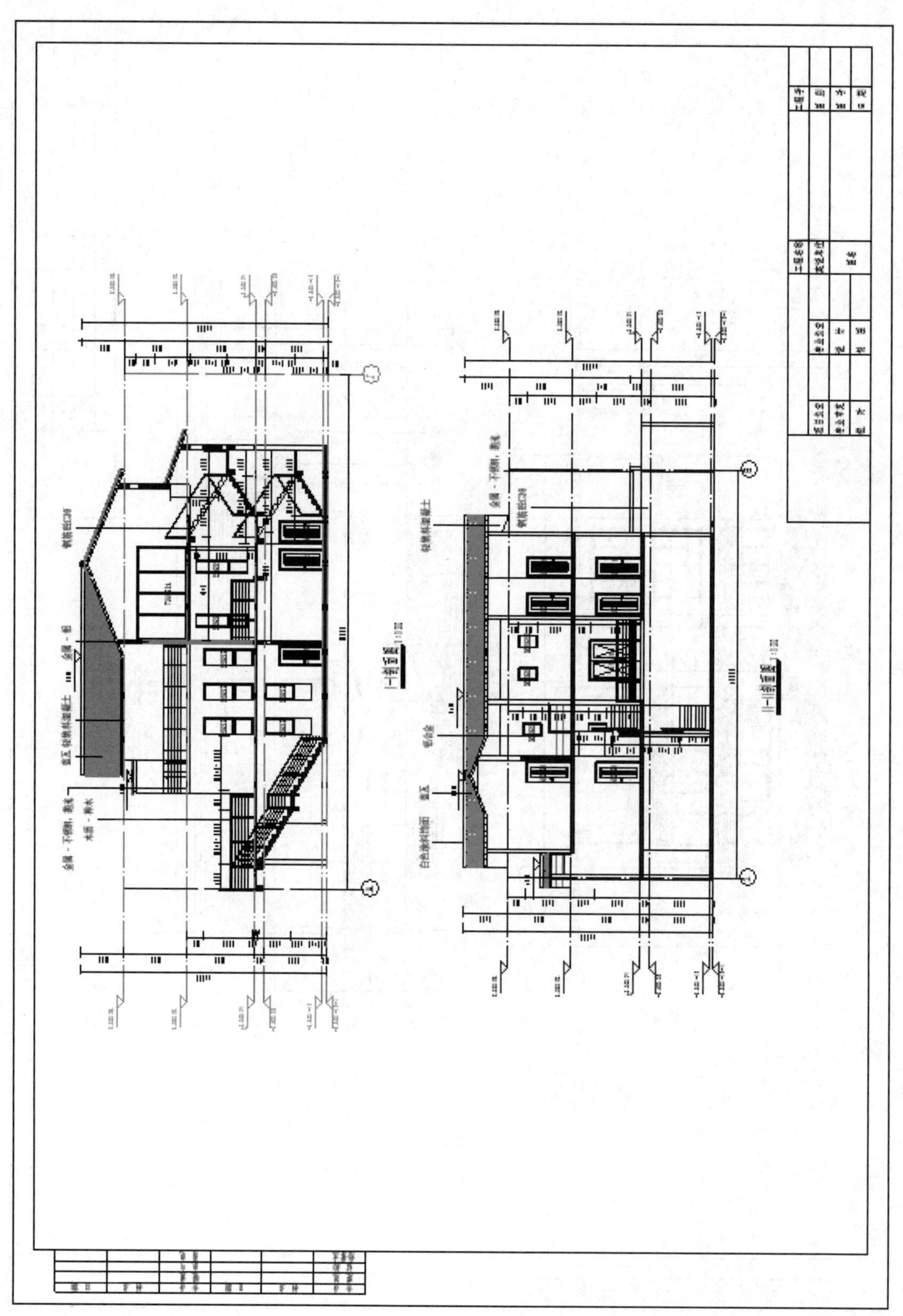

图5-24

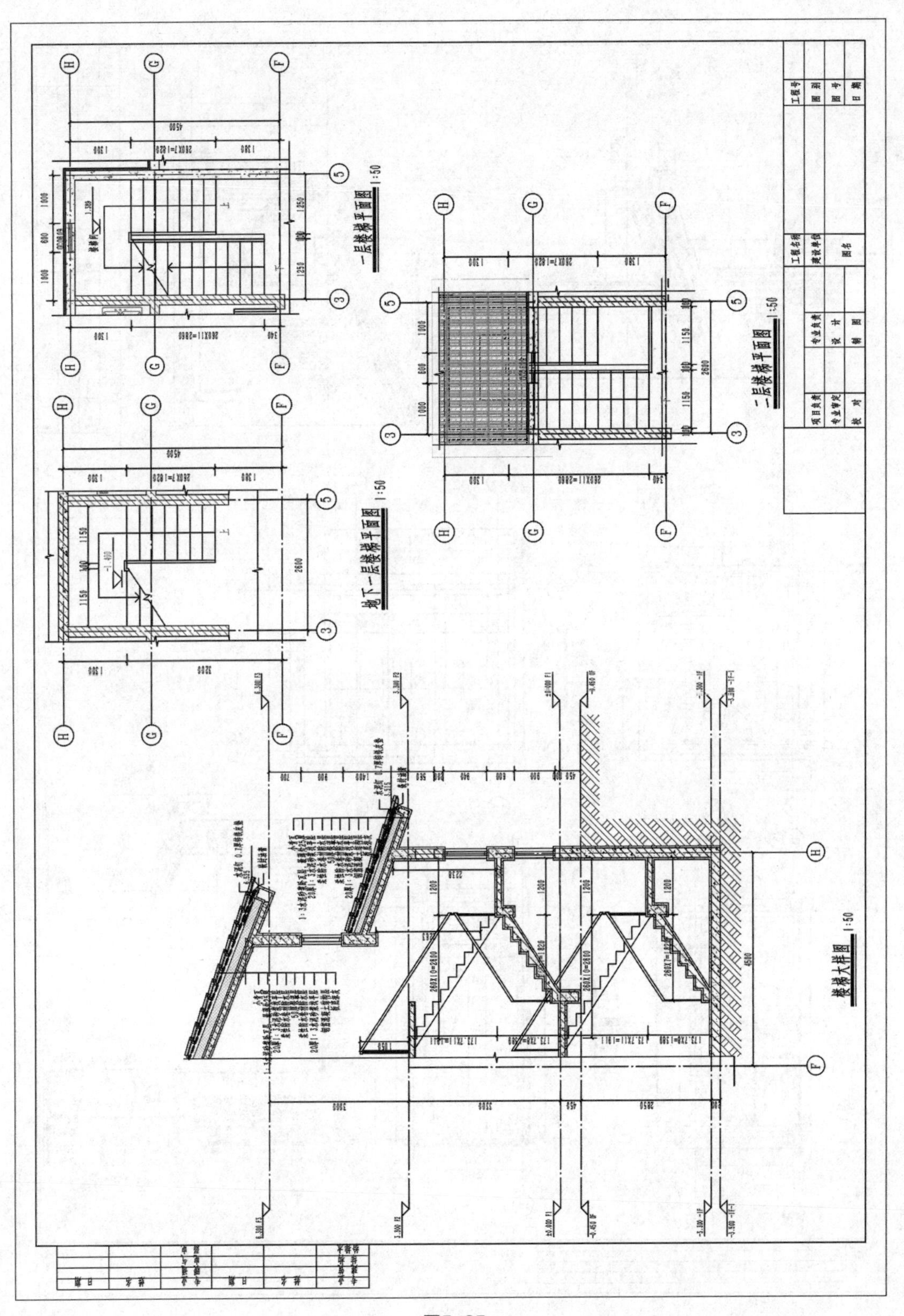

图5-25

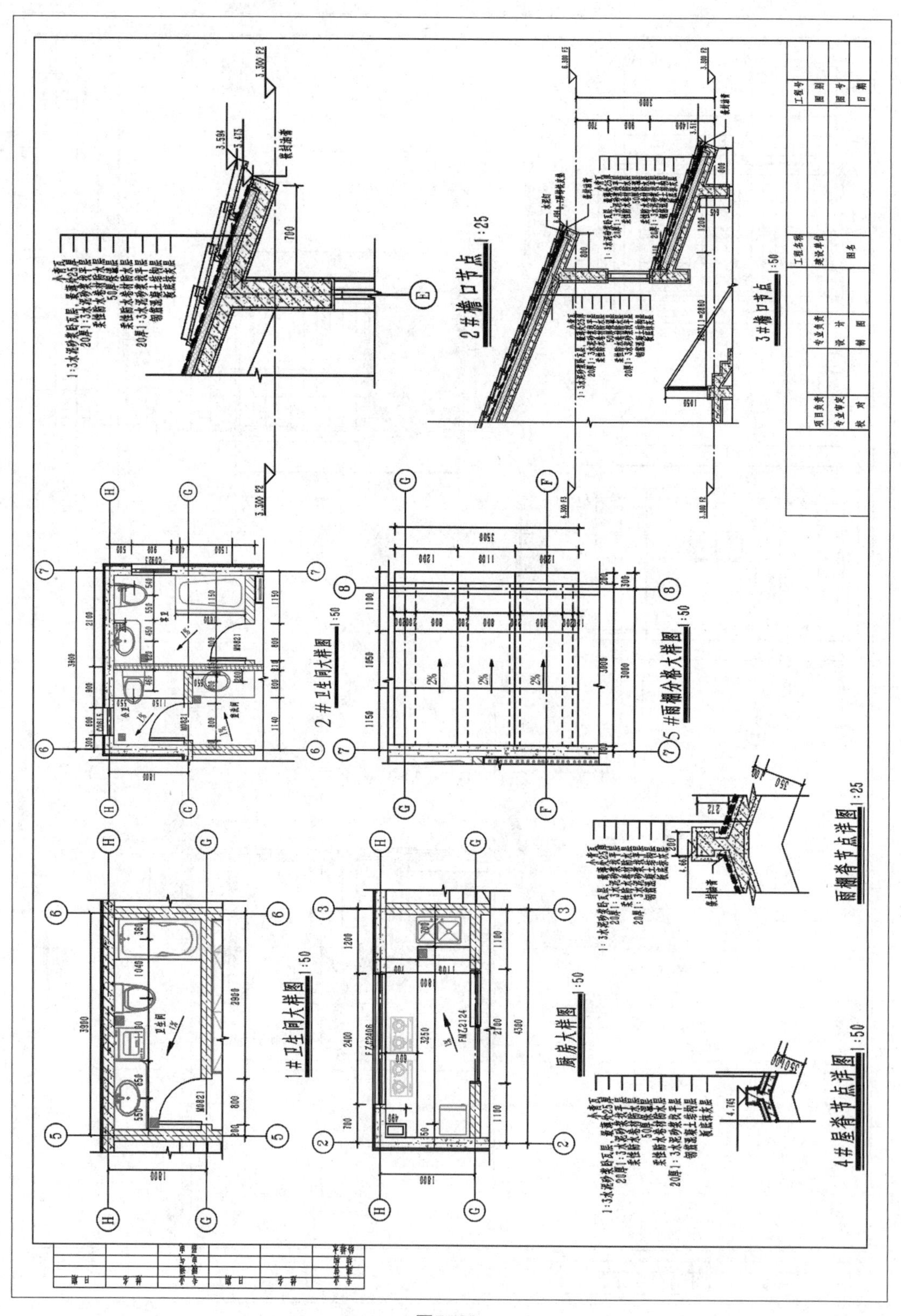
1#卫生间大样图 1:50
厨房大样图 1:50
2#卫生间大样图 1:50
5#雨棚分格大样图 1:50
2#檐口节点 1:25
3#檐口节点 1:50
4#屋脊节点详图 1:50

图5-26

第 6 章　工程量统计

6.1　创建明细表

单击【柏慕软件】→【标注明细表】→【导入明细表】命令，弹出【导出明细表定义】对话框，选择模板中的【国标工程量清单明细表】→【清单 _ 土建 - 窗明细表】，如图 6-1 所示。

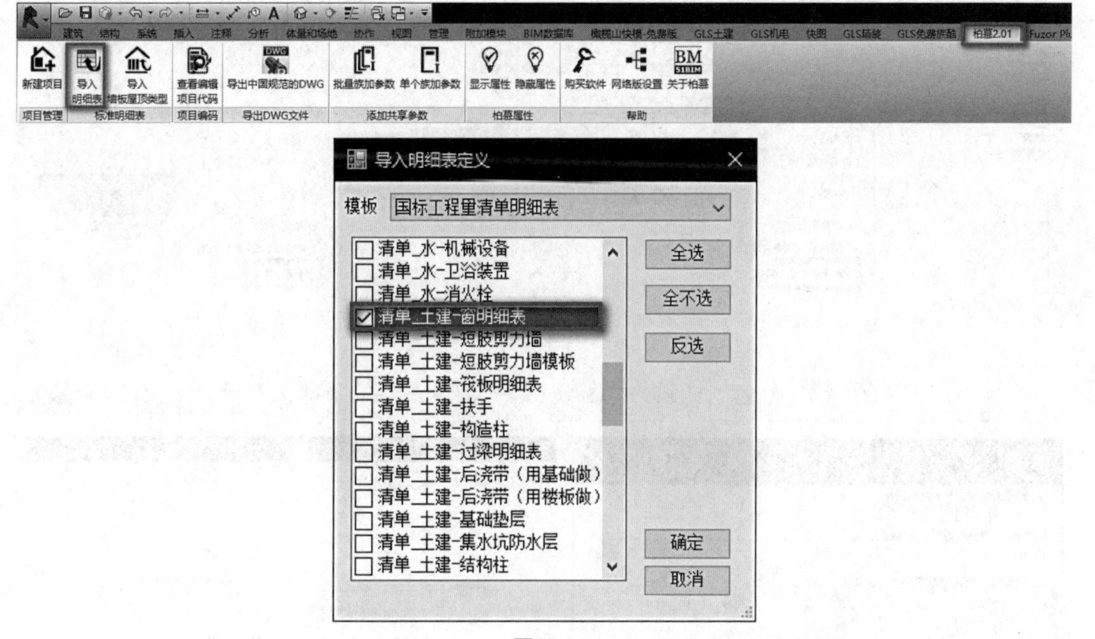

图6-1

单击【确定】，弹出【清单 _ 土建 - 窗明细表】，单击左侧栏属性下方其他中的【排序 / 成组】，修改排序方式按照【项目编码】→【族】→【族与类型】，并单击确定，参数修改完成如图 6-2 所示。

切换到【格式】选项卡，单击左侧栏中【合计】，勾选【计算总数】，单击【窗面积】并打开右侧【字段格式】会弹出【格式】对话框，取消【使用项目设置】并保留两位小数，单位符号选择【m²】。切换到【外观】选项卡，取消勾选【数据前的空行】，如图 6-3 所示。

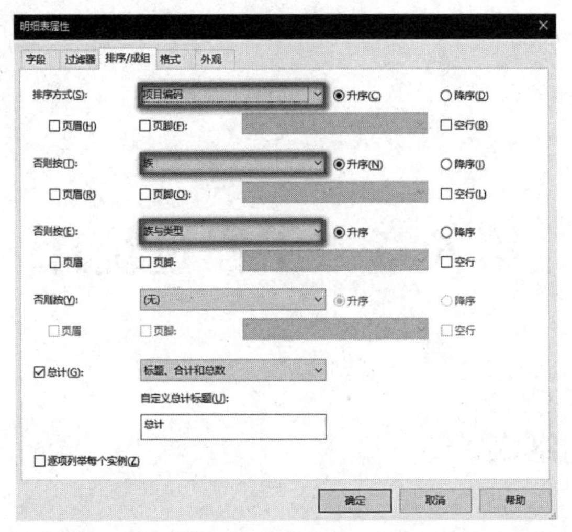
明细表属性
字段
过滤器
排序/成组
格式
外观
排序方式(S):
项目编码
升序(C)
降序(D)
页眉(H)
页脚(F):
空行(B)
否则按(T):
族
升序(N)
降序(I)
页眉(R)
页脚(O):
空行(L)
否则按(E):
族与类型
升序
降序
页眉
页脚:
空行
否则按(Y):
(无)
总计(G):
标题、合计和总数
自定义总计标题(U):
总计
逐项列举每个实例(Z)
确定
取消
帮助

图6-2

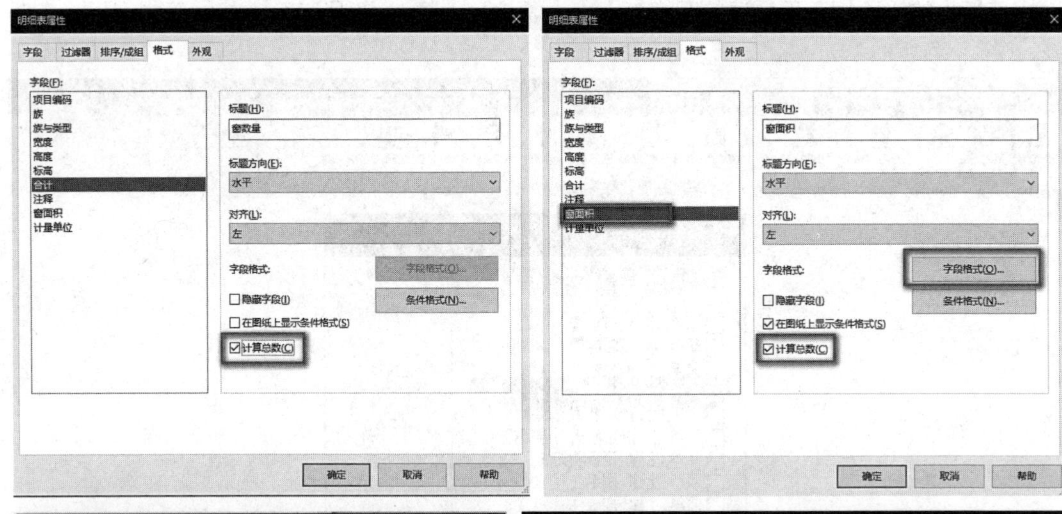
明细表属性
字段
过滤器
排序/成组
格式
外观
字段(F):
项目编码
族
族与类型
宽度
高度
标高
合计
注释
窗面积
计量单位
标题(H):
窗数量
标题方向(E):
水平
对齐(L):
左
字段格式:
字段格式(O)...
条件格式(N)...
隐藏字段(I)
在图纸上显示条件格式(S)
计算总数(C)
确定
取消
帮助
明细表属性
字段
过滤器
排序/成组
格式
外观
字段(F):
项目编码
族
族与类型
宽度
高度
标高
合计
注释
窗面积
计量单位
标题(H):
窗面积
标题方向(E):
水平
对齐(L):
左
字段格式:
字段格式(O)...
条件格式(N)...
隐藏字段(I)
在图纸上显示条件格式(S)
计算总数(C)
确定
取消
帮助

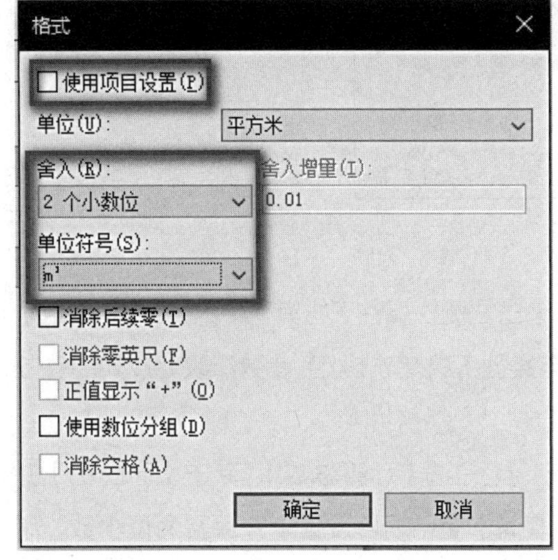
格式
使用项目设置(P)
单位(U):
平方米
舍入(R):
舍入增量(I):
2 个小数位
0.01
单位符号(S):
m²
消除后续零(T)
消除零英尺(F)
正值显示“+”(O)
使用数位分组(D)
消除空格(A)
确定
取消

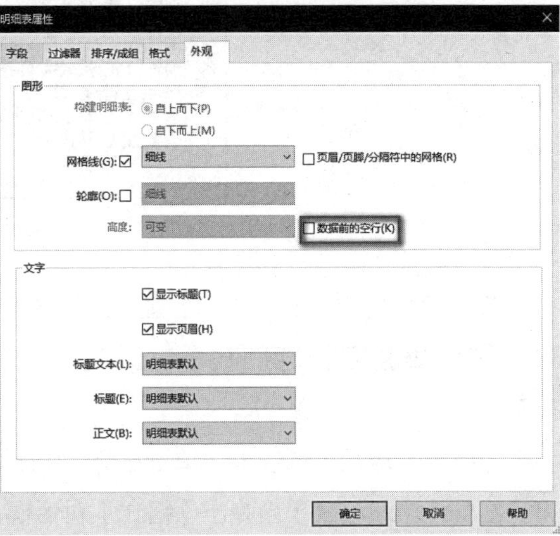
明细表属性
字段
过滤器
排序/成组
格式
外观
图形
构建明细表:
自上而下(P)
自下而上(M)
网格线(G):
细线
页眉/页脚/分隔符中的网格(R)
轮廓(O):
细线
高度:
可变
数据前的空行(K)
文字
显示标题(T)
显示页眉(H)
标题文本(L):
明细表默认
标题(E):
明细表默认
正文(B):
明细表默认
确定
取消
帮助

图6-3

单击【确定】完成【清单 _ 土建 - 窗明细表】的创建，如图 6-4 所示。

<清单_土建-窗明细表>					
A	B	C	D	E	F
项目编码	项目名称	族与类型	窗数量	窗面积	计量单位
010807001	BM_铝合金上下双扇固定窗	BM_铝合金上下双	3	4.32 m²	
010807001	BM_铝合金上下双扇固定窗	BM_铝合金上下双	2	3.00 m²	
010807001	BM_铝合金上下双扇固定窗	BM_铝合金上下双	5	9.20 m²	
010807001	BM_铝合金上下双扇固定窗	BM_铝合金上下双	1	2.00 m²	
010807001	BM_铝合金上下双扇固定窗	BM_铝合金上下双	2	4.14 m²	
010807001	BM_铝合金上下双扇固定窗	BM_铝合金上下双	1	2.30 m²	
010807001	BM_铝合金单扇固定窗	BM_铝合金单扇固	6	3.24 m²	
010807001	BM_铝合金单扇固定窗	BM_铝合金单扇固	2	1.80 m²	
010807001	BM_铝合金单扇固定窗	BM_铝合金单扇固	2	2.70 m²	
010807001	BM_铝合金双扇推拉窗	BM_铝合金双扇推	1	0.72 m²	
010807001	BM_铝合金双扇推拉窗	BM_铝合金双扇推	1	1.44 m²	
010807001	BM_铝合金组合窗(四扇推拉)	BM_铝合金组合窗(	1	4.80 m²	
010807001	BM_铝合金组合窗(四扇推拉)	BM_铝合金组合窗(	1	7.82 m²	
总计：28			28	47.48 m²	

图6-4

同样方法对【门】【墙】【楼板】【屋顶】，完成保存文件，如图 6-5 所示。

<清单_土建-门明细表>					
A	B	C	D	E	F
项目编码	项目名称	族与类型	门数量	洞口面积	计量单位
010801002	BM_木质单扇平开门	BM_木质单扇平开	2	3.36 m²	
010801002	BM_木质单扇平开门	BM_木质单扇平开	3	5.04 m²	
010801002	BM_木质单扇平开门	BM_木质单扇平开	3	5.04 m²	
010801002	BM_木质单扇平开门	BM_木质单扇平开	6	11.34 m²	
010801002	BM_木质单扇平开门	BM_木质单扇平开	2	3.78 m²	
010801002	BM_木质单扇平开门	BM_木质单扇平开	3	5.67 m²	
010801002	BM_木质双扇平开门	BM_木质双扇平开	1	4.32 m²	
010801002	BM_木质双扇平开门	BM_木质双扇平开	1	4.32 m²	
010802001	BM_铝合金四扇推拉门	BM_铝合金四扇推	2	10.08 m²	
010802001	BM_铝合金四扇推拉门	BM_铝合金四扇推	1	5.04 m²	
010802001	BM_铝合金四扇推拉门	BM_铝合金四扇推	1	7.92 m²	
010802001	BM_铝合金四扇推拉门	BM_铝合金四扇推	1	9.72 m²	
010802001	BM_铝合金四扇推拉门	BM_铝合金四扇推	1	9.72 m²	
010803002	BM_防火卷帘门_中装	BM_防火卷帘门_中	1	11.88 m²	
总计：28			28	97.23 m²	

图6-5

6.2 创建多类别明细表

单击【柏慕软件】→【标准明细表】→【导入明细表】选项，在弹出的【导入明细表定义】对话框中选择【辅助清单 _ 多类别】，单击【确定】按钮。

设置过滤器、排序 / 成组、格式、外观等属性，确定创建多类别明细表。

6.3 导出明细表

打开要导出的明细表,单击【应用程序菜单】,选择【导出】→【报告】→【明细表】命令,在【导出】对话框中指定明细表的名称和路径,单击【保存】按钮将该文件保存为分隔符文本,如图 6-6 所示。

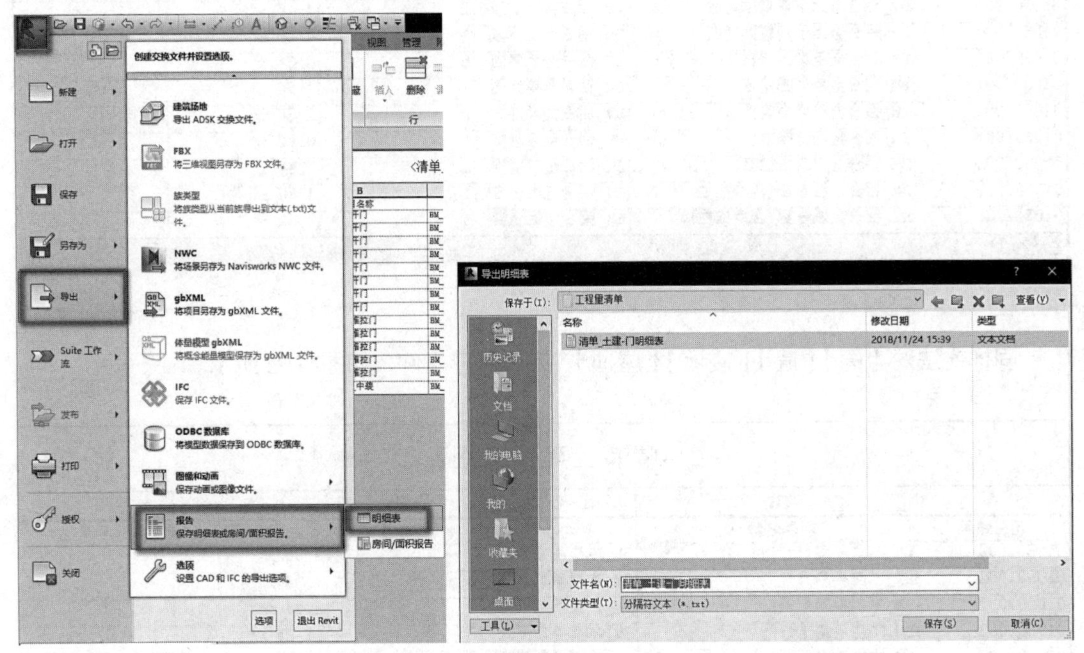

图6-6

在【导出明细表】对话框中设置明细表外观和输出选项,单击【确定】按钮,完成导出,如图 6-7 所示。

启动 Microsoft Excel 或其他电子表格程序,打开导出的明细表,如图 6-8 所示,即可进行任意编辑修改。

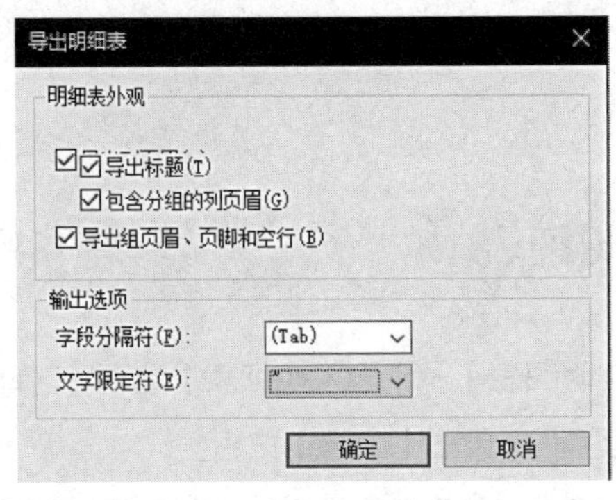

图6-7

清单_土建-门明细表					
项目编码	项目名称	族与类型	门数量	洞口面积	计量单位
10801002	BM_木质单扇平开门	BM_木质单扇平开门: M0821	2	3.36 m²	
10801002	BM_木质单扇平开门	BM_木质单扇平开门: M0821	3	5.04 m²	
10801002	BM_木质单扇平开门	BM_木质单扇平开门: M0821	3	5.04 m²	
10801002	BM_木质单扇平开门	BM_木质单扇平开门: M0921	6	11.34 m²	
10801002	BM_木质单扇平开门	BM_木质单扇平开门: M0921	2	3.78 m²	
10801002	BM_木质单扇平开门	BM_木质单扇平开门: M0921	3	5.67 m²	
10801002	BM_木质双扇平开门	BM_木质双扇平开门: M1824	1	4.32 m²	
10801002	BM_木质双扇平开门	BM_木质双扇平开门: M1824	1	4.32 m²	
10802001	BM_铝合金四扇推拉门	BM_铝合金四扇推拉门: TLM2124	2	10.08 m²	
10802001	BM_铝合金四扇推拉门	BM_铝合金四扇推拉门: TLM2124	1	5.04 m²	
10802001	BM_铝合金四扇推拉门	BM_铝合金四扇推拉门: TLM3324	1	7.92 m²	
10802001	BM_铝合金四扇推拉门	BM_铝合金四扇推拉门: TLM3627	1	9.72 m²	
10802001	BM_铝合金四扇推拉门	BM_铝合金四扇推拉门: TLM3627	1	9.72 m²	
10803002	BM_防火卷帘门_中装	BM_防火卷帘门_中装: JLM5422-Z	1	11.88 m²	
总计: 28			28	97.23 m²	

图6-8

附　录

1　全国 BIM 等级考试（中国图学学会）考试大纲及重难点

1）基本知识要求

（1）制图的基本知识；

（2）投影知识。

正投影、轴测投影、透视投影。

2）制图知识

（1）技术制图的国家标准知识（图幅、比例、字体、图线、图样表达、尺寸标注等）；

（2）形体的二维表达方法（视图、剖视图、断面图和局部放大图等）；

（3）标注与注释；

（4）土木与建筑类专业图样的基本知识（例如：建筑施工图、结构施工图、建筑水暖电设备施工图等）。

3）计算机绘图的基本知识

4）计算机绘图基本知识

（1）有关计算机绘图的国家标准知识；

（2）模型绘制；

（3）模型编辑；

（4）模型显示控制；

（5）辅助建模工具和图层；

（6）标注、图案填充和注释；

（7）专业图样的绘制知识；

（8）项目文件管理与数据转换。

5）BIM 建模的基本知识

（1）BIM 基本概念和相关知识；

（2）基于 BIM 的土木与建筑工程软件基本操作技能；

（3）建筑、结构、设备各专业人员所具备的各专业 BIM 参数化。

6）建模与编辑方法；

（1）BIM 属性定义与编辑；

（2）BIM 实体及图档的智能关联与自动修改方法；

（3）设计图纸及 BIM 属性明细表创建方法；

（4）建筑场景渲染与漫游；

（5）应用基于 BIM 的相关专业软件，建筑专业人员能进行建筑性能分析；结构专业人员进行结构分析；设备类专业人员进行管线碰撞检测；施工专业人员进行施工过程模拟等 BIM 基本应用知识和方法；

（6）项目共享与协同设计知识与方法；

（7）项目文件管理与数据转换。

7）考评要求

（1）BIM 技能一级（BIM 建模师，表 1）

BIM建模师技能一级考评表

表1

考评内容	技能要求	相关知识
工程绘图和BIM建模环境设置	系统设置、新建BIM文件及BIM建模环境设置。	（1）制图国家标准的基本规定（图纸幅面、格式、比例、图线、字体、尺寸标注式样等）。 （2）BIM建模软件的基本概念和基本操作（建模环境设置，项目设置、坐标系定义、标高及轴网绘制、命令与数据的输入等）。 （3）基准样板的选择。 （4）样板文件的创建（参数、构件、文档、视图、渲染场景、导入\导出以及打印设置等）。
BIM参数化建模	1）BIM的参数化建模方法及技能； 2）BIM实体编辑方法及技能。	（1）BIM参数化建模过程及基本方法： 1）基本模型元素的定义； 2）创建基本模型元素及其类型： （2）BIM参数化建模方法及操作； 1）基本建筑形体； 2）墙体、柱、门窗、屋顶、幕墙、地板、天花板、楼梯等基本建筑构件。 （3）BIM实体编辑及操作： 1）通用编辑：包括移动、拷贝、旋转、阵列、镜像、删除及分组等； 2）草图编辑：用于修改建筑构件的草图，如屋顶轮廓、楼梯边界等； 3）模型的构件编辑：包括修改构件基本参数、构件集及属性等。
BIM属性定义与编辑	BIM属性定义及编辑。	（1）BIM属性定义与编辑及操作。 （2）利用属性编辑器添加或修改模型实体的属性值和参数。
创建图纸	1）创建BIM属性表； 2）创建设计图纸。	（1）创建BIM属性表及编辑：从模型属性中提取相关信息，以表格的形式进行显示，包括门窗、构件及材料统计表等。 （2）创建设计图纸及操作： （3）定义图纸边界、图框、标题栏、会签栏； （4）直接向图纸中添加属性表。

续表

考评内容	技能要求	相关知识
模型文件管理	模型文件管理与数据转换技能。	1）模型文件管理及操作。 2）模型文件导入导出。 3）模型文件格式及格式转换。

8）考评内容比重表（表2）

BIM技能一级考评内容比重表　　表2

考评内容	比重
工程绘图和BIM建模环境设置	15%
BIM参数化建模	50%
BIM属性定义与编辑	15%
创建图纸	15%
模型文件管理	5%

2 全国BIM应用技能考试大纲及重难点

1）BIM基础知识及内涵

（1）BIM基本概念、特征及发展：

①掌握BIM基本概念及内涵；

②掌握BIM技术特征；

③熟悉BIM工具及主要功能应用；

④熟悉项目文件管理与数据转换方法；

⑤熟悉BIM模型在设计、施工、运维阶段的应用、数据共享与协同工作方法；

⑥了解BIM的发展历程及趋势。

（2）BIM相关标：

①熟悉BIM建模精度等级；

②了解BIM相关标准：如IFC标准、《建筑工程设计信息模型交付标准》、《建筑工程设计信息模型分类和编码标准》等。

（3）施工图识读与绘制：

①掌握建筑类专业制图标准，如图幅、比例、字体、线型样式 、线型图案、图形样式表达、尺寸标注等；

②掌握正投影、轴视投影、透视投影的识读与绘制方法，掌握形体平面视图、立面视图、剖面视图、断面图、局部放大图的识读与绘制方法。

2）BIM 建模技能

（1）BIM 建模软件及建模环境：

①掌握 BIM 建模的软件 、硬件环境设置；

②熟悉参数化设计的概念与方法；

③熟悉建模流程；

④熟悉相关软件功能。

（2）BIM 建模方法：

①掌握实体创建方法：如墙体、柱、梁、门、窗、楼地板、屋顶与天花板、楼梯、管道、管件、机械设备等；

②掌握实体编辑方法：如移动、复制、旋转、偏移、阵列、镜像、删除、创建组、草图编辑等。

（3）掌握在 BIM 模型生成平、立、剖、三维视图的方法：

①掌握实体属性定义与参数设置方法；

②掌握 BIM 模型的浏览和漫游方法；

③了解不同专业的 BIM 建模方法。

（4）标记、标注与注释：

①掌握标记创建与编辑方法；

②掌握标注类型及其标注样式的设定方法；

③掌握注释类型及其注释样式的设定方法。

（5）成果输出：

①掌握明细表创建方法；

②掌握图纸创建方法、包括图框、基于模型创建的平、立、剖、三维视图、表单等；

③掌握视图渲染与创建漫游动画的基本方法；

④掌握模型文件管理与数据转换方法。

3 Autodesk 全球认证 BIM 工程师证书考试大纲及重难点

考试知识点

（4%）Revit 入门	（2 题）
（4%）体量	（2 题）
（4%）轴网和标高	（2 题）
（8%）尺寸标注和注释	（4 题）
（12%）建筑构件	（6 题）
（10%）结构构件	（5 题）

（10%）设备构件（5题）
（2%）场地（1题）
（10%）族（5题）
（4%）详图（2题）
（8%）视图（4题）
（2%）建筑表现（1题）
（4%）明细表（2题）
（4%）工作协同（2题）
（2%）分析（1题）
（2%）组（1题）
（2%）设计选项（1题）
（8%）创建图纸（4题）

1）Revit入门（2道题）

（1）熟悉Revit软件工作界面：功能区、快速访问工具栏、项目浏览器、类型选择器、MEP预制构件面板、系统浏览器、状态栏、文件选项栏、视图控制栏等；

（2）掌握填充样式、对象样式的相关设置；

（3）了解常规文件选项、图形、默认文件位置、捕捉、快捷键的设置方法；

（4）了解线型样式、注释、项目单位和浏览器组织的设置方法；

（5）了解创建、修改和应用视图样板的方法；

（6）掌握应用移动、复制、旋转、阵列、镜像、对齐、拆分、修剪、偏移等命令对建筑构件编辑的方法；

（7）掌握深度提示的作用和操作方法；

（8）了解基于Revit软件的Dynamo程序基本功能；

2）体量（2道题）

（1）掌握使用体量工具建立体量模型的方法；

（2）掌握概念体量的建模方法，形状编辑修改方法，表面的分割方法，及表面分割UV网格的调整方法；

（3）掌握体量楼层等体量工具提取面积、周长、体积等数据的方法；

（4）掌握从概念体量创建建筑图元的方法；

3）轴网和标高（2道题）

（1）掌握轴网和标高类型的设定方法；

（2）掌握应用复制、阵列、镜像等修改命令创建轴网、标高的方法；

（3）掌握轴网和标高尺寸驱动的方法；

(4)掌握轴网和标高标头位置调整的方法;

(5)掌握轴网和标高标头显示控制的方法;

(6)掌握轴网和标高标头偏移的方法。

4)尺寸标注和注释(4 道题)

(1)掌握尺寸标注和各种注释符号样式的设置;

(2)掌握临时尺寸标注的设置调整和使用;

(3)掌握应用尺寸标注工具,创建线性、半径、角度和弧长尺寸标注;

(4)掌握应用"图元属性"和"编辑尺寸界线"命令编辑尺寸标注的方法;

(5)掌握尺寸标注锁定的方法;

(6)掌握尺寸相等驱动的方法;

(7)掌握绘制和编辑高程点标注、标记、符号和文字等注释的方法;

(8)掌握基线尺寸标注和同基准尺寸标注的设置和创建方法;

(9)掌握换算尺寸标注单位,尺寸标注文字的替换及前后缀等设置方法;

(10)掌握云线批注方法;

(11)掌握 Revit 全局参数的作用及使用方法;

(12)掌握轴网和标高关系。

5)建筑构件(6 道题)

(1)掌握墙体分类、构造设置、墙体创建、墙体轮廓编辑、墙体连接关系调整方法;

(2)掌握基于墙体的墙饰条、分隔缝的创建及样式调整方法;

(3)掌握柱分类、构造、布置方式、柱与其他图元对象关系处理方法;

(4)掌握门窗族的载入、创建、及门窗相关参数的调整方法;

(5)掌握幕墙的设置和创建方式;

(6)掌握幕墙门窗等相关构件的添加方法;

(7)掌握屋顶的几种创建方式、屋顶构造调整、屋顶相关图元的创建和调整方法;

(8)掌握楼板分类、构造、创建方法及楼板相关图元创建修改方法;

(9)掌握不同洞口类型特点和创建方法、熟悉老虎窗的绘制方法;

(10)掌握楼梯的参数设定和楼梯的创建方法;

(11)掌握坡道绘制方法及相关参数的设定;

(12)掌握栏杆扶手的设置和绘制;

(13)熟悉模型文字和模型线的特性和绘制方法;

(14)掌握房间创建、房间分割线的添加、房间颜色方案和房间明细表的创建;

(15)掌握零件和部件的创建、分割方法和显示控制及工程量统计方法。

6)结构构件(5 道题)

（1）了解结构样板和结构设置选项的修改；

（2）熟悉各种结构构件样式的设置；

（3）熟悉结构基础的种类和绘制方法；

（4）熟悉结构柱的布置和修改方法；

（5）熟悉结构墙的构造设置绘制和修改方法；

（6）熟悉梁、梁系统、支撑的设置和绘制方式方法；

（7）熟悉桁架的设置、创建、和修改方法；

（8）熟悉结构洞口的几种创建和修改方法；

（9）熟悉钢筋的几种布置方法；

（10）熟悉结构对象关系的处理，如梁柱链接、墙连接、结构柱和结构框架的拆分等；

（11）熟练掌握钢筋明细表的创建；

（12）掌握受约束钢筋放置、图形钢筋约束编辑、变量钢筋分布；

（13）了解 Revit 钢筋连接的设置和连接件的创建。

7）设备构件（5 道题）

（1）掌握设备系统工作原理；

（2）掌握风管系统的绘制和修改方法；

（3）掌握机械设备、风道末端等构件的特性和添加方法；

（4）掌握管道系统的配置；

（5）掌握管道系统的绘制和修改方法；

（6）掌握给排水构件的添加；

（7）掌握电气设备的添加；

（8）掌握电气桥架的配置方法；

（9）掌握电气桥架、线管等构件的绘制和修改方法；

（10）了解材料规格的定义；

（11）熟练掌握管段长度的设置；

（12）了解 Revit 预制构件特点和功能；

（13）熟悉预制构件的设置方法；

（14）掌握预制构件的布置方法；

（15）掌握支架的特点和绘制方法；

（16）掌握设备预制构件优化方法；

（17）掌握预制构件标记的应用方法；

（18）掌握 Revit 中风管、管道和电气保护层系统升降符号的应用。

8）场地（1 道题）

（1）熟悉应用拾取点和导入地形表面两种方式来创建地形表面，熟悉创建子面域的方法；
（2）熟悉应用“拆分表面”“合并表面”“平整区域”和“地坪”命令编辑地形；
（3）熟悉场地构件、停车场构件和等高线标签的绘制办法；
（4）掌握倾斜地坪的创建方法。

9）族（5道题）

（1）掌握族、类型、实例之间的关系；
（2）掌握族类型参数和实例参数之间的差别；
（3）了解参照平面、定义原点和参照线等概念；
（4）掌握族创建过程中切线锁和锁定标记的应用；
（5）掌握族注释标记中计算值的应用；
（6）掌握将族添加到项目中的方法和族替换方法；
（7）掌握创建标准构件族的常规步骤；
（8）掌握如何使用族编辑器创建建筑构件、图形/注释构件，如何控制族图元的可见性，如何添加控制符号；
（9）了解并掌握族参数查找表格的概念和应用，以及导入/导出查找表格数据的方法。
（10）掌握报告参数的应用。

10）详图（2道题）

（1）掌握详图索引视图的创建；
（2）掌握应用详图线、详图构件、重复详图、隔热层、填充面域、文字等命令创建详图的方法；
（3）掌握在详图视图中修改构件顺序和可见性的设置方法；
（4）掌握创建图纸详图的方法；
（5）掌握部件和零件的创建方法。

11）视图（4道题）

（1）掌握对象选择的各种方法，过滤器和基于选择的过滤器的使用方法；
（2）掌握项目浏览器中视图的查看方式；
（3）掌握项目浏览器中对象搜索方法；
（4）掌握查看模型的6种视觉样式；
（5）掌握勾绘线和反走样线的应用；
（6）掌握隐藏线在三维视图中的设置应用；
（7）掌握应用“可见性/图形”“图形显示选项”“视图范围”等命令的方法；
（8）掌握平面视图基线的特点和设置方法；
（9）掌握视图类型的创建、设置和应用方法；
（10）掌握创建透视图、修改相机的各项参数的方法；

（11）掌握创建立面、剖面和阶梯剖面视图的方法；

（12）掌握视图属性中参数的设置方法，及视图样板、临时视图样板的设置和应用；

（13）熟悉创建视图平面区域的方法；

（14）掌握创建平立剖面的阴影显示的方法；

（15）掌握使用“剖面框”创建三维剖切图的方法；

（16）掌握“视图属性”命令中“裁剪区域可见”、“隐藏剖面框显示”等参数的设置方法；

（17）掌握三维视图的锁定、解锁和标记注释的方法。

12）建筑表现（1道题）

（1）掌握材质库的使用，材质创建、编辑的方法以及如何将材质赋予物体及材质属性集的管理及应用；

（2）掌握“图像尺寸”“保存渲染”“导出图像”等命令的使用；

（3）熟悉漫游的创建和调整方法；

（4）掌握“静态图像”的云渲染方法；

（5）掌握“交互式全景”的云渲染方法。

13）明细表（2道题）

（1）掌握应用“明细表/数量”命令创建实例和类型明细表的方法；

（2）熟悉“明细表/数量”的各选项卡的设置，关键字明细表的创建；

（3）掌握合并明细表参数的方法；

（4）了解生成统一格式部件代码和说明明细表的方法；

（5）了解创建共享参数明细表的方法；

（6）了解如何使用ODBC导出项目信息。

14）工作协同（2道题）

（1）熟悉链接模型的方法；

（2）熟悉NWD文件连接和管理方法；

（3）熟悉如何控制链接模型的可见性以及如何管理链接；

（4）熟悉获取、发布、查看、报告共享坐标的方法；

（5）熟悉如何设置、保存、修改链接模型的位置；

（6）熟悉重新定位共享原点的方法；

（7）熟悉地理坐标的使用方法；

（8）掌握链接建筑和Revit组的转换方法；

（9）掌握复制/监视的应用方法；

（10）掌握协调/查阅的功能和操作方法；

（11）掌握协调主体的作用和操作方法；

（12）掌握碰撞检查的操作方法；

（13）了解启用和设置工作集的方法，包括创建工作集、细分工作集、创建中心文件和签入工作集；

（14）了解如何使用工作集备份和工作集修改历史记录；

（15）了解工作集的可见性设置；

（16）了解 Revit 模型导出 IFC 的相关设置及交互方法。

15）分析（1 道题）

（1）掌握颜色填充面积平面的方法，以及如何编辑颜色方案；

（2）了解链接模型房间面积及房间标记方法；

（3）掌握剖面图颜色填充创建方法；

（4）掌握日照分析基本流程；

（5）掌握静态日照分析和动态日照分析方法；

（6）了解基于 IFC 的图元房间边界定义方法。

16）组（1 道题）

（1）熟悉组的创建、放置、修改、保存和载入方法；

（2）了解创建和修改嵌套组的方法；

（3）了解创建和修改详图组和附加详图组的方法。

17）设计选项（1 道题）

（1）了解创建设计选项的方法，包括创建选项集、添加已有模型或新建模型到选项集；

（2）了解编辑、查看和确定设计选项的方法。

18）创建图纸（4 道题）

（1）掌握创建图纸、添加视口的方法；

（2）了解根据视图查找图纸的方法；

（3）了解通过上下文相关打开图纸视图；

（4）掌握移动视图位置、修改视图比例、修改视图标题的位置和内容的方法；

（5）掌握创建视图列表和图纸列表的方法；

（6）掌握如何在图纸中修改建筑模型；

（7）掌握将明细表添加到图纸中并进行编辑的方法；

（8）掌握符号图例和建筑构件图例的创建；

（9）掌握如何利用图例视图匹配类型；

（10）熟悉标题栏的制作和放置方法；

（11）熟悉对项目的修订进行跟踪的方法，包括创建修订，绘制修订云线，使用修订标记等；

（12）熟悉修订明细表的创建方法。

参考文献

[1] Revit 新特性 . 欧特克官方主页 .

[2] 民用建筑热工设计规范 GB 50176-2016[S]. 北京：中国建筑工业出版社，2017.

[3] 建筑工程工程量清单计价规范 GB 50500-2013[S]. 北京：中国计划出版社，2013.

[4] 国家建筑标准设计图集工程做法 05J909[S]. 北京：人民出版社，2011.